46亿

地球简史特辑

日本朝日新闻出版 著

贺璐婷 等 译

称霸地球的
恐 龙

人民文学出版社

PEOPLE'S LITERATURE PUBLISHING HOUSE

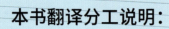

本书翻译分工说明：

《恐龙出现》　　　　　　　　　贺璐婷 译

《哺乳动物登场》　　　　　　　贺璐婷 译

《恐龙繁荣》　　　　　　　　　北　异 译

《海洋中的爬行动物与翼龙》　　李　波 译

《大西洋诞生》　　　　　　　　杨梦琦 译

《从恐龙到鸟》　　　　　　　　郎寒梅子 译

《大地上开出的第一朵花》　　　郎寒梅子 译

《菊石与海洋生态系统》　　　　刘　梅 译

《海洋巨变》　　　　　　　　　徐　奕 译

《一代霸主霸王龙》　　　　　　徐　奕 译

《巨型肉食性恐龙繁荣》　　　　贺璐婷 译

《小行星撞击地球与恐龙灭绝》　贺璐婷 译

CONTENTS
目录

恐龙出现
2 亿 5217 万年前—2 亿 130 万年前

第 3 页　图片 / 123RF
第 4 页　图片 / 设计图片公司 / 阿拉米图库
第 6 页　插画 / 月本佳代美
第 8 页　图片 / PPS
第 7 页　描摹 / 斋藤志乃
第 9 页　图片 / 科罗拉多高原地球系统公司
第 10 页　图片 / 日本丰桥自然历史博物馆
　　　　　图片 / 123RF
　　　　　图片 / 卢卡斯博士 E. 费昂瑞丽
第 11 页　插画 / 月本佳代美
　　　　　图片 / 盖蒂图片社
第 12 页　图片 / 123RF（背景）
　　　　　图表 / 三好南里（系统结构图）
　　　　　插画 / 月本佳代美（动物插图）
　　　　　系统结构图根据《地球最古老的恐龙展》宣传册改写
第 15 页　图片 / ©Tomo.Yun（http://www.yunphoto.net）
第 16 页　图片 / 照片图书馆
　　　　　图表 / 真壁晓夫
第 17 页　插画 / 月本佳代美、月本佳代美
　　　　　图片 / 国家地理图片集 / 阿米拉图库
第 18 页　图片 / Smokeybjb
　　　　　图片 / 比利时布鲁塞尔自然科学博物馆
　　　　　插画 / 真壁晓夫
第 19 页　插画 / 真壁晓夫
　　　　　图片 / C.G. 法默与肯特 · 桑德斯，美国犹他大学
第 21 页　插画 / 月本佳代美
第 22 页　插画 / 真壁晓夫、真壁晓夫
　　　　　图片 / 格热哥兹·尼兹维兹基
　　　　　图片 / 北美有限责任公司通用图片组 / 迪亚哥斯提尼 / 阿拉米图库
第 23 页　插画 / 月本佳代美
　　　　　图片 / 尾上哲治 / 日本熊本大学
第 24 页　插画 / 真壁晓夫
第 25 页　插画 / 服部雅人
第 26 页　图表 / 三好南里
　　　　　图片、插画 / 古生物研究所和博物馆，瑞士苏黎世大学；复原图：海梅 · 奇里诺斯
　　　　　图片 / 地质古生物学工作室
　　　　　图片 / PPS
第 27 页　图片 / N. 田村（部分修正）
　　　　　图片 / 程龙博士，吴晓春博士
　　　　　图片 / 日本地质调查所，日本产业技术综合研究所（http://www.gsj.jp/muse/）GSJF03475
　　　　　图片 / 日本地质调查所，日本产业技术综合研究所（http://www.gsj.jp/muse/）GSJF07616
　　　　　图片 / 日本地质调查所，日本产业技术综合研究所（http://www.gsj.jp/muse/）GSJF14378
　　　　　图片 / PPS
　　　　　插画 / 服部雅人
第 28 页　图片 / Aflo、Aflo
　　　　　图片 / PPS、PPS
第 29 页　图片 / Aflo
第 30 页　图片 / 美国国家航空航天局图片集 / 阿拉米图库
第 31 页　图片 / 日本东北大学，日本北海道大学
　　　　　图片 / 美国国家航空航天局约翰逊航天中心图像科学与分析实验室
　　　　　图片 / 佐藤光辉
第 32 页　图片 / 日本北海道鹉川町博物馆
　　　　　图片 / PPS、PPS

—顾问寄语—

北海道大学综合博物馆副教授　小林快次

恐龙，可以说是陆生脊椎动物中进化最成功的一个群体。

曾经称霸陆地的它们，不仅种类很多，体形多样，还成功实现了巨型化。

这些恐龙是如何出现在地球上的呢？

持续了将近 1 亿 7000 万年的恐龙时代又是如何开场的呢？

解谜的钥匙就藏在三叠纪这一时期中。

让我们在回顾三叠纪世界的同时，一起看看恐龙时代的开端吧！

恐龙诞生的大地

阿根廷伊沙瓜拉斯托省立公园被誉为"所有古生物学家梦寐以求的土地"。这里的地层记载了始于2亿5217万年前的三叠纪时期的地质沉积过程。正是在这个时期，地球史上最有名、也最让人为之着迷的古生物——恐龙登场了。特别值得一提的是，伊沙瓜拉斯托省立公园出产了最早期的恐龙化石。这片荒凉的大地，记录着那个空前的恐龙时代的开端。

伊沙瓜拉斯托省立公园

伊沙瓜拉斯托省立公园位于阿根廷圣胡安省，面积约 600 平方千米。这里保存着丰富的三叠纪时期的地层。三叠纪是中生代的第一个纪，而中生代又被称为恐龙时代。2000 年，伊沙瓜拉斯托省立公园和相邻的塔拉姆佩雅国家公园一起被列入《世界遗产名录》。

恐龙登场前的 生存竞争

捕食者来袭，形似狮子但毛发稀少的动物发出了惨叫声。它们就是麝齿兽，与哺乳动物的祖先是近亲。图中的捕食者名为蜥鳄，虽然形似恐龙，却是鳄类祖先的近亲，是一种镶嵌踝类爬行动物。在导致 90% 以上的物种灭绝的二叠纪末大灭绝事件发生后不久，地球上的生物开始复苏，多种多样的物种之间的生存竞争再次上演。提到这个时期时无法回避的主角稍后终于登台亮相。三叠纪晚期，最早期的恐龙出现了。地球上的生态系统发生了进一步的变化。

蜥鳄

麝齿兽

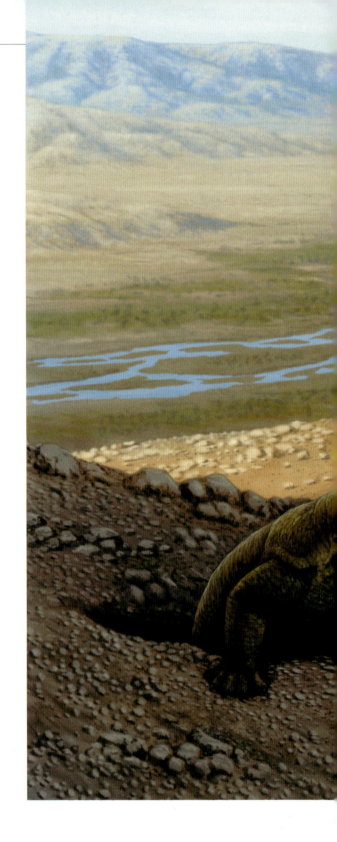

单孔类的复兴

恐龙时代的开端要从大灭绝事件的幸存者说起

地球史上规模最大的物种灭绝事件发生后，古生代二叠纪落下了帷幕，中生代三叠纪开始了。

中生代被称为恐龙时代。然而，恐龙并不是一开始就存在的。

生存于泛大陆的见证者

二叠纪末，规模空前的大灭绝事件使得90%的物种消失，幸存者寥寥无几。然而，哪怕被逼到了这样的绝境，生物还是再次迎来了繁荣。距今2亿5217万年前，人们心目中的恐龙时代——中生代开始了。按时间先后顺序，中生代分为三叠纪、侏罗纪和白垩纪3个时期。恐龙当主角的时期是侏罗纪和白垩纪，三叠纪刚开始的时候，恐龙还没有出现。

起初在生态系统中唱主角的，是二叠纪时期单孔类的幸存者，如二叠纪末出现的全长约1米的单孔类动物水龙兽，它在大灭绝事件中逃过一劫。研究人员在非洲、亚洲、欧洲和南极洲等地都有发现它的化石。这说明，水龙兽适应了当时的环境，并达到了一定程度的繁荣，同时也证明，这些大陆曾经连成一片。以泛大陆这块超级大陆为舞台，恐龙时代逐渐拉开了帷幕。

一部分生物在二叠纪末的大灭绝事件中侥幸逃过一劫。

泛大陆和水龙兽

图为泛大陆风景的想象图。来自海洋的湿润气流无法抵达泛大陆的内陆地区，以致这里到处都是荒野。然而，即便是在这样的内陆地区，单孔类动物的分布范围依然很广。它们中的一部分通过在地里挖洞穴筑巢来生存。

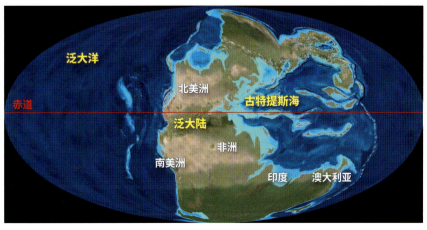

🔵 三叠纪时期的大陆分布情况

三叠纪时期，地球上曾存在一个超级大陆——泛大陆，生存于那个时期的陆生脊椎动物的化石在现今的各个大陆上都有发现便证明了这一点。对于二叠纪末大灭绝事件后幸存的生物来说，泛大陆是全新的舞台。据推测，泛大陆的存在时期约在3亿年前—2亿年前。与地球的历史相比，这段时间不算很长，但正是在这一时期，海洋和陆地的生态系统开始变得丰富和复杂。

三叠纪初，繁荣的其实是哺乳类的祖先

大灭绝后的"黎明"

三叠纪拉开帷幕时，在超过90%的物种灭绝的海洋中，三叶虫类消失了，腕足动物[注1]沉寂了，被称为"海底花园"的海百合类[注2]等也遭到了巨大的打击，而双壳类和腹足类的亲戚、古生代时期繁荣一时的菊石类却开始了新一轮的势力扩张。这回繁荣的，是和古生代时期不同的类型。

陆地上，无脊椎动物中的昆虫类遭到重创，很多类群就此消失。脊椎动物也损失惨重，部分地区的物种灭绝率达到70%。曾在二叠纪繁荣一时的大型单孔类动物也几近消失，仅有部分类群[注3]得以幸存。

三叠纪时期，陆地进入"三足鼎立"的时代。幸存的单孔类动物并没有繁荣太久。很快，鳄类的祖先所属的镶嵌踝类开始崛起，同时，恐龙也出现了。在泛大陆上展开的生存竞争中，单孔类动物最先沦为了配角。

水龙兽｜*Lystrosaurus*｜的全身骨骼

水龙兽是一种短手短脚的单孔类动物。研究认为，它们虽然拥有长长的犬齿，但并不是肉食性动物，而是植食性动物。水龙兽是主要繁荣于二叠纪晚期的二齿兽类的幸存者。

"单"孔类，也就有"双"孔类。后者眼窝后侧有两个颞颥孔，包含恐龙在内的爬行动物都是双孔类。

尽管单孔类动物在三叠纪晚期沦为配角，但只要说起三叠纪时期的世界，就必须提到它们。

比如，在约2亿2700万年前的三叠纪晚期，生活在阿根廷的伊沙瓜拉斯托兽，就是一种全长达3米的大型植食性单孔类动物。它们拥有巨大的嘴，虽然没有牙齿，但会用嘴的边缘切断植物来吞食。

伊沙瓜拉斯托兽是大型植食性单孔类动物繁荣的代表。此后，直至恐龙灭绝，单孔类动物中再也没有出现过如此大型的物种。在单孔类动物的前半部历史中，伊沙瓜拉斯托兽是最后的大型植食性动物。

恐龙崛起前最后的大型化

单孔类指的是头骨眼窝后侧有一个颞颥孔的动物类群。既然有

伊沙瓜拉斯托地层

伊沙瓜拉斯托位于阿根廷西北部，是绵延在安第斯山下荒凉沙漠中的峡谷。这里密集分布着三叠纪晚期的各种化石，是研究哺乳动物进化的重要场所。

锁定粪化石的主人可不是一件容易的事！

三叠纪的"公共厕所"被发现！

部分具有社会性的现生哺乳动物有"公共厕所"，即大家会在一处排泄。很长一段时间内，相关的证据仅在新生代以后的哺乳类中发现过。

然而，2013年11月，在阿根廷的三叠纪地层中，学者们发现了应该是属于单孔类动物的"公共厕所"。这表明，后世的哺乳类所拥有的社会性，可能在三叠纪的单孔类动物身上就已经出现了。

图为大小不一的粪化石。这些化石『主人』的体形可能有大有小。

三叠纪时期种类繁多的单孔类动物

三叠纪时期的单孔类动物大部分为二齿兽类和犬齿兽类，在多样化的同时，也出现了大型化的种类。因为恐龙等动物的兴盛，三叠纪时期结束时，单孔类动物只剩下体形变得很小的1～2个种类。

伊沙瓜拉斯托兽
| *Ischigualastia* |
比水龙兽晚数千万年出现的植食性二齿兽。全长2～3米，成功实现了体形大型化。

前贝莱齿兽
| *Probelesodon* |
全长约30厘米的肉食性犬齿兽。研究认为，它们可能是类似于现生鼠类的动物，以蜥蜴和昆虫为食。

奇尼瓜齿兽
| *Chiniquodon* |
全长约1米的肉食性犬齿兽。它们拥有尖锐的犬齿、臼齿等多样而发达的牙齿，是一种活跃的捕食者。

后来，单孔类动物中诞生了哺乳类

三叠纪晚期，单孔类动物在陆地生态系统中的主导地位岌岌可危。这时，它们之中发生了一件大事。在体形较小、恐怕还是在夜间活动、以捕食昆虫勉强度日的一个类群中，最原始的哺乳类诞生了。人类的老祖宗就此登场。不同于其他单孔类动物，它们的四肢垂直于身体，能够敏捷地活动。有学者推测，当时的它们已经具备了内温性[注4]。

此后，它们在恐龙的阴影下繁衍生息，与恐龙进行生存竞争，并等待着将来再次崭露头角。

🔍 近距直击

"三叠纪"得名于"三种地层"

"三叠纪"的英文名称是"Triassic Period"。"Tri"这一前缀的意思是"3"。19世纪，人们给各个地质年代命名，其间在德国发现的"3种地层"相叠的岩层吸引了人们的目光。于是，这个地层对应的地质年代便被命名为"三叠纪"。

在德国黑尔戈兰岛可以找到"3种地层"中最底下的一层

科学笔记

【腕足动物】 第10页注1
腕足动物有2枚壳，大小不一，但单个壳左右对称，这与双壳类两个壳相同而单个壳左右不对称明显不同。现在的舌形贝就是腕足动物。

【海百合类】 第10页注2
虽然名叫"百合"，但其实与海星、海胆等同属棘皮动物。海百合曾兴盛于古生代海洋中，石炭纪时期达到鼎盛。现在生存在深海。

【部分类群】 第10页注3
在二叠纪末大灭绝事件中幸存的单孔类包括二齿兽类、兽头类、犬齿兽类等。其中，犬齿兽类是哺乳动物的祖先。

【内温性】 第11页注4
动物通过自身体内的代谢产生体温的特性。以往的"温血性""恒温性"表达的也是同样的意思，但从科学角度来看，这两者并不准确，所以近些年已不再使用。与内温性相对的是外温性。

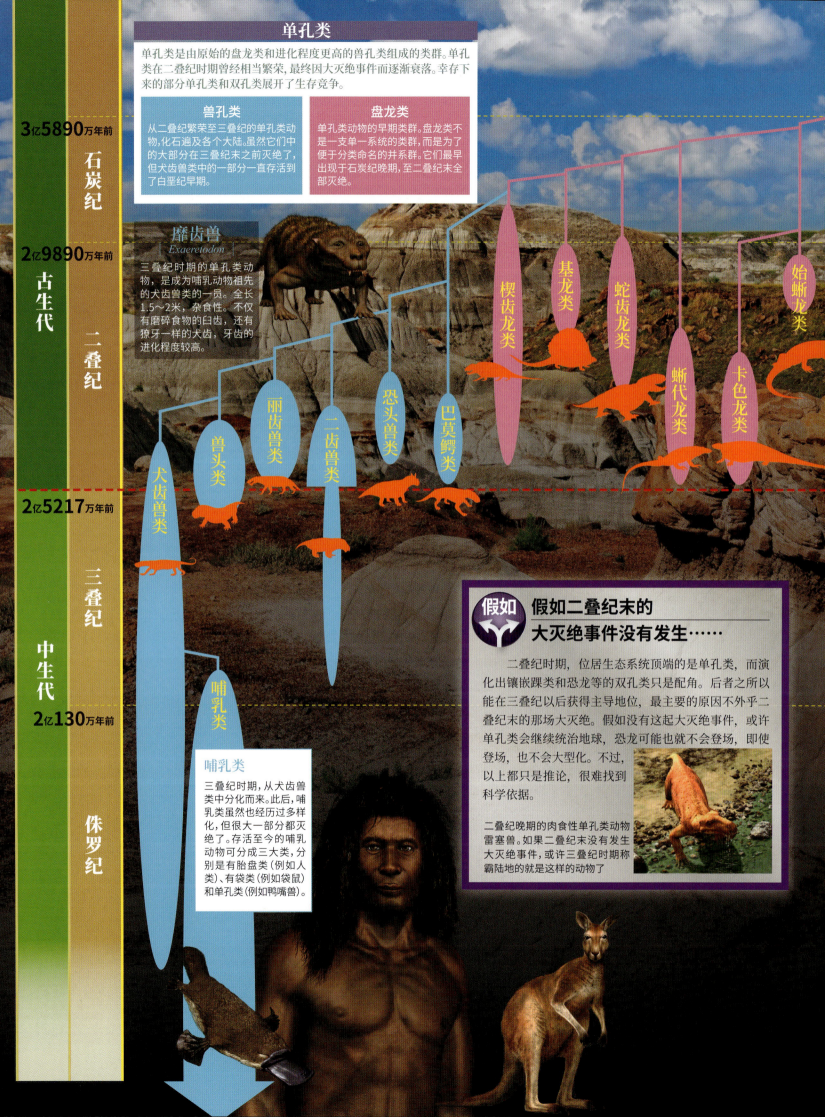

单孔类

单孔类是由原始的盘龙类和进化程度更高的兽孔类组成的类群。单孔类在二叠纪时期曾经相当繁荣，最终因大灭绝事件而逐渐衰落。幸存下来的部分单孔类和双孔类展开了生存竞争。

兽孔类

从二叠纪繁荣至三叠纪的单孔类动物，化石遍及各个大陆。虽然它们中的大部分在三叠纪末之前灭绝了，但犬齿兽类中的一部分一直存活到了白垩纪早期。

盘龙类

单孔类动物的早期类群。盘龙类不是一支单一系统的类群，而是为了便于分类命名的并系群。它们最早出现于石炭纪晚期，至二叠纪末全部灭绝。

3亿5890万年前

石炭纪

古生代

二叠纪

2亿9890万年前

麝齿兽
Exaeretodon

三叠纪时期的单孔类动物，是成为哺乳动物祖先的犬齿兽类的一员。全长1.5～2米，杂食性。不仅有磨碎食物的臼齿，还有獠牙一样的犬齿，牙齿的进化程度较高。

犬齿兽类

兽头类

丽齿兽类

二齿兽类

恐头兽类

巴莫鳄类

楔齿龙类

基龙类

蛇齿龙类

蜥代龙类

卡色龙类

始蜥龙类

2亿5217万年前

三叠纪

中生代

2亿130万年前

侏罗纪

哺乳类

哺乳类

三叠纪时期，从犬齿兽类中分化而来。此后，哺乳类虽然也经历过多样化，但很大一部分都灭绝了。存活至今的哺乳动物可分成三大类，分别是有胎盘类（例如人类）、有袋类（例如袋鼠）和单孔类（例如鸭嘴兽）。

假如

假如二叠纪末的大灭绝事件没有发生……

二叠纪时期，位居生态系统顶端的是单孔类，而演化出镶嵌踝类和恐龙等的双孔类只是配角。后者之所以能在三叠纪以后获得主导地位，最主要的原因不外乎二叠纪末的那场大灭绝。假如没有这起大灭绝事件，或许单孔类会继续统治地球，恐龙可能也就不会登场，即使登场，也不会大型化。不过，以上都只是推论，很难找到科学依据。

二叠纪晚期的肉食性单孔类动物雷塞兽。如果二叠纪末没有发生大灭绝事件，或许三叠纪时期称霸陆地的就是这样的动物了

双孔类

包括恐龙、鳄类、鸟类、鱼龙、翼龙和蜥蜴等在内的类群。二叠纪时期，双孔类的体形较小，进入三叠纪后变得多样化，三叠纪末出现了大型种类。

原理揭秘

经历大灭绝事件后动物的发展轨迹

富伦格里龙
Frenguellisaurus

三叠纪晚期临近结束时的双孔类动物，是最原始的恐龙。研究认为，富伦格里龙是全长约6～7米的巨型肉食性恐龙，在它们当时的栖息范围内，位居食物链的顶端。

二叠纪末的物种大灭绝

二叠纪末，地球上火山剧烈喷发，岩浆淹没了面积超过日本列岛5倍的地区。加之极度寒冷、海洋缺氧等因素，超过50%的四足动物和90%的无脊椎动物就此灭绝。究其成因，有一种观点认为，泛大陆这一超级大陆的形成导致海洋地壳大量沉降，使得位于地球中心的地核发生了变化。

油页岩蜥类

韦格替蜥类

浮龙类

主龙类

杨氏蜥类

蜥蜴类

蜥蜴类

从三叠纪晚期开始种类逐渐增加，此后一直没有灭绝，延续至今。

主龙类

包括鳄鱼的祖先镶嵌踝类、恐龙、翼龙类等在内的类群。它们从三叠纪初开始数量激增，跃居生态系统的顶点。鸟类也属于主龙类，现生鸟类的种类比哺乳类还多。

据推测，二叠纪末的大灭绝事件导致地球 90% 以上的物种灭绝，极大地改变了生命的进程。此前繁荣的单孔类动物，大多数就此走向衰落，而鳄类的祖先和恐龙等所属的双孔类动物则开始了多样化，空前繁荣的恐龙时代从此拉开帷幕。单孔类和双孔类，这两大四足动物群体的主角地位是如何更替的？让我们一起来看看它们的发展轨迹吧！

鳄类的霸权

恐龙？不不不，是镶嵌踝类爬行动物。

握有霸权

鳄鱼的祖先曾经

三叠纪时期，占据生态系统主角之位的动物频繁更替。单孔类动物之后，镶嵌踝类动物成了主角，其体形大到超乎人们的想象，是鳄类祖先的近亲。

外形酷似霸王龙

巨大的头骨宽阔而坚固，嘴里排列着粗壮而尖锐的牙齿。这副化石让人不禁想起1亿多年后才出现的肉食性恐龙——霸王龙。

然而，这副化石并不是霸王龙的，甚至根本不属于恐龙，而属于登上三叠纪晚期生态系统顶端的镶嵌踝类动物——蜥鳄。它全长达5米，巨大的体形甚至超过了当时最大的单孔类动物伊沙瓜拉斯托兽。

镶嵌踝类是爬行动物（双孔类）中的一个类群。现生鳄类的祖先就属于这个类群。以蜥鳄为代表，这一类群的动物乍一看与鳄类很相像。然而，现生鳄鱼的四肢是向水平方向生长的，而镶嵌踝类的四肢则笔直往下生长。从这一点上来看，它们的差别很大。

研究认为，出现于三叠纪早期的镶嵌踝类拥有较高的代谢能力，因而能够相当活跃地四处行动。于是，到了三叠纪中期，它们成功地从单孔类手中夺走了当时生态系统的主角地位。

镶嵌踝类蜥鳄｜*Saurosuchus*｜的
全身复原骨架

化石发现于阿根廷伊沙瓜拉斯托省立公
园。长达 60 厘米的巨大而强有力的头骨，
让人不禁联想到后来出现的霸王龙。

三叠纪时期那些形态各异的鳄鱼祖先

鳄鱼的祖先强盛的时代

二叠纪末的大灭绝事件之后，拉开帷幕的三叠纪开始生态系统的重建，迎来了恢复期。大灭绝事件使得地球上的生态系统重新洗牌，各种新类群像是要抓住这个良机似的逐个登场，向前进化。

就这样，三叠纪时期的陆地上，出现了单孔类、镶嵌踝类和恐龙"三足鼎立"的局面。这三者之中，在"势力"上抢先取得优势地位的是镶嵌踝类。

而在镶嵌踝类中，形似霸王龙[注1]的蜥鳄及其近亲的存在感尤其强。研究认为，当时的蜥鳄和其近亲的实力是压倒性的，以致它们的竞争对手，特别是恐龙，无法实现大型化。

事实上，这个时代的大部分恐龙，与之后的侏罗纪和白垩纪的恐龙[注2]相比，体形明显小很多。

也许，蜥鳄和它的同类还在的时候，恐龙只能甘拜下风。

形似恐龙的种类也出现过

三叠纪时期，镶嵌踝类演化出了多种多样的形态。有的背上长着帆状物，有的尽管在分类上并不属于鳄类，也不是鳄类的祖先，却长得酷似鳄鱼。

此外，当时的镶嵌踝类中，还出现了外形看上去和后世的恐龙极为相似的种类。

例如岩鳄，根据现生鳄鱼的外形，你绝对想不到镶嵌踝类中居然有这样的成员：能用细长的后肢进行两足行走，颈部长，头部小，而且下颚没有牙齿。

这些特征和1亿多年后的白垩纪时期才出现的似鸟龙非常相似。似鸟龙也被称为"鸵鸟型恐龙"，外形和鸵鸟相似，跑起来速度非常快，号称"跑得最快的恐龙"。

岩鳄虽是镶嵌踝类的一员，但或许也和似鸟龙一样，在三叠纪的陆地上奔跑过。不同的生物在相似的环境和生态下演化出相似的形态特征，这种现象称为趋同演化[注3]。

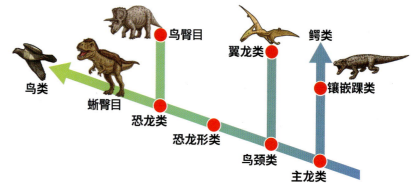

蜥鳄的复原想象图

在约2亿2800万年前的三叠纪晚期，蜥鳄曾处于生态系统的顶端。与现生鳄鱼不同，蜥鳄的四肢直立，说明它可能有一定的奔跑能力。研究认为，它能够用长长的锯齿状的牙齿捕食麋齿兽等大型动物。

地球进行时！

镶嵌踝类与现生鳄鱼有什么区别？

现生鳄类的祖先来自镶嵌踝类，但镶嵌踝类并不等同于鳄类。那么，到底是哪里不同呢？

它们之间较大的区别之一是四肢的生长方向。除此以外，它们的栖息地也大不相同。与曾经在世界范围内达到繁荣的镶嵌踝类不同，现生鳄鱼的栖息地局限于水边。或许可以这样说，镶嵌踝类中的一支发生了进化，变成"水边猎人"，也就是现生鳄类。

图为主要生活在河流、湖泊等淡水水域中的澳洲淡水鳄

☐ 鳄类在进化树上处于什么位置？

下图标示出了鳄类在主龙类（爬行类中的鳄类、恐龙和鸟类等所属的类群）的进化过程中所处的位置。在鳄类登场前，已经出现了各种各样的镶嵌踝类。不过，关于镶嵌踝类的进化，不同研究者有不同的说法。

鸟类　蜥臀目　鸟臀目　恐龙类　恐龙形类　翼龙类　鳄类　镶嵌踝类　鸟颈类　主龙类

疾走型镶嵌踝类与恐龙的比较

虽然各自属于不同的类群，但两者都有着长长的颈部、没有牙齿的嘴、小小的头部、适合快速奔跑的纤瘦轻盈的体态和长长的后肢。

岩鳄
Silosuchus

研究认为，岩鳄全长约6米，植食性，是镶嵌踝类动物中非常特别的存在。

似鸟龙
Ornithomimus

白垩纪时期的恐龙（兽脚亚目）。近年的研究表明，似鸟龙拥有翅膀。除去这一点，它和岩鳄十分相似。

也吃植物的鳄鱼的近亲

现生鳄类全都是肉食性的。体形较小的种类以小鱼和昆虫等为食，体形较大的种类有时还会袭击人类。

不过，鳄类的祖先所属的镶嵌踝类似乎不全是肉食性动物，也有以植物为食的种类，其中一种是以锹鳞龙属为代表的坚蜥类。全身包括尾巴在内都覆盖着厚厚的皮肤是锹鳞龙属的特征。它们嘴巴较小，长有菱形的牙齿，适应以植物为食的生活。

既有大型的肉食性动物，又有能够敏捷奔跑的动物，还有以植物为食的动物，三叠纪时期，镶嵌踝类有各种各样的生存状态，可以说这是它们的黄金时代了。

后来，现生鳄鱼诞生了

正处于繁荣期的镶嵌踝类中，不久出现了进化为现生鳄鱼的类群，这就是鳄形超目注4。不过，鳄形超目和其他镶嵌踝

近距直击

与恐龙展开殊死搏斗的巨型鳄鱼

在三叠纪之后的侏罗纪和白垩纪，鳄类逐步实现了大型化。据推测，生活在约7900万年前北美大陆的恐鳄全长可达10米以上，是史上最大的鳄鱼。在同一地区发现的大型暴龙科肉食性恐龙阿尔伯塔龙的化石骨骼上有恐鳄的齿印，说明它们之间或许曾发生过激战。

恐鳄对阿尔伯塔龙发起攻击的想象图

鳄鱼和恐龙虽然同为爬行动物，却属于完全不同的类群。

鳄类的霸权

原鳄 | *Protosuchus* | 的化石

图为在美国亚利桑那州的侏罗纪地层中发现的原鳄化石。其脊柱上覆盖着2列背鳞甲。

原鳄的复原图

原鳄被认为是最古老的鳄鱼。它虽然也有背鳞甲，但能够直立行走，其形态与现生鳄类相比有较大差别。

类在外表上看起来并没有太大的区别：四肢依然直直地长在身体下方，并且能够直立行走。

鳄形超目在三叠纪晚期出现，其代表性动物是在美国、加拿大和南非等地都有化石发现的原鳄。研究发现，原鳄全长约1米，四肢笔直地在身体下方生长，直立行走，在陆地上生活。它的头部较宽，长相已经相当接近鳄鱼。此外，背上长有坚硬的鳞甲，提高了它的防御力。不过，现生鳄鱼的背鳞甲一般有6列，而原鳄的只有2列。

鳄形超目出现后，不断进化，最终出现了现生鳄类。

三叠纪末发生了物种大灭绝事件，大部分镶嵌踝类就此灭绝。之后，恐龙成为陆地生态系统的主角。鳄形超目在大灭绝中幸存了下来，依然和恐龙进行着生存竞争。

科学笔记

【霸王龙】 第16页 注1
在很久以后的中生代白垩纪末（距今约7000万年，距离三叠纪末约1亿3000万年）才出现在北美大陆上的恐龙，是众所周知的大型肉食性恐龙，全长可达12米。

【侏罗纪和白垩纪的恐龙】
第16页 注2
到了侏罗纪和白垩纪，大型恐龙陆续出现。其中不乏全长超过30米的巨型植食性恐龙。与此同时，全长仅数十厘米的小型种类也越来越多。

【趋同演化】 第16页 注3
即使是亲缘关系很远的生物，在栖息环境的影响下，主要与运动方式、食性等生态相关的器官形状乃至全身的样貌会逐渐变得相似，这种现象称为趋同演化。例如，鱼类中的鲨鱼和哺乳类中的海豚，虽然骨骼构造不同，但都有适合游泳的流线型身体。

【鳄形超目】 第17页 注4
这个类群的成员并不都是现生鳄类。在鳄形超目身上可以看到一些进化趋势，比如鼻孔的位置逐渐变高，这样一来，就能够潜伏于水中捕猎。

🔍 近距直击

鳄类的鳞片越来越多了

鳄类背上的背鳞甲有保护背部的作用。其历史最早可以追溯到侏罗纪时期原鳄的2列背鳞甲，随后经过白垩纪时期的伯尼斯鳄的4列，逐渐增加到现在的6列。研究认为，这意味着在提升背鳞甲所带来的防御能力的同时，通过分割使得身体变得更加柔软。身体变柔软了，但防御能力依然很高。现生鳄类就是这样可怕的存在。

图为白垩纪时期出现的伯尼斯鳄的骨骼化石。可以看出有4列背鳞甲

镶嵌踝类呼吸系统的进化

比较恐龙与镶嵌踝类

　　三叠纪晚期的恐龙与镶嵌踝类相比，哪一方更优秀？这很难考量。本文从呼吸的角度尝试对两者进行比较。

　　是否拥有与现生鸟类相似的含气骨，可以作为考量恐龙优秀性的特征。鸟类的骨骼是中空的，这不仅使它们的身体变得轻盈，还让它们拥有了独特的呼吸系统。

　　在含气骨的中空部分有被称为气囊的袋状物。气囊遍布全身，大致可分为前气囊和后气囊。吸进体内的新鲜空气首先送达后气囊，随后在经过肺部时进行气体交换。二氧化碳含量较高的空气通过肺储存在前气囊中直接排出体外。这样的构造使得通过肺部的空气总是新鲜的，而且单向流动的气流使血液能够更高效地吸收氧气排出二氧化碳。这样的呼吸系统被称为气囊呼吸系统。不仅是鸟类，恐龙（特别是兽脚亚目和蜥脚亚目）身上也有这样的特征，也就是说，恐龙能高效地吸收氧气。

■ 美国短吻鳄的呼吸系统

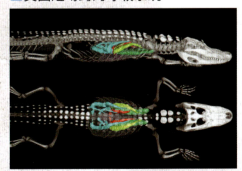

吸入体内的空气首先进入背部支气管（蓝色部分），接着经过肺管进行气体交换，然后到达腹部支气管（绿色部分）排出体外。

■ 恐龙和鸟类的呼吸系统

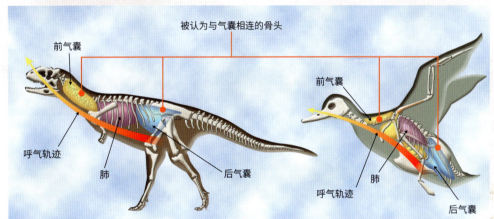

被认为与气囊相连的骨头

前气囊

呼气轨迹

肺

后气囊

前气囊

肺

呼气轨迹

后气囊

在气囊呼吸系统中，吸入体内的空气首先被送达后气囊，然后经过肺部及前气囊，排出体外。研究认为，恐龙和鸟类都是通过这样的构造进行呼吸的。

　　2010 年，《科学》杂志刊登了一项令人震惊的研究成果。研究人员在对镶嵌踝类的一员——现生鳄类的呼吸系统进行研究时，发现它们尽管没有含气骨，但也是通过单向气流进行呼吸的，拥有与气囊呼吸系统相似的呼吸方法。

爬行动物惊人的呼吸系统

　　那么，问题来了，曾与恐龙争夺过生存空间的镶嵌踝类是否也拥有这样的气囊呼吸系统呢？2012 年，科学家开始研究坚蜥类和波波龙类等三叠纪时的镶嵌踝类是否拥有含气骨。研究表明，镶嵌踝类的骨骼虽然不是含气化的，但可能拥有气囊。这项研究虽然无法断定镶嵌踝类拥有气囊系统，但揭示了一定的可能性。也就是说，三叠纪时期的镶嵌踝类虽然没有到恐龙那样的程度，但也拥有优秀的呼吸系统。更令人惊讶的是，2013 年，《自然》杂志刊登了一项研究成果，认为比鸟类、恐龙和鳄类更原始的爬行动物平原巨蜥也是通过单向气流进行呼吸的。平原巨蜥是生活在非洲的蜥蜴，全长约 1 米，在非洲巨蜥家族中，体形算是比较小的。

　　有人认为，鳄类、巨蜥类等之所以也有类似气囊呼吸系统的单向气流呼吸方法，其原因可以追溯到 2 亿 5000 万年前，当时空气中的含氧量较低，只有 12%。这种特殊的呼吸系统可能是在当时严酷的环境下演化出来的构造。不只是恐龙，鳄类和其他爬行动物也各自发生了演化。

小林快次，1971 年生，1995 年毕业于美国怀俄明大学地质学专业，获得地球物理学科优秀奖。2004 年在美国南卫理公会大学地球科学科取得博士学位。主要从事恐龙等主龙类的研究。

恐龙出现

从小型恐龙起步

空前绝后的恐龙时代

三叠纪晚期，在体形巨大的鳄类祖先所统治的陆地上，恐龙终于出现了。不久后将成为地球上最繁荣的物种的它们，刚登场的时候并不是生态系统的主角。

曙奔龙

| *Eodromaeus* |

拥有边缘呈锯齿状的牙齿，属于肉食性恐龙。化石刚发现的时候，曙奔龙被当成了始盗龙，但后来被证明是新的物种。全长1～1.2米。

早期的恐龙
只有大型犬那么大

回顾地球的生物史，每个时代都有各自的主角。在约4亿4340万年前开始的志留纪，全长超过2米的海蝎是食物链的霸主。约4亿1920万年前开始的泥盆纪，因巨型甲胄鱼的繁荣而被称为"鱼的时代"。到了三叠纪晚期，地球的新主角登场了。

使直立行走成为可能的匀称身型、修长的尾巴、锐利的牙齿和钩爪……在种类繁多的古生物中，最能激起大众好奇心的动物，非恐龙莫属。

从三叠纪到白垩纪，持续了约2亿年的中生代也被称为恐龙时代。顾名思义，几乎整个中生代，地球的生态系统都处于恐龙的统治之下。不过，刚登场的时候，恐龙的全长大多只有1米左右。在全长达5米的蜥鳄等镶嵌踝类威风八面的三叠纪生态系统中，恐龙还只是配角。恐龙是如何开启属于自己的新时代的呢？

大家期待已久的恐龙终于要登场了！

皮萨诺龙
| *Pisanosaurus* |

小型植食性恐龙。研究认为，它们跑得很快，能有效地躲避肉食性恐龙的追杀。全长约1米。

始盗龙
| *Eoraptor* |

拥有杀伤力较强的尖锐牙齿和钩爪，既有适合肉食的牙齿，也有适合植食的牙齿，可能是杂食性恐龙。全长约1米。

恐龙繁荣的前兆

早期恐龙身上已出现

恐龙是在什么时候、从哪里诞生的呢？2000年波兰南部发现的化石，为此提供了线索。

恐龙诞生前夕出现的恐龙形类是什么？

研究人员在约2亿5000万年前的岩石表面发现无数凹凸不平的痕迹。这是生活在三叠纪早期的原旋趾蜥的足迹化石。从足迹的大小和间距可以推测出它的外形，用一句话概括，就是"四肢异常长的蜥蜴"。这种动物，属于被认为是恐龙前身的类群——恐龙形类爬行动物。

三叠纪中期，恐龙形类在世界范围内均有分布。到了三叠纪晚期，从恐龙形类中演化出了"三叠纪三巨头"中最

始盗龙
始盗龙的牙齿虽小却尖锐，而且牙齿尖端略向内弯曲。这样的牙齿被认为是不让捕获的猎物逃跑而形成的"倒钩"，是肉食性的证据。不过，它们也拥有在植食性恐龙身上能看到的带锯齿的勺状牙齿。

原旋趾蜥 | *Prorotodactylus* |
下图为原旋趾蜥的想象复原图。它们是最古老的恐龙形类动物。和恐龙一样，它们也具有四肢生长于身体正下方等特征。

原旋趾蜥的足迹化石
足迹约几厘米长，可以想象足迹的主人曾经多么活跃地来回走动过。这些足迹化石在波兰圣十字山脉被发现。

后出场的动物——恐龙。

从最原始的恐龙身上看恐龙繁荣的征兆

多样性是恐龙的一大特征。史上最大也最强的陆生肉食性动物——霸王龙、全长超过30米的史上最大陆生植食性动物——阿根廷龙、最适应植食的恐龙——三角龙……繁荣期历时1亿7000万年的恐龙，演化出了多种多样的种类。而在三叠纪晚期的阿根廷伊沙瓜拉斯托地层中，已知的最早期的恐龙只有7种。它们中的大部分全长只有1米左右，用两足行走，长得非常相似，从远处基本看不出差别。

我们很难将这样的早期恐龙和丰富多彩的后期恐龙联系到一起。然而，仔细查看它们的身体构造就能清晰地辨识出变化的前兆。

始盗龙的牙齿既适应肉食也适应植食，这与阿根廷龙等所属的蜥脚亚目[注1]恐龙很相似。曙奔龙完全是肉食性的，而且颈部的骨头也是中空的，与霸王龙等兽脚亚目[注2]恐龙有着相同的特征。两者尽管看上去非常相似，分类却不同，始盗龙是原始的蜥脚亚目，而曙奔龙是原始的兽脚亚目。此外，皮萨诺龙为适应植食牙齿发生了特化，被认为是三角龙等所属的鸟臀目[注3]中最原始的种类。

也就是说，恐龙出现在地球上不久后，就静悄悄地为多样化做起了准备。霸王龙、阿根廷龙等恐龙时代的明星们就是从这些细微的差异中慢慢演化而来的。

恐龙的分类

恐龙大致可分为鸟臀目、蜥脚亚目和兽脚亚目三大类。三叠纪时期，这三大类都已登场，且出现了多种类群。

鸟臀目
角龙、剑龙等多种植食性恐龙所组成的类群。

三角龙　剑龙　皮萨诺龙

蜥脚亚目
长度可达数十米的大型植食性恐龙类群。

阿根廷龙　迷惑龙　始盗龙

兽脚亚目
霸王龙等肉食性恐龙所属的类群。

霸王龙　异特龙　曙奔龙

白垩纪·侏罗纪　　　三叠纪晚期　　　三叠纪中期

莱森龙｜*Lessemsaurus*｜的复原图（右）

莱森龙是全长约18米的大型植食性恐龙。这个长度相当于新干线N700系车头的2/3。左边的法索拉鳄全长约10米，是体形最大的镶嵌踝类之一。有学者认为，它们之间曾经展开过对战。

哪个才是恐龙？
傻傻分不清楚。

镶嵌踝类灭绝——铺就了恐龙繁荣之路

三叠纪接近尾声的时候，动物逐渐大型化。称霸生态系统的是全长10米左右的镶嵌踝类。虽然也出现了莱森龙这种全长约18米的植食性恐龙，但它们当时只算得上是配角。

这种状况在三叠纪末突然发生了改变。虽然原因尚不明确，但三叠纪末发生了物种大灭绝，除鳄类以外的镶嵌踝类都灭绝了。为什么恐龙没有一起灭绝呢？关于这点，学界看法不一。有观点认为，从直立行走所带来的高敏感性、拥有内温性等特征来看，恐龙的身体构造比镶嵌踝类更有优势。无论原因如何，当三叠纪结束、侏罗纪开始的时候，恐龙登上了生态系统的顶点，拉开了恐龙时代的帷幕。

观点 碰撞

恐龙幸存是因为"运气"？

三叠纪末，不知什么原因引发了物种大灭绝。身体构造较有优势的恐龙适应了变化，而镶嵌踝类却没能度过这一关。针对这种说法，有一些强烈的反对意见。对比三叠纪时期的两者会发现，镶嵌踝类的身体构造等更加多变，没有证据表明恐龙的身体构造比它们更有优势。也就是说，可能镶嵌踝类只是碰巧灭绝了，而恐龙"运气好"活了下来。

2010年，研究人员在日本岐阜县等地的三叠纪地层中发现了陨石撞击时会形成的微球粒[注4]。关于三叠纪末大灭绝事件的原因，有一种猜想是巨型陨石的撞击，而这一发现也就被当成陨石撞击的证据之一。

科学笔记

【蜥脚亚目】 第22页注1

小脑袋、长脖子、桶状躯干、长尾巴是蜥脚亚目恐龙的特征。这一类恐龙大多以植物为食。包括长度达数十米的巨型恐龙蜥脚类也是其中的一个类群。

【兽脚亚目】 第22页注2

包括霸王龙在内的所有肉食性恐龙所属的类群。现生鸟类也是这个类群的成员。不过，并非所有的兽脚亚目恐龙都是肉食性的。兽脚亚目和蜥脚亚目一起构成了蜥臀目。

【鸟臀目】 第22页注3

与蜥臀目相对的恐龙类群。剑龙、甲龙、角龙、肿头龙等"武装恐龙"所属的类群。全员属植食性。

【微球粒】 第23页注4

直径在1毫米以下的微小颗粒。X光解析结果显示，在岐阜县等地发现的微球粒中含有地球地壳中含量极少的铱和铂等6种元素，且最大含量达到正常量的1000多倍。这是陨石撞击的有力证据。

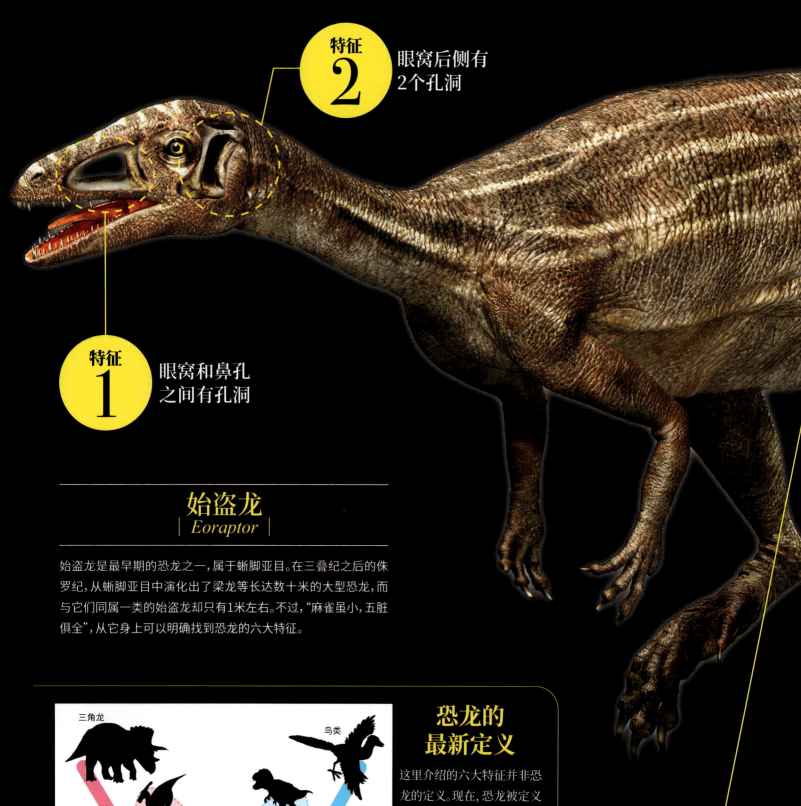

特征 2 眼窝后侧有 2个孔洞

特征 1 眼窝和鼻孔 之间有孔洞

始盗龙
| *Eoraptor* |

始盗龙是最早期的恐龙之一，属于蜥脚亚目。在三叠纪之后的侏罗纪，从蜥脚亚目中演化出了梁龙等长达数十米的大型恐龙，而与它们同属一类的始盗龙却只有1米左右。不过，"麻雀虽小，五脏俱全"，从它身上可以明确找到恐龙的六大特征。

三角龙

鸟类

副栉龙

甲龙

霸王龙

其他鸟臀目

其他蜥臀目

剑龙

阿根廷龙

图为从共同祖先到三角龙和鸟类的谱系图。不过，这位共同祖先目前尚未被发现。

三角龙和鸟类的共同祖先

恐龙的最新定义

这里介绍的六大特征并非恐龙的定义。现在，恐龙被定义为"三角龙和现生鸟类的最近共同祖先的所有后代"。三角龙是鸟臀目中进化程度最高的类群，而鸟类是蜥臀目中进化程度最高的类群。从两者的共同祖先发生进化到这两者出现，这期间所有的动物都是恐龙。

特征 3

骨盆附近有 3块以上的骶骨

地球史导航
恐龙出现

原理揭秘

从『最原始的恐龙』看恐龙的六大特征

特征 4　骨盆中间有孔洞

特征 5　拥有直立的四肢

特征 6　脚踝关节单向弯曲

恐龙究竟是什么样的动物？简单来说，它们是"在陆地上直立行走的爬行动物"。无齿翼龙等所属的翼龙类、双叶铃木龙等所属的蛇颈龙类并不是恐龙。尽管学界尚无统一的说法，但有一部分观点认为，所有恐龙的身上都有共通的六大特征。一起来看看它们的特征吧！

恐龙

恐龙的四肢直立，趾尖朝向正面。许多镶嵌踝类、鸟类以及哺乳类等也有这样的特征。

恐龙和其他爬行动物的区别

恐龙和其他爬行动物相比，最重要的区别在于四肢的生长方向。研究认为，这也是恐龙拥有较强运动能力的主要原因，同时也成就了它们的繁荣。

其他爬行动物

鳄鱼、乌龟、蜥蜴等现生爬行动物以及蛇颈龙等中生代海生爬行动物，还有翼龙类等的四肢都是向身体侧面生长，而不是向身体正下方生长。

※有关恐龙六大特征的说明参考了澳大利亚博物馆的观点。

地球博物志

三叠纪的海洋动物

| Animals in the Triassic Ocean |

爬行动物主导的海洋生态系统

在经历了二叠纪末的物种大灭绝事件后，三叠纪开始了，海洋里发生了翻天覆地的变化。二叠纪时期，海洋世界中曾存在着的三叶虫类消失了，爬行动物开始进军海洋。

从古生代到中生代的变化

二叠纪末物种大灭绝事件后，海洋中发生了怎样的变化呢？三叶虫类消失了，腕足动物大幅减少，相反，双壳类的势力得到扩张。菊石类被逼到了绝境，却在三叠纪再次繁荣。大灭绝事件前的海洋动物被称为"古生代演化动物群"，而大灭绝事件后的被称为"现代演化动物群"。

【腭齿龙】

| Palatodonta |

蛇颈龙是在中生代登场的三大海生爬行动物之一。腭齿龙是蛇颈龙的祖先所属的原始海生爬行动物楯齿龙目的一种，是2013年发现的新种类，被认为是楯齿龙目中最原始的种类。它们的颈部较短，外形看起来像没有甲壳的乌龟。

长得像乌龟，但不是乌龟。前肢并非鳍状，而是长有趾爪

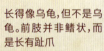

数据	
分类	爬行纲楯齿龙目
头部尺寸	长约15厘米
年代	三叠纪中期
化石产地	荷兰

【贵州龙】

| Keichousaurus |

贵州龙是蛇颈龙类动物的祖先，是一种小型爬行动物，因为在中国贵州省发现其化石，所以被称为贵州龙。它的化石被当地人视作幸运的象征，一直以来备受珍视。因发现了腹部怀有幼崽的化石，所以研究人员推测贵州龙可能是在水中分娩的。

颈部较长，很像后来出现的蛇颈龙类

贵州龙的复原图。有学者认为，它们的四肢并非鳍状，而是长着趾爪

数据			
分类	爬行纲肿肋龙亚目	年代	三叠纪
全长	30～35厘米	化石产地	中国贵州省

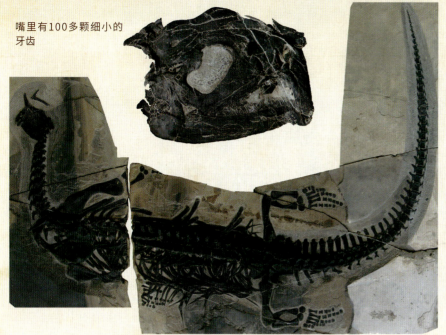

嘴里有100多颗细小的牙齿

【似坚蜥】

| Atopodentatus |

颚的前端呈喙状, 大角度向下弯曲。此外, 上半部的喙左右裂开, 相当独特。在古今中外的动物中都找不出第二个像它这样的。

数据	
分类	爬形纲鳍龙超目
全长	约3米
年代	三叠纪中期
化石产地	中国

复原图。2014年2月公布的新种类

【腔棘鱼】

| Coelacanthus |

通常所说的腔棘鱼并不是某种鱼的名字, 而是一个类群的总称。这里所提到的是腔棘鱼这个类群名称的来源。三叠纪是腔棘鱼数量剧增的时期之一。

现生腔棘鱼。最原始的种类出现于泥盆纪

数据	
分类	硬骨鱼纲腔棘鱼目
全长	约30厘米
年代	三叠纪
化石产地	加拿大

【髻蛤】

| Monotis |

三叠纪晚期, 髻蛤遍布全球海洋。它们的外壳像碟子一样薄, 在日本被称为"皿贝"。研究认为, 它们会从外壳的间隙中伸出"足", 附着在海底或海藻上生存。此外, 它们可能还会附着在浮木上进行移动。髻蛤作为三叠纪晚期的标准化石而为人所知。

数据	
分类	双壳纲
壳宽	约5厘米
年代	三叠纪晚期
化石产地	世界各地

【齿菊石】

| Ceratites |

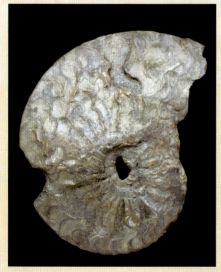

二叠纪末物种大灭绝事件中幸存下来的为数不多的菊石类之一。菊石类大致可以划分为在古生代繁荣的类群和在侏罗纪以后繁荣的类群。而齿菊石所属的齿菊石目处于两个类群之间, 是侏罗纪以后繁荣起来的类群的祖先。

数据	
分类	头足纲齿菊石目
直径	约10厘米
年代	三叠纪
化石产地	日本、欧洲各地

近距直击

转瞬之间就恢复的海洋生态系统

因为二叠纪末物种大灭绝事件, 海洋生态系统几乎重新洗牌。不过, 出乎意料的是, 恢复的速度似乎很快。不信的话, 看看鱼龙类中的海王鱼龙就知道了。海王鱼龙巨大的头骨上有粗壮坚实的牙齿, 推测全身长度超过8.5米。大型捕食者的出现意味着生态系统的完善。这一时期距今约2亿4400万年, 大灭绝事件仅仅过去了约800万年。

研究认为, 海王鱼龙就像现在的虎鲸和噬人鲨一样, 位居食物链的顶端。其学名的意思是"海洋统治者"

"小恐龙" 居住的岛屿

科莫多国家公园

位于印度尼西亚东努沙登加拉省，1991年被列入《世界遗产名录》。

科莫多国家公园由印度尼西亚南部小巽他群岛中的3个岛组成。这个公园的名字来自这里的"主人"——被称为"小恐龙"或"科莫多龙"的科莫多巨蜥。周边海域中，绵延的珊瑚礁养育了多种多样的生物，保留着远古时期的自然环境。对于正面临着灭绝危机的巨型爬行动物来说，这里是绝佳的，也是最后的避难所。

珊瑚礁海域的"居民"

白斑乌贼

乌贼科中体形最大的种类，最长超过50厘米，体重可达10千克。它们能够通过改变身体颜色来达到威吓的目的。

电鳐

电鳐全长1米左右，体内有发电器官。体形较大的电鳐可以发出大约50伏的电让猎物或敌人麻痹。

玳瑁

一种濒临灭绝的海龟科动物。甲壳长1米左右，在海龟中算小个子，喜爱吃海绵动物。

海蛇尾

容易被误认为是海星。不过它们与海星的骨骼构造不同，属于不同的动物类群。海蛇尾有2000多个种类，是棘皮动物中最具多样性的一类。

**科莫多巨蜥是
科莫多国家公园的象征**

成年科莫多巨蜥全长可达
2～3米，体重超过100千克。
据说，它们的寿命普遍超过
100年。研究认为，它们已经
存在了约6000万年。被许多
人认为性格温顺的它们，其
实是可以用尾巴甩翻小型动
物的"大力士"。

红色精灵

雷雨云向宇宙发射的谜之闪光

这是一种出现在雷雨云上空、规模比闪电更大的光，人们早已开始谈论它，但直到30年前才第一次捕捉到它的影像。展现在世人眼前的红色精灵，它的真面目究竟是什么？

19世纪80年代，有关红色精灵的目击证言首次被刊登在英国的科学期刊《自然》上。发表者是英国的气象学家。据他描述，有搭船的乘客目击到"打雷的时候，在遥远的高空升起了不同于闪电的光，像火箭发射一样"。

到了20世纪，多名飞行员发表了同样的目击证言，但一直到80年代末，他们的话都只被当作"眼睛的错觉"处理。

当时，人们认为，飞机等航天器一般在10～13千米的高空飞行，而比这更高的地方，大气的密度相当低，对流也会减弱，基本不会发生气象现象。何况，目击者看到的光都只出现了一瞬间，没有影像等决定性的证据，也就没有成为气象学的正式研究对象。然而，在1989年，事情终于出现了转机，明尼苏达大学的研究团队在机缘巧合之下用相机记录下了这一现象。照片里，雷雨云上空出现的闪光被真真切切地记录了下来。

短短一瞬间，闪现在夜空中的红色精灵

从19世纪后半叶起，人们就在谈论这种神秘的闪光。而这一次，它那泛红的、像长着翅膀的精灵一样的身姿，第一次被相机镜头捕捉了下来。根据它的形象，人们将其命名为红色精灵。

这个红色精灵的真面目到底是什么？由各国研究者共同进行的正式研究，于

图为在哥伦比亚亚号事故中牺牲的宇航员伊兰·拉蒙（1954—2003）。不过，他在宇宙中拍摄的红色精灵的照片留存了下来

1994年，在科罗拉多州科林斯堡郊外开始了。1995年，日本的研究团队也加入了这一项目。现在，观测点已拓展到了中南美、澳大利亚、日本和欧洲等地。

研究结果显示，红色精灵是伴随着雷电出现的；除了红色精灵以外，还有其他发光现象。

因地面温度高、高空寒冷而形成的积雨云中会产生大量电荷，它向地面放电的现象被称为雷电，而与此同时向上方发光的现象就是红色精灵。

地球上空有对流层（底部与地面相接，顶部平均距离地面约11千米）、平流层（距离地面11～50千米）、中间层（距离地面50～80千米）、热层（距离地面80～800千米）等数层大气层。雷电一般发生在对流层，而红色精灵一般发生在距离地面约50～90千米的位置，可以说主要发生在中间层。目前观测到的红色精灵主要呈现圆锥形和圆柱形等形状。

除此以外，以高桥幸弘教授（北海道大学）为代表的日本研究团队发现了在高空约90千米处出现的甜甜圈状的发光现

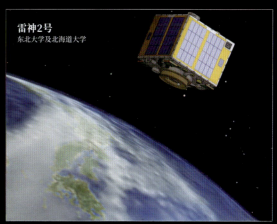

运用最新技术的相机拍摄到的红色精灵。从雷雨云向宇宙发射，持续时间不足1秒，据说每天会发生数千次以上

雷神2号
东北大学及北海道大学

2014年5月24日，由日本东北大学和北海道大学共同研发的观测卫星"雷神2号"发射成功。"雷神2号"是2009年1月发射的卫星"雷神"的改良版，备受期待

象。该现象被称为淘气精灵。在此基础上，研究人员还确认了一种从云层上方向40～50千米的高空发射的圆锥形的蓝光，称为蓝色喷流。

形态是明确了，但发生的机制呢？

2003年，对红色精灵的研究取得了突破性成果。搭乘哥伦比亚号航天飞机的宇航员伊兰·拉蒙用高感度相机，首次从宇宙空间拍摄到了红色精灵的影像。哥伦比亚号航天飞机在返航途中失事解体，拉蒙没能回来，但他的相机被找到，里面清晰地保留着红色精灵的影像。

2011年，曾经和拉蒙一起开展研究的约阿夫·亚伊尔教授（以色列开放大学）与日本宇宙航空研究开发机构、NHK（日本放送协会）等合作，尝试从国际空间站拍摄红色精灵的影像。

另一边，阿拉斯加大学和北海道大学的研究团队与NHK联合发起了一个项目，他们发射了2架航天器，分别从两个

方向拍摄红色精灵的影像，并取得了成果。

有些红色精灵的半径可达10千米，且多个红色精灵在直径数十千米的范围内几乎同时出现。

红色精灵的放电量虽然不及雷电的放电量（既有1次1.5吉焦的说法，也有9吉焦的说法），但从发光区域的体积来看，有些红色精灵可以达到一般雷电的100倍以上。此外，红色精灵似乎也承担着将带电离子搬运到电离层（热层内），从而使电离层和地表的电位差保持稳定的使命。

以上都是根据迄今为止的研究了解

到的内容。日本等多个国家都发射了用来观测红色精灵的人造卫星。与红色精灵相关的研究正变得越来越热门。

红色精灵所释放的电是否对地球的气象也产生了影响呢？围绕这个观点的研究也在进行中。

那么，红色精灵的发生机制是什么样的呢？事实上，关于这点，目前还不是很明确。说起来，有关地球上1秒钟之内可发生40～100次雷电的机制，目前也还有很多没有明确的点。值得期待的是，通过对红色精灵的研究，我们或许能对离我们更近的雷电有新的了解。

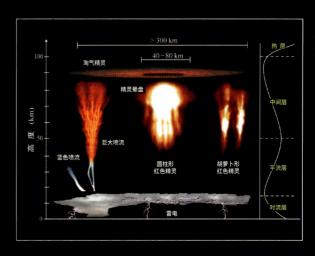

除了主要发生在中间层的红色精灵、热层的淘气精灵等。雷雨云上空有多种发光现象的蓝色喷流，还有平流层

Q 如何区分恐龙化石？

A 有时候，即使发现的并不是恐龙的全身骨架，而只是一部分骨头等所组成的局部化石，研究人员竟然也能确定它们属于哪种恐龙。这些骨头化石看起来明明差不多，他们是怎么区分的呢？

所有的生物都有"整个类群共有的特征"和"一个物种独有的特征"等构成的鉴定特征。即使只是局部化石，只要包含了上述特点，就能确定这种生物属于哪个类群，甚至进一步细化到种类。为了帮助大家更好地理解，我们用现生动物来举个例子。比如，说起"灰色的皮肤"，我们会想到河马、大象，如果再加上"长鼻子"，我们就能锁定大象。恐龙等古生物也是一样。鉴别的关键在于所发现的局部化石能确认有哪些鉴定特征。

Q 日本发现了哪些恐龙化石？

A 现在，日本也发现了不少恐龙化石。不过，它们几乎都来自白垩纪时期，目前尚未发现始盗龙、皮萨诺龙等三叠纪时期恐龙的化石。在日本发现的恐龙种类多样，既有兽脚亚目，也有蜥脚亚目和鸟脚亚目，说明当时日本生存着多种多样的恐龙。从2013年开始，研究人员在北海道展开了调查，旨在寻找鸟脚亚目恐龙鸭嘴龙类的化石。目前已发掘出了全身骨骼。

图为2013年在北海道发现的鸭嘴龙科恐龙的发掘现场。该化石属于新物种的可能性很高

Q 为什么不叫"草食性恐龙"，而叫"植食性恐龙"呢？

A 说起"草"，一般指的是草本类植物。通常所说的"杂草"，以禾本科植物为主，多见于草原等地。杂草变得繁茂并能形成广阔的草原，是从中生代之后的新生代才开始的。而在恐龙时代，基本上没有草原，蜥脚亚目等吃的主要是蕨类植物和裸子植物。因此，"植食性"这一说法成了惯例。不过，并不是完全没有"草食性恐龙"。近年，研究人员从某种恐龙的粪化石中找到了禾本科植物的痕迹。这一发现在当时备受瞩目，毕竟原来"真的有过草食性恐龙"！

正在吃植物的优头甲龙的复原模型。优头甲龙生存在白垩纪晚期的北美洲，是全长6米左右的植食性恐龙

Q "恐龙"这个词是谁创造的？

A "恐龙"是从19世纪的古生物学家理查德·欧文创造的"Dinosauria"一词翻译过来的。1824年，在记录第一个恐龙化石（斑龙）时，人们发现没有可以描述这种不可思议的动物的单词。不久，第二个化石（禽龙）、第三个化石（林龙）也被记录了下来，但谁也没有想过它们属于同一类群。然而，欧文注意到这三种化石有其他爬行动物所没有的特征，提出将这三者作为一个类群，取名为"Dinosauria（恐怖的蜥蜴）"。从希腊语中选取了"deinos（恐怖的）"一词的欧文真是太睿智了。自那以后，这个名词总是让人们浮想联翩，而这种爬行动物也变得备受瞩目。

理查德·欧文（1804—1892）。因反驳达尔文的进化论而为人所知

1886年出版的书籍插图中禽龙（左）和斑龙（右）的复原图。其中，本应是禽龙大拇指的尖刺被画在了禽龙头上，而斑龙则被画成了四足行走的样子，这些都与现在的复原图不同。此外，禽龙是白垩纪早期的恐龙，而斑龙出现在侏罗纪

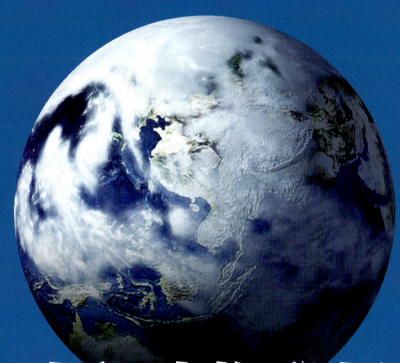

哺乳动物登场

2 亿 3700 万年前—2 亿 130 万年前

第 35 页　图片 / PPS
第 36 页　图片 / PPS
第 38 页　插画 / 加藤爱一
　　　　　描摹 / 斋藤志乃
第 41 页　插画 / 服部雅人
　　　　　描摹 / 斋藤志乃
第 42 页　图片 / PPS
　　　　　图表 / 三好南里
　　　　　图片 / 日本宫城县南三陆町教育委员会
第 43 页　图片 / PPS
　　　　　图表 / 三好南里
　　　　　图片 / 藻谷龙介
第 44 页　图片 / PPS、PPS
　　　　　图表 / 三好南里
第 45 页　图片 / 日本古生物学会授权转载
　　　　　插画 / 服部雅人
第 46 页　图片 / PPS、PPS
第 47 页　插画 / 三好南里
第 49 页　图片 / PPS
　　　　　插画 / 伊藤晓夫 选自新版《灭绝动物图鉴》(丸善出版)
　　　　　插画 / 斋藤志乃
第 50 页　图片 / PPS、PPS
第 51 页　插画 / 伊藤晓夫 选自新版《灭绝动物图鉴》(丸善出版)
　　　　　图片 / 联合图片社
　　　　　插画和图表 / 斋藤志乃
第 53 页　插画 / 服部雅人
第 54 页　图片 / PPS
　　　　　插画 / 服部雅人
　　　　　图表 / 斋藤志乃
第 55 页　插画 / 服部雅人
　　　　　图片 / PPS
第 56 页　插画 / 真壁晓夫
第 57 页　图片 / 久保泰 / 日本国立科学博物馆收藏
第 58 页　图片 / 联合图片社
　　　　　图片 / 村松康太，日本北海道大学
第 59 页　图表 / 斋藤志乃
　　　　　其他图片均由 PPS 提供
第 60 页　图片 / 阿玛纳图片社
第 61 页　图片 / 阿玛纳图片社
第 62 页　图片 / Aflo
第 63 页　图片 / 联合图片社
　　　　　图片 / 樱井敦史 / 自然制造
　　　　　图表 / 三好南里
第 64 页　图片 / 日本和歌山县太地町鲸鱼博物馆
　　　　　本页其他图片均由 PPS 提供

─顾问寄语─

东京学艺大学副教授　佐藤玉树

虽然古生代末的物种大灭绝事件抹去了地球上种类繁多的生物，
但在接下来的中生代，新的生物类群又陆续登场了。
大型爬行动物在海陆空全面繁荣，哺乳动物出现……
当时地球上的景象大概可以用"空前绝后"来形容。
通过本专题，一起来看看中生代的开端——三叠纪的世界吧！

新型脊椎动物的诞生

三叠纪开始于2亿5217万年前。爬行动物努力体现
其自身的潜力，不断多样化，向着海洋和天空扩张。
而陆地上，在繁荣的爬行类和两栖类的脚下，名为哺
乳动物的新型脊椎动物即将诞生。三叠纪晚期可以说
是哺乳动物出现的"拂晓时分"。恐龙繁荣的侏罗纪
及其以后的年代精彩纷呈，光芒掩盖了三叠纪，使得
三叠纪成了一个容易被忽视的时代。但正是在这一时
期，生物进化史迎来了巨大的转变。

**美国亚利桑那州
化石林国家公园**

这个"化石森林"国家公园里
分布着三叠纪时期的秦里层。
这片色彩斑斓的地层里有大量
树木化石。研究人员在这一地
层中发现了最原始的哺乳动物
的化石。

悄然开始的大进化

在爬行动物向海洋和天空开拓生存空间的这个时期，单孔类中进化程度较高的类群里，哺乳动物正在萌芽。最早出现的原始哺乳动物，其体形都像小型老鼠一样，在恐龙等肉食性爬行动物的阴影下过着东躲西藏的生活。然而，它们迈出了巨大的一步——在恐龙不活动的夜间出来活动。它们之所以能够做到这一点，是因为进化出了内温性这种能够保持自身体温恒定的强大的生存武器。

摩尔根兽

重返海洋的爬行动物

好不容易才登上陆地，又回到了海里，大概是真的很喜欢海洋吧！

重返海洋寻找新天地的爬行动物

三叠纪早期接近尾声的时候，爬行动物中的一部分从陆地迁移到了海洋中。它们中有的酷似鱼类，有的则形似蜥蜴。海生爬行动物独树一帜的多样化一直持续到了三叠纪末。

接连出现的海生爬行动物

在约 3 亿 6500 万年前的泥盆纪晚期，鱼类中的一部分来到了陆地上寻找新天地。后来，它们的子孙演变成了爬行动物，享受着陆地上的生活。自那以后经过了约 1 亿 1500 万年，也就是到了三叠纪早期的末尾，部分爬行动物开始重返海洋生活，主要是名为鱼龙类和鳍龙类的类群。已经完全适应了陆地生活的它们是用肺呼吸的，因此将海洋作为生活据点的同时，它们需要时不时浮到水面换气，或爬上岸边。即使如此，它们还是在向着适应水中生活的方向进化，同时也变得越来越多样化。

为什么鱼龙类和鳍龙类会选择到水中生活呢？对此，学界有几种猜想，但尚无定论。或许，它们是为了逃离捕食者来到了水边，最后索性下了水。又或许，它们在水中发现了诱人的猎物。

无论原因如何，它们事实上开拓了以往爬行动物几乎没有涉足的新栖息地。当时，迎来了众多"新居民"的海洋一定很热闹吧！

三叠纪海洋中的景象

三叠纪时期,爬行动物开拓了新的栖息地。海洋里不仅有混鱼龙等鱼龙类,还有色雷斯龙、鸥龙、副楯齿龙等鳍龙类,以及长颈龙等等。海洋成了独特的海生爬行动物的乐园。

鸥龙　　　混鱼龙

色雷斯龙

长颈龙

副楯齿龙

重返海洋的爬行动物

这座山里的三叠纪地层，曾经是海生爬行动物的乐园。

圣乔治山

卢加诺湖位于瑞士意大利两国的边境，湖边的圣乔治山是三叠纪海生爬行动物化石的宝库，在这里发现了许多鱼龙类和鳍龙类的化石。

现在我们知道！

再次开始适应水中生活的海生爬行动物

迁往海洋的爬行动物中，鱼龙是化石年代较早（三叠纪早期快结束时）的一类。观察鱼龙的头骨会发现，它们的眼后有两个孔洞（这是爬行动物的特征），再加上拥有四肢这一点，可以确定它们是从陆生爬行动物演化而来的。不过，它们虽说是爬行动物，却有着鳍状肢和流线型的身体，像极了鱼类。即使是最原始的鱼龙，前后肢上也已经没有"趾"了，而是呈鳍形。因此，我们至今仍不清楚鱼龙是从爬行动物的哪个类群进化而来的。不过，三叠纪早期以及更早的二叠纪末（约2亿5200万年前）的爬行动物大多都有着类似蜥蜴的外形，依此类推，鱼龙祖先的外形或许也和蜥蜴差不多。

产于日本宫城县南三陆町的歌津鱼龙是早期鱼龙的代表。比较歌津鱼龙的鳍状肢和爬行动物中蜥蜴类的前肢，会发现前者的上臂和前臂的骨骼变得短而粗，而指骨变细了，并且紧紧地并拢。可见，曾经用来抓取东西、踩实地面的"手脚"，逐渐演变成有利于划水的鳍形。越是后期的鱼龙，鳍状肢上的指骨挨得越紧，整体越接近成块的板状。

三叠纪时期有名的鱼龙还有巢湖龙、混鱼龙、肖尼鱼龙和萨斯特鱼龙等。其中，肖尼鱼龙的外形与海豚相似，其中体形较大者全长超过20米。

鳍还不是很发达的三叠纪鳍龙类

鳍龙类，顾名思义，是拥有鳍的爬行动物。研究认为，它们与演化出蜥蜴和蛇的鳞龙类[注1]亲缘关系较近。

侏罗纪以后（2亿130万年前开始）繁荣起来的蛇颈龙是鳍龙类中尤为有名的一个类群。然而，在三叠纪时期，鳍龙类的脖子还没有那么长，鳍状肢的进化也没有很完善。当时，它们中大多数不仅"手指"和"脚趾"的开合程度不一，还保留着陆生爬行动物的"手脚"形状。侏罗纪以后，它们的鳍状肢才完全演化成鳍的样子，成为名副其实的鳍龙类。

那么，三叠纪时期，那些"鳍"尚未成型的鳍龙类是怎么在水中游泳的呢？研究人员推测，它们不是依靠"手脚"，而是通过左右扭动身体来游动的。游起来的样子可能有点像快速游动的鳄鱼。与之相对，

🐟 鱼龙类的进化

鱼龙类可能出现于主龙类和鳞龙类这两个演化支发生分化的时期。然而，目前尚不明确鱼龙类是属于两者当中的一支，还是与这两支完全不相干。

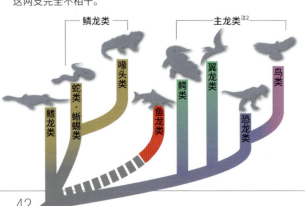

发现于日本的最早期的鱼龙——歌津鱼龙

1970年，研究人员在宫城县歌津町（现为南三陆町）海岸的三叠纪早期地层中发现了一种鱼龙的头部至前肢的化石，根据其发现地取名为歌津鱼龙。它的体形细长，像是蜥蜴身上长着鳍状肢，是相当原始的鱼龙种类。

通过化石看三叠纪鳍龙类的形态

图为自背部上方俯视状态下的欧龙（幻龙科）化石。三叠纪的鳍龙类"手脚"依然留有陆生爬行动物的痕迹。

三叠纪的
鳍龙类　→　侏罗纪
以后的
蛇颈龙类

中间呈
空洞状

间锁骨
锁骨
肩胛骨
乌喙骨

较厚的部分

三叠纪的鳍龙类胸口有独特的中央呈空洞形状的肩带，而进化程度更高的侏罗纪的蛇颈龙胸口则被乌喙骨覆盖。

三叠纪的
鳍龙类　→　侏罗纪
以后的
蛇颈龙类

肱骨

尺桡骨

与三叠纪的鳍龙类相比，侏罗纪时期的蛇颈龙类的"手脚"更加"鳍化"，指骨数量也在增多，整体呈现前端变尖的桨状。

侏罗纪以后，拥有发达的鳍状肢的蛇颈龙则是保持躯干不动，通过摆动左右两侧的鳍状肢来游动。后者的游泳方式比较接近海狮和海龟。

不可思议的甜甜圈状肩带

三叠纪时期的鳍龙类，构成其肩带的肩胛骨[注3]和乌喙骨[注4]很有特点。说到肩胛骨，人类的肩胛骨位于后背，而三叠纪鳍龙类的肩胛骨从身体侧面延伸至腹部，形成覆盖肋骨的态势。肩胛骨所在的肩带部位的骨骼也相当独特，中间是空的，像走样的甜甜圈。如果发现鳍龙类化石胸口的骨骼长成这样，不用怀疑，肯定是三叠纪时期的。

到了侏罗纪时期的蛇颈龙，位于肩胛骨后侧的乌喙骨变得发达，覆盖在胸口，像是要缩小三叠纪鳍龙类肩带中央的空洞似的，骨骼形态彻底改变。这也是蛇颈龙频繁摆动左右鳍状肢游动的结果。随着鳍状肢的摆动，通过关节与肱骨相连的乌喙骨受到了来自左右两侧的压力，乌喙骨就相应变得厚实了。

三叠纪时期的鳍龙类以什么为食呢？因为尚未发现其胃内物质，所以目前

新闻聚焦

有关鱼龙类分娩的新发现

2014 年 2 月，藻谷亮介所在的研究团队公布了一项新发现：三叠纪早期的鱼龙胎儿化石显示，胎儿是头部先离开母体的。一直以来，人们所知的鱼龙胎儿都来自三叠纪中期以后，它们都是尾部先离开母体。因此，鱼龙等海生爬行动物的胎生方式，一直被认为是为适应海洋生存而发生进化的结果。然而，这次的发现表明，早期鱼龙继承了陆生动物祖先的胎生方式，在分娩时，其胎儿是头部先离开母体。或许因为这样出生在水中会有危险，所以在三叠纪中期进化成了尾部先生出的方式。

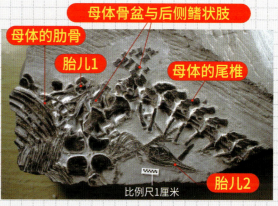

母体的肋骨
胎儿1
母体骨盆与后侧鳍状肢
母体的尾椎
胎儿2
比例尺1厘米

图中的胎儿一还在母亲体内，而胎儿2的半个身子已经穿过了骨盆。研究者认为，这两具胎儿都是头部朝向母体外侧。位于母亲应该是在分娩过程中精疲力竭了

重返海洋的爬行动物

肖尼鱼龙

超过20米

▢ 三叠纪海生爬行动物的体长比较

肖尼鱼龙的化石在美国西部的内华达州及加拿大西部的不列颠哥伦比亚省被发现。全长可达20米以上，是三叠纪体形最大的海生爬行动物。而欧龙只有约60厘米长。贵州龙中体形较小的长度甚至只有20厘米左右。

色雷斯龙 **4米**

歌津鱼龙 **3米**

欧龙
60厘米

也只能停留在假想阶段。不过，从它们中大部分都有尖锐细长的牙齿这一点推测，它们可能是用牙齿咬住软体动物和鱼类直接吞食的。相比之下，副楯齿龙（鳍龙类中一个名为楯齿龙类的分支下的成员）的牙齿就相当独特了。副楯齿龙身形短胖，有点像现在的鬣蜥，与其说是在游动，不如说是在海底边走边搜寻食物。它们的上颌长有像踏脚石一样平坦的牙齿。据此推测，它们可以凭借这样的牙齿轻松咬破贝类、头足类等的硬壳，然后碾碎吃掉。

长颈龙和鳍龙类分属不同的类群。它们因拥有奇特的骨骼而为人所知。进入侏罗纪，为了使脖子变长，蛇颈龙增加了颈部骨骼的数量，而长颈龙则延长了每根骨骼的长度，导致它们的脖子比躯体的2倍还长。"拥有这样长的脖子的长颈龙如何在水中保持平衡？""这样不是很容易被捕食者盯上吗？"被诸如此类的谜团包围的长颈龙真是一种奇妙的生物。

三叠纪时期，海生爬行动物在多样化的同时享受着属于它们的全盛时代。然而，好景不长。在三叠纪末（约2亿130万年前）的大灭绝事件中，大部分鳍龙类灭绝了。只有最后登场的蛇颈龙类逃过了一劫。而在不久后的侏罗纪，幸存下来的蛇颈龙类和鱼龙类的子子孙孙们，将会迎来新的繁华盛世。

新闻聚焦

海生爬行动物的皮肤是黑色的吗？

2014年1月，一支美国的研究团队对3种海生爬行动物的皮肤样本中所含的成分进行了分析，确认了它们都含有黑色素。黑色素是显现褐色及黑色的色素。研究人员认为，海生爬行动物之所以黑色素发达，可能是为了调节体温，或在昏暗的海洋里更好地伪装自己。

现生棱皮龟没有甲壳，全身覆盖着黑色皮肤

中国三叠纪的海生爬行动物

新物种在中国频现

在中国贵州省和云南省的交界处，分布着一片广阔的三叠纪海洋沉积地层。这里发现了种类繁多的三叠纪中期至三叠纪晚期开始的海生爬行动物和鱼类的化石，尤其是最近这十几年间。这些化石往往保存得较为完美，骨骼保持着关节相连的状态。时至今日，仍然有多个研究机构在这里如火如荼地开展着研究工作，新发现的物种接二连三。

不可思议的鳍龙类——云贵龙

这里的科考成果非常丰硕，令人难以选出其中最具代表性的化石。这里有最古老的乌龟——半壳龟，只有腹部覆盖着甲壳，表明乌龟这种动物的标志——甲壳最初是从腹部开始发展起来的。还有，原龙类中的恐头龙竟然有 27 节颈椎骨，颈椎上还长着格外长的类似肋骨的骨骼。此外，楯齿龙类、幻龙类等多种鳍龙类动物的化石也相继被发现。近期

■ 半壳龟

被认为是最古老的乌龟。它只有腹部覆盖着甲壳，背上并没有，说明龟壳可能是从腹部开始进化出来的。

■ 云贵龙

长长的颈部和鳍状的"手脚"，这是侏罗纪以后的蛇颈龙所具备的特征。然而，观察其余那些单块骨骼的形状，会发现生活在三叠纪的原始鳍龙类的特征。

甚至还发现了腹中有胎儿的贵州龙化石。黔鳄的发现揭示了主龙形类（演化出鳄鱼、鸟类及恐龙等的类群）早在三叠纪时期就已经适应了半水生生活。在已发现的鱼龙中，既有大型的贵州鱼龙，也有小型的混鱼龙，从欧洲和北美等地也有的种类到中国独有的种类，真是多种多样。此外，还发现了若干个属和种的海龙类、龙龟类动物。它们虽然在大众中的知名度不高，但在探究龟类和鳍龙类等的谱系学起源方面是非常重要的。

我原本研究蛇颈龙类（鳍龙类的一个类群，曾繁荣于侏罗纪至白垩纪期间），但数年前，为了探究蛇颈龙的起源，开始对贵州省三叠纪地层中出产的鳍龙类——云贵龙进行研究。虽然同为鳍龙类，但通过"手脚"等骨骼的特征，能明确区分三叠纪时期原始的鳍龙类和侏罗纪以后的蛇颈龙类。云贵龙的全身骨架乍一看和蛇颈龙很相像，都有长长的脖子和鳍状的"手脚"，但观察每一块骨头的形状就会发现，它有着明显的原始特征，是一种不可思议的动物。我第一次看到它的全身骨架时震惊了两回，先是惊呼："啊，三叠纪就有蛇颈龙了？"在观察单块的骨骼后又惊叹："怎么会这么原始？"云贵龙向我们揭示了这样的事实：之前被认为是蛇颈龙独有的一些特征，其实早在三叠纪时期就已经出现了。

看来，我一时半刻是没法从中国三叠纪的海生爬行动物身上移开视线了。

佐藤玉树，东京大学理学部毕业，美国辛辛那提大学硕士，加拿大卡尔加里大学博士。曾作为博士后研究员供职于加拿大皇家蒂勒尔博物馆、北海道大学综合博物馆、加拿大自然博物馆和日本国立科学博物馆。曾任东京学艺大学助教，现为该校教育学部副教授。专业是古脊椎动物学，专攻鳍龙类的物种记述和谱系学研究。凭借对鳍龙类等中生代爬行动物的研究，于 2010 年获日本古生物学会的论文奖，于 2011 年获该学会颁发的学术奖。

鱼龙的眼部有名为"巩膜环"的骨环，覆盖了眼球的50%以上。根据巩膜环的大小可以推测眼球的大小。据研究，大眼鱼龙的眼球最大直径可达23厘米

近距直击 ···

鱼龙可以潜多深？

鱼龙类主要以乌贼类为食。要追捕生活在水深约100～600米处的乌贼，鱼龙肯定需要潜到很深的地方。据研究，大眼鱼龙可以持续潜水20分钟左右。不过，也有学者认为，全长4米左右的大眼鱼龙的游泳速度约为每秒2.5米，也就是1分钟可以游150米。如果有整整20分钟的话，它们都可以到1000米的深处游个来回了。

鱼龙的视力那么好，是不是在深海里也能轻易捕获猎物呢？

眼睛

鱼龙的眼睛较大，即使在黑暗的环境中大概也能敏锐地看清远处的事物。进化程度越高的鱼龙眼睛越大。特别是大眼鱼龙，它那巨大的眼睛的F值高达0.8～1.1，即使在光线昏暗的水中也能看得很清楚。

鳍状肢

进化程度更高的侏罗纪鱼龙的前臂变得更短更粗，指骨变得更密集，形成一块坚固的板状构造。鳍状肢演化成"桨"状，增加其作为"鳍"的强度。

海豚（现生）

海豚虽然看起来像鱼类，但其实是哺乳动物。海豚是从长有蹄子的有蹄类进化而来的。它们为了适应海里的生活而发展成现在的样子，是趋同演化的结果。海豚和鱼龙，明明谱系上相隔甚远，却不可思议地拥有非常相似的形态。

背鳍

侏罗纪的鱼龙演化出了早期鱼龙所没有的背鳍，形态呈金枪鱼型或海豚型。与现生海豚一样，背鳍里没有骨骼。

骨盆骨

与鲸等其他水生哺乳动物一样，海豚的体内依然残留着骨盆骨。这是曾经的陆地生活所留下的纪念品。

尾鳍

鱼龙的尾鳍只有下半部分有骨骼。尾鳍呈纵向，左右摆动。现生海豚的尾鳍则呈横向，上下摆动。

地球史导航

原理揭秘

鱼龙的骨骼变化及其对水中生活的适应

歌津鱼龙
| *Utatsusaurus* |

最原始的鱼龙的代表。细长的躯干上没有背鳍，看上去像长了鳍的蜥蜴。鳍状肢已经接近"最终形态"。

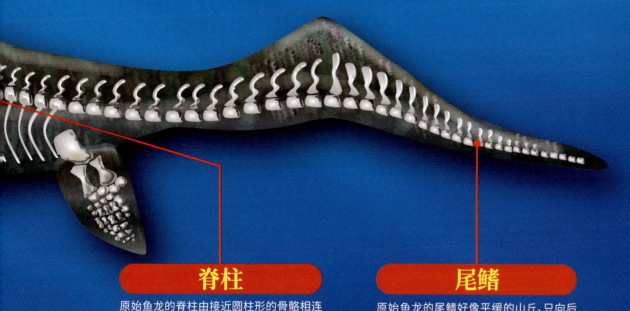

脊柱

原始鱼龙的脊柱由接近圆柱形的骨骼相连而成，游动时，身体会像鳗鱼一样扭动。这样的游泳方式有一定的加速能力和机动性，似乎比较适应浅滩等捕食对象集中的海域。进化后的鱼龙身体变得更加粗大，脊椎骨也随之变粗（直径变大），成了圆盘状。

尾鳍

原始鱼龙的尾鳍好像平缓的山丘，只向后下侧延伸，而侏罗纪鱼龙的尾鳍则分别向上下两个方向延伸，整体呈月牙形。研究认为，后者的形状有助于提升游泳能力，更适应到远洋巡游觅食的生活。后来的鱼龙体形变得更大，尾鳍的摆动对尾部以前的部分几乎没有影响，能够保持身体的稳定。

大眼鱼龙
| *Ophthalmosaurus* |

被认为是"最终形态"的鱼龙，流线型的身体减少了水的阻力，游泳能力得以提升。全长4米。与其他鱼龙相比，眼睛显得特别大，被认为是侏罗纪时期的海洋霸主。

鱼龙，即便是最古老的种类，其鳍状肢也已经接近"最终形态"。这里对比两种鱼龙：生活在三叠纪的较为原始的歌津鱼龙和被认为是"最终形态"的、生活在侏罗纪（2亿130万—1亿4500万年前）的大眼鱼龙。让我们一起来探索一下它们为了适应水中生活进行了哪些演化。

最古老的哺乳动物登场

三叠纪晚期，哺乳动物的时代拉开了帷幕

包含我们人类在内的哺乳动物是什么时候、在哪里出现的呢？三叠纪晚期，单孔类家族的体内发生了一个小小的变化，为哺乳动物时代的来临埋下了伏笔……

哺乳形类是犬齿兽类的一个演化支

三叠纪晚期（约2亿850万年前），单孔类动物依然保持着自二叠纪（2亿9890万—2亿5217万年前）以来的繁荣。这时，在犬齿兽类（合弓纲兽孔目下进化程度最高的类群）中，陆续开始出现形态特征及性质不同于以往的类型，它们就是贼兽类和摩尔根兽类，是一类体形接近老鼠的小型动物。在它们体内，有一些使它们与爬行类及早期单孔类动物截然不同的重要特征。因此，它们成了被称为哺乳形类的最原始的类群。

要具备哪些重要特征才能被称为哺乳动物呢？以现生哺乳动物为例，主要有以下特征：具有内温性，即自身体内能够产生热量并维持恒定的体温；鼻腔和口腔之间有次生腭分隔，胸腔和腹腔之间有横膈膜[注1]分隔，具备高效的呼吸系统；下颌由单块被称为齿骨的骨头构成等。摩尔根兽类的化石显示，它们已具备部分上述特征。接下来，我们将以摩尔根兽类为例，具体看看最原始的哺乳形类的特征。

我们的老祖宗终于能够维持体温了！

巨带齿兽
| *Megazostrodon* |

生活在三叠纪晚期至侏罗纪早期。化石在南非被发现，全长 15 厘米左右。除此以外，已确认的摩尔根兽类动物还包括摩尔根兽、始带齿兽等，它们的外形都很相似。

○ **兽孔类中与哺乳动物亲缘关系最近的类群——犬齿兽类**

哺乳形类是由犬齿兽类中的某个类群演化而来的。三尖叉齿兽的半直立姿势以及头骨的形状等已经有了后来哺乳动物的影子。根据腹部没有肋骨这一点，有学者推测它们可能拥有横膈膜。

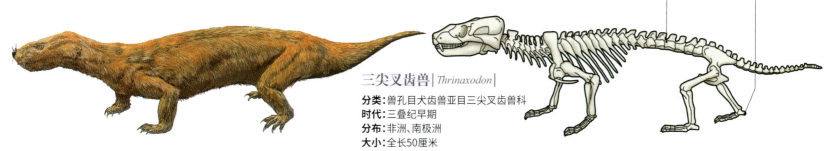

腹部没有肋骨　脚后跟发达

三尖叉齿兽 | *Thrinaxodon* |
分类： 兽孔目犬齿兽亚目三尖叉齿兽科
时代： 三叠纪早期
分布： 非洲、南极洲
大小： 全长50厘米

小小的身体里发生了划时代的变化

包含摩尔根兽类在内，最原始的哺乳形类动物还没有完全具备现生哺乳动物所共有的特征。因此，为了和后来出现的真正的哺乳动物区分，学者们将它们归到了上一级分类哺乳形类中。

三叠纪时期的哺乳形类还处于向真正的哺乳动物进化的过渡阶段。当时，在它们的直接祖先犬齿兽类家族里进化程度最高的类群中还有一些成员，尽管称不上是哺乳形类，但也只有一步之遥了。

进化程度较高的犬齿兽类和早期的哺乳形类的界线，在某种意义上是模糊的。

进化出了内温性，夜间也能出来活动？

犬齿兽类所属的单孔类动物是由两栖动物进化而来的。为了更好地了解哺乳动物的特征，我们可以将它们与爬行动物对比来看。在哺乳动物拥有而爬行动物没有的特征中，内温性算得上是最重要的特征之一。以现生生物中的蛇和蜥蜴等爬行动物为例，气温升高时，其体温也随之上升，它们会变得较为活跃，反之气温下降时，其体温也随之下降，行动就会变得迟缓。这种体温随着环境温度变化而变化的特性被称为外温性。爬行动物是外温性动物。

与此相对，哺乳动物的体温则不受环境温度影响。它们能够通过自身体内的代谢产生热量维持体温。这种特性被称为内温性。哺乳动物和鸟类是内温性动物。

哺乳动物是在哪个阶段进化出内温性的？关于这一点，目前还没有明确的结论。不过，有学者认为，在三叠纪时期，形似小型老鼠的摩尔根兽类为了躲避当时的陆地霸主镶嵌踝类[注2]，只能以夜间活动为主。假如它们当时为了提高呼吸效率而进化出横膈膜，

从中生代存活至今的卵生哺乳动物——单孔目

哺乳动物中也有卵生的群体。它们被称为单孔目。现存的单孔目哺乳动物包括生活在澳大利亚、新几内亚岛等地的鸭嘴兽和针鼹。它们虽然是卵生哺乳动物，但体表被毛和拥有乳腺这两点与其他哺乳动物相同。单孔目最古老的化石记录，可以追溯到新生代古新世（6100万年前）的单孔属，其复原图和鸭嘴兽很相像。

鸭嘴兽生活在热带雨林及亚热带的河流湖泊地区。它们的"鸭嘴"像橡胶一样有弹性

◯ 老鼠和蛇的热成像图

图为借助热成像技术生成的热成像图。到了晚上，蛇（左）这种外温性动物的体温下降，图中看起来接近黑色，而内温性动物老鼠（右）则维持着接近39摄氏度的体温。

◯ 哺乳形类谱系图

哺乳形类演化自犬齿兽类。摩尔根兽类在侏罗纪中期灭绝。其他同类也在白垩纪全军覆没。◯代表化石产出年代。

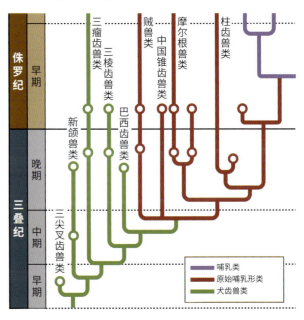

侏罗纪 早期

三叠纪 晚期 中期 早期

三瘤齿兽类
三棱齿兽类
贼兽类
中国锥齿兽类
摩尔根兽类
柱齿兽类
新颌兽类
巴西齿兽类
三尖叉齿兽类

哺乳类
原始哺乳形类
犬齿兽类

那么就可以认为它们已经具备了内温性。

据推测，摩尔根兽类的鼻腔和口腔之间可能有次生腭[注3]，胸腔和腹腔之间可能有横膈膜。爬行动物没有次生腭这样的"隔板"，鼻腔和口腔是连在一起的。因此，嘴里有食物时，它们就无法呼吸。而拥有次生腭的哺乳动物，在进食的同时也能顺畅地呼吸。此外，横膈膜能够配合呼吸上下活动，使肺容量可以伸缩变化。次生腭、横膈膜都有助于更高效地吸收氧气，提高能量代谢效率，以维持体温。

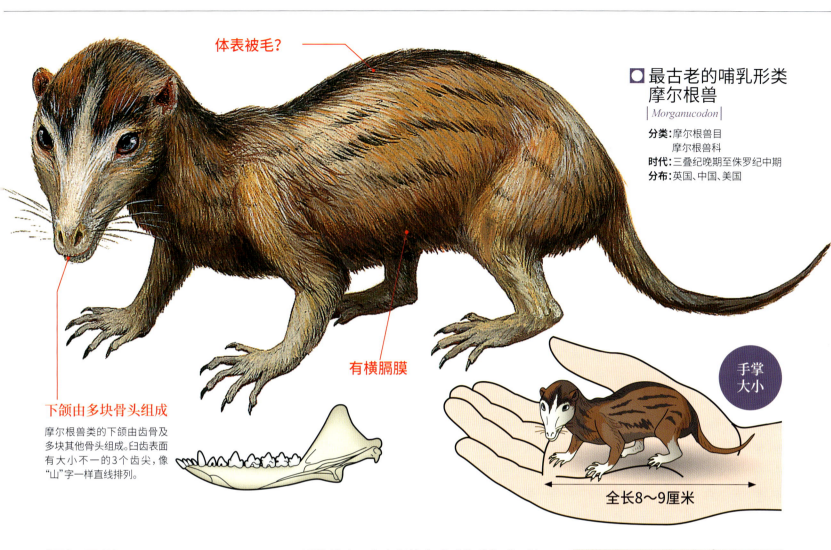

体表被毛？

下颌由多块骨头组成

最古老的哺乳形类 摩尔根兽
| *Morganucodon* |

分类： 摩尔根兽目
摩尔根兽科
时代： 三叠纪晚期至侏罗纪中期
分布： 英国、中国、美国

有横膈膜

手掌大小

全长8～9厘米

下颌由多块骨头组成

摩尔根兽类的下颌由齿骨及多块其他骨头组成。臼齿表面有大小不一的3个齿尖，像"山"字一样直线排列。

颌部骨骼进一步进化

哺乳动物的颌骨与早期单孔类动物不同。早期单孔类动物的下颌由多块骨头构成，但哺乳类的下颌由一块被称为齿骨的单一骨头构成。

早期承担过单孔类动物颌关节功能的两块骨头，在它们演化成哺乳动物后，被别的骨头（齿骨和鳞状骨）取代，并最终转移到了耳中，给哺乳类带来了更激动人心的进化。不过，这是后话了。摩尔根兽类的子孙们将逐渐演化，在之后到来的大灭绝事件中幸存下来，并替代恐龙，创造属于它们的繁荣。

科学笔记

【横膈膜】 第48页 注1

横膈膜是哺乳动物体内分隔胸腔和腹腔的肌肉膜，在呼吸运动中发挥作用，是哺乳类的解剖学特点之一。当横膈膜收缩下降时，胸腔得到扩张，空气就会进入肺部，而当横膈膜舒张上升时，空气就会从肺部排出。

【镶嵌踝类】 第50页 注2

爬行动物的一个类群。它们在三叠纪中期以后颇为繁荣，曾登顶陆地生态系统。现生鳄鱼类的祖先也是这个类群的成员。

【次生腭】 第50页 注3

位于鼻腔和口腔之间的骨骼。次生腭的出现使哺乳动物的鼻腔和口腔得以完全分隔。部分爬行动物也有次生腭，但并没有完全分开口腔和鼻腔。

次生腭

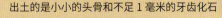

近距直击

隐王兽化石的发现进一步向前推进了哺乳形类的历史

1989年，研究人员在美国得克萨斯州西部发现了数块小型骨头。经调查发现，其中的头骨化石来自约2亿2500万年前的哺乳形类动物。这种动物被命名为隐王兽（学名在希腊语中意为"不为人知的王"），并作为新物种发表。在此之前，化石年代约为2亿850万年前的摩尔根兽类曾被认为是最古老的哺乳形类动物。而隐王兽比摩尔根兽类早了约1500万年。

出土的是小小的头骨和不足1毫米的牙齿化石

翱翔于天空的脊椎动物

有翅膀却不是鸟，名字里有"龙"却不是恐龙，真是一种奇怪的生物啊！

翼龙曾在恐龙仰望的天空中自由翱翔

从三叠纪晚期登场到白垩纪末灭绝，翼龙类作为空中霸主，主宰了天空长达 1 亿 5000 万年的时间。

多样化发展的爬行动物终于把生活圈拓展到了天空。

进化出飞行能力的爬行动物

三叠纪晚期，一种在生物进化史上特别值得纪念的生物登场了。作为脊椎动物，它们凭借自身力量飞上天，登上"天空"这一全新的舞台。它们就是翼龙。

翼龙这个名字，从字面上看是"长着翅膀的龙"，很多人会以为它们是在天空中飞翔的恐龙。翼龙虽然和恐龙同属主龙类爬行动物，二者却不是同类。此外，似乎还有人认为翼龙是鸟类的祖先，这也是不对的。话说回来，无论是名字还是想象中的姿态，翼龙都是一种引人遐想的动物。最早的翼龙出现于三叠纪晚期中叶，距今约 2 亿 2000 万年。目前已确认的三叠纪翼龙至少有 8 种。进入侏罗纪以后（2 亿 130 万年前开始），翼龙更是迎来了飞跃式的繁荣。到白垩纪末（6600 万年前）翼龙灭绝为止，共有 100 多种翼龙登场。

白垩纪晚期，翼龙家族中甚至出现了翼展超过 10 米的巨型翼龙。它们悠然自得地统治着恐龙仰望的天空。这一段辉煌的历史，是从三叠纪时期的翼龙开始的。

真双型齿翼龙
Eudimorphodon

目前已知最古老的翼龙。其化石出产于意大利北部。翼展约1米。

前肢的一指变长

现在我们知道！

演化为翼

真双型齿翼龙、蓓天翼龙和沛温翼龙是3种三叠纪时期的代表性翼龙。它们的化石都发现于意大利三叠纪晚期中叶的地层中，是已知最早的翼龙。它们已经具备了翼龙的特征——前肢和前肢上的第4指都很长，形成翅膀的形状。

哪种爬行动物与翼龙的亲缘关系最近？从谱系上看，目前与翼龙的祖先亲缘关系最近的是三叠纪晚期的斯克列罗龙。然而，看过斯克列罗龙的复原图后，想必很多人都会有"它们的前肢很短，与早期的翼龙长得并不相像"的印象。其实，要确定翼龙的祖先并非易事，因为目前发现的翼龙化石几乎都是已经进化完成的形态，而演化出翅膀的过渡类型尚未发现。

翼龙可分为喙嘴龙类和翼手龙类两大类。喙嘴龙类虽然是以侏罗纪晚期出现的翼龙名字命名的类群，但其实也包含了三叠纪时期的早期种类。这一类群一直存活到了白垩纪

最古老的翼龙之一——真双型齿翼龙

真双型齿翼龙的化石在意大利北部贝尔加莫近郊的三叠纪晚期的地层中被发现。从化石上可以看到，它们的上下颌部前段有较大的尖牙，而后段的牙齿则拥有多个齿尖。

与恐龙是近亲但并非同类

现在，翼龙被认为是爬行动物中与鳄类和鸟类亲缘关系较近的一个类群，属于主龙类的一支。最近的研究发现，原始的翼龙下颌上也有孔洞，且牙齿上也有细小的锯齿状构造，因此不少学者认为，比起鳄类，或许翼龙与恐龙的亲缘关系更近。喙嘴龙类出现于三叠纪晚期，并经由侏罗纪一路繁荣到了白垩纪早期。它们灭绝后，就只剩下翼手龙类了。2009年，学界公布了一个翼龙的新种类——达尔文翼龙，这种翼龙曾生活在中国的东北部地区。

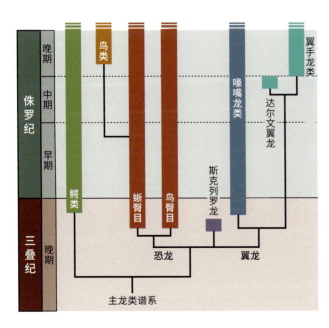

早期。而翼手龙类则是侏罗纪晚期出现的进化程度较高的类群。

以长尾为特征的喙嘴龙类

喙嘴龙类外观上最显著的特征是它们那长长的尾巴。研究认为，这样的长尾发挥着

翼龙的祖先?斯克列罗龙

斯克列罗龙的化石发现于英国三叠纪晚期的地层中。根据骨骼再现的复原图显示，它的前肢非常短，很难和早期的翼龙联系到一起。

类似船舵的作用。进化程度更高的翼手龙类并没有长尾。

喙嘴龙类后肢的第5指较长，与尾部之间有发达的皮膜连接，而翼手龙类的后肢第5指和尾巴都较短。再来看头骨，喙嘴龙类的眼窝前侧有2个孔洞（鼻孔和眶前孔），但翼手龙类的已经愈合在一起，合二为一了。

此外，三叠纪的翼龙还有一些特有的牙齿特征。上下颌部前段以及上颌中央生长着大而尖的牙齿，而其余的牙齿则拥有多个齿尖。这样一副尖锐的锯齿状牙齿是用来吃什么的呢？目前已发现的化石的腹中只发现过鱼类。不过有学者认为，三叠纪时期的翼龙也会捕食昆虫。从头骨和牙

◎ 三叠纪的翼龙和 "会飞" 的爬行动物

沛温翼龙、蓓天翼龙和真双型齿翼龙都是较原始的翼龙。在三叠纪时期，除了翼龙以外，还有其他会飞的爬行动物。沙洛维龙是一种非常独特的爬行动物，它也有"翼"，但与翼龙不同的是，它的翼膜长在后肢上。

还有后肢延长成翼状的爬行动物啊……

拥有长长的喙部。每颗牙齿都只有单一的齿尖。喙尖以及后段的牙齿长而尖锐。

沛温翼龙
| *Preondactylus* |
翼展约50厘米

原始翼龙的一员。曾有骨头团成一块的化石被发现，研究人员认为，这是被大型肉食性鱼类捕食后又被吐出来的无法消化的部分。

蓓天翼龙
| *Peteinosaurus* |
翼展约60厘米

与真双型齿翼龙相比，身体略小，翼展在喙嘴龙类中属于较短的。下颌前段除了两对较大的牙齿外，还排列着许多只有一个齿尖的牙齿，后段的牙齿则有多个齿尖。

沙洛维龙
| *Sharovipteryx* |
全长约15厘米

它并不是翼龙，却有翼膜。不过，与翼龙大不相同的是，它的前肢较短，后肢较长，用后肢撑起翼膜。研究认为，它以昆虫为食。

喙尖又长又大的牙齿是其特征。体形比真双型齿翼龙小。

齿的形状来看，后来的翼龙中还有一部分是以甲壳类和贝类为食的。此外，也有人认为，巨型翼龙可能以陆地上的小动物和腐肉等为食。

最初的飞行
只是从树梢滑翔而下？

翼龙是怎么变得会飞的呢？目前，从陆地爬行动物进化为翼龙的过渡类型尚未被发现，因此这依然是个未解之谜。不过，有人猜想，或许是在树上的类似蜥蜴的生物，为了在树与树之间移动，或者捕捉虫子当食物，指骨逐渐变长，身上的皮肤逐渐延展，具备了滑翔的本领。在此基础上，它们又慢慢进化出了翅膀，并最终学会了飞行。

三叠纪的翼龙类虽然还比较原始，但它们已经有了翅膀，骨骼也变轻了，已经具备了飞行所需的身体条件。不过，也有学者认为，当时的它们还不太会操控翅膀，没能充分发挥在天空飞行的特权。长达1亿5000万年的翼龙的历史才刚刚开始。到了侏罗纪以后，翼龙很快实现了多样化，并在巨型化的同时提升了飞行能力，成为名副其实的空中霸主。

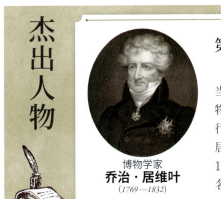

杰出人物

第一个将翼龙化石判断为"会飞的爬行动物"的人

18世纪后半叶，一位博物学家首次对翼龙化石进行了描述，当时他把这种化石当成了一种能用长长的前肢在海里游泳的生物。然而，法国的博物学者乔治·居维叶发现这副化石属于爬行动物，并在1801年的论文中声明它是一种会飞的爬行动物。居维叶看出了这种动物前肢上长长的骨骼是由指骨延长而来。1809年，他把这种生物归类为爬行动物中独立的一个属，并命名为"Ptero-dactyle"（意为"有翼的手指"）。

博物学家
乔治·居维叶
(1769—1832)

【指节】
组成"手指"和"脚趾"的各块骨头，即各个指关节之间的单段骨头。在描述人类的指节时，有时会为了区分而将脚部的指节称为"趾节"。

【尺骨】
构成四足动物前肢的两根骨头中较长的那根，与桡骨平行。对于人类来说，在手掌向前且胳膊下垂的情况下，位于前臂内侧（小拇指那一边）的就是尺骨。

【桡骨】
构成四足动物前肢的两根骨头中较短的那根。对于人类来说，在手掌向前且胳膊下垂的情况下，位于前臂外侧（大拇指那一边）的就是桡骨。

近距直击

早期的翼龙没在地上走过？

进化程度更高的翼手龙类在陆地上留下了一些足迹化石，但早期的喙嘴龙类的足迹化石却一个都没有在地面上发现过。研究认为，后者的尾巴很长，且后肢与尾部之间也有翼膜相连，因此可能并不擅长在地面上行走。基于这一点，有不少学者认为，早期的翼龙几乎都生活在树上，很少下地行走，且都是从树上直接起飞的。不飞的时候，它们大概会利用关节把翅膀折叠起来，在树上或者崖上待着吧！

进化成早期翼龙的爬行动物可能为了追捕昆虫以这种姿势腾空而起

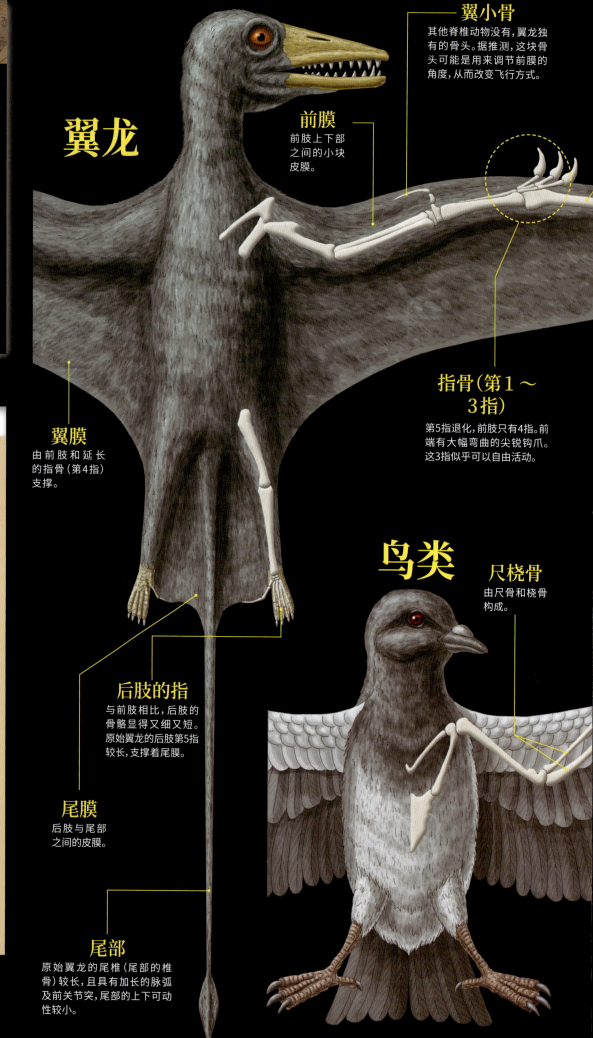

翼小骨
其他脊椎动物没有，翼龙独有的骨头。据推测，这块骨头可能是用来调节前膜的角度，从而改变飞行方式。

翼龙

前膜
前肢上下部之间的小块皮膜。

指骨（第1～3指）
第5指退化，前肢只有4指。前端有大幅弯曲的尖锐钩爪。这3指似乎可以自由活动。

翼膜
由前肢和延长的指骨（第4指）支撑。

鸟类

尺桡骨
由尺骨和桡骨构成。

后肢的指
与前肢相比，后肢的骨骼显得又细又短。原始翼龙的后肢第5指较长，支撑着尾膜。

尾膜
后肢与尾部之间的皮膜。

尾部
原始翼龙的尾椎（尾部的椎骨）较长，且具有加长的脉弧及前关节突，尾部的上下可动性较小。

原理揭秘

翼龙的翅膀构造是什么样的？

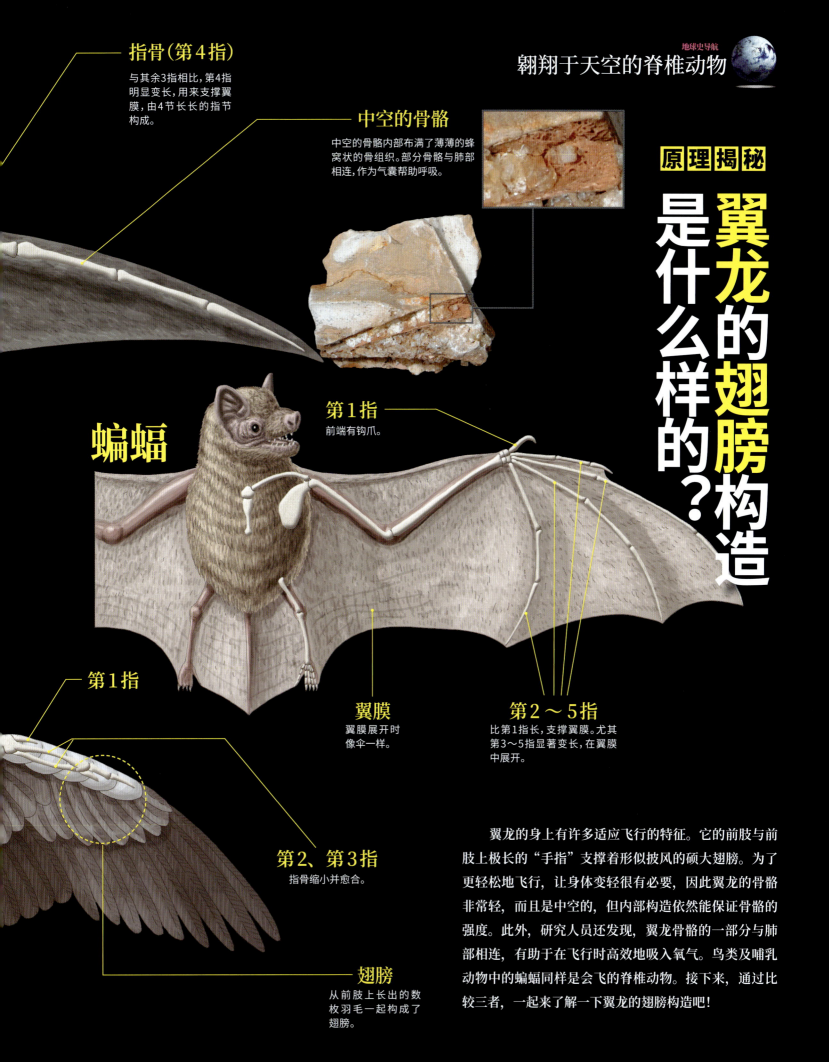

指骨（第4指）

与其余3指相比，第4指明显变长，用来支撑翼膜，由4节长长的指节构成。

中空的骨骼

中空的骨骼内部布满了薄薄的蜂窝状的骨组织。部分骨骼与肺部相连，作为气囊帮助呼吸。

蝙蝠

第1指

前端有钩爪。

翼膜

翼膜展开时像伞一样。

第2～5指

比第1指长，支撑翼膜。尤其第3～5指显著变长，在翼膜中展开。

第1指

第2、第3指

指骨缩小并愈合。

翅膀

从前肢上长出的数枚羽毛一起构成了翅膀。

翼龙的身上有许多适应飞行的特征。它的前肢与前肢上极长的"手指"支撑着形似披风的硕大翅膀。为了更轻松地飞行，让身体变轻很有必要，因此翼龙的骨骼非常轻，而且是中空的，但内部构造依然能保证骨骼的强度。此外，研究人员还发现，翼龙骨骼的一部分与肺部相连，有助于在飞行时高效地吸入氧气。鸟类及哺乳动物中的蝙蝠同样是会飞的脊椎动物。接下来，通过比较三者，一起来了解一下翼龙的翅膀构造吧！

地球博物志

飞行动物
| Flying creature |

通过滑翔和飞行在空中移动

目前，我们依然不清楚翼龙为什么要飞上天空。不过，研究认为，现在的动物之所以要滑翔或飞行，主要是为了捕食或不被捕食。下面这些动物尽管飞行能力不如鸟类，但确实掌握着令人意想不到的飞行技术。

分布图

柔鱼和飞鱼的栖息地基本重合。陆生动物中，除了日本特有的白颊鼯鼠以外，其余几乎都分布在东南亚等热带地区。

天堂金花蛇	五线飞蜥	
黑蹼树蛙	白颊鼯鼠	
柔鱼科乌贼	飞鱼	

【天堂金花蛇】
| Chrysopelea paradisi |

没有"手脚"、身体长得像绳子一样的蛇居然会"飞"。从树梢等高处降落时，天堂金花蛇能够在下落的同时，将身体弯曲成波浪形以增加空气阻力，从而产生升力。滑翔机就是利用升力使机体上升的。天堂金花蛇能够通过摆动身体来获得升力，从而实现"飞行"。刚开始降落时，它们会把身体弯曲成S型，接着变为C型，就是像这样调动全身以获取升力的。

数据	
分类	有鳞目蛇亚目游蛇科金花蛇属
全长	60～120 厘米
分布地区	东南亚、印度（安达曼群岛）
栖息环境	热带雨林等湿度较高的森林
最长飞行距离	100 米

【柔鱼科乌贼】
| Ommastrephidae |

图为一群柔鱼，或者说是尚未成年的飞乌贼的幼体。蓝色部分是外套膜，上下两端白色透明的部分分别是肉鳍和腕。它们会将吸入体内的水从漏斗喷出得到推进力来加速，同时将肉鳍和腕——甚至各条腕上的保护膜都张到最大来飞行。2011年7月，北海道大学的研究团队首次运用序列摄影技术捕捉到了乌贼的飞行画面。

数据	
分类	枪形目开眼亚目
全长	（幼体）203～225 毫米（外套膜长 122～135 毫米）
分布地区	太平洋、印度洋、大西洋的亚热带及温带海域
栖息环境	海洋表层至水下 600 米
最长飞行距离	30 米

【五线飞蜥】

| Draco quinquefasciatus |

五线飞蜥体侧有翼膜（由延长的肋骨撑起的连续皮膜），此外其颈部侧面的皮肤延展，形成副翼。在飞行时，它们会将翼膜和副翼展开，以获得升力进行滑翔。

数据	
分类	有鳞目蜥蜴亚目鬣蜥科飞蜥属
全长	20～25 厘米
分布地区	东南亚
栖息环境	主要栖息于森林中，常在树上活动
最长飞行距离	20 米

【飞鱼】

| Exocoetidae |

飞鱼飞起来主要是为了躲避大型鱼类的追捕。它们会猛地跃出水面，张开发达的胸鳍和V字形延伸的长尾以获得推进力，像滑翔机一样滑翔。有影像记录的滑翔时间最长可达45秒。

数据	
分类	银汉鱼目飞鱼科
全长	30～40 厘米
分布地区	太平洋、印度洋、大西洋的亚热带及温带海域
栖息环境	主要生活在海洋表层
最长飞行距离	400 米

【白颊鼯鼠】

| Petaurista leucogenys |

日本特有的种类。前肢与后肢之间，以及颈部到前肢、后肢到尾部都存在皮膜，展开后可以像滑翔机一样滑翔。容易和同属松鼠科的鼯鼠搞混，不过鼯鼠体长一般为15~20厘米，而白颊鼯鼠体长可达前者的2倍左右。

数据	
分类	啮齿目松鼠科鼯鼠亚科鼯鼠属
全长	头身长 27～49 厘米，尾长 28～41 厘米
分布地区	日本（除北海道外）
栖息环境	主要栖息于森林中，常在树上活动
最长飞行距离	160 米

【黑蹼树蛙】

| Rhacophorus reinwardtii |

世界上蛙类中有80多种"会飞"的种类，它们四肢上的蹼大而发达，将蹼张开到最大就可以进行滑翔。以黑蹼树蛙为代表的部分树蛙还能在滑翔过程中调整方向。

数据	
分类	无尾目树蛙科树蛙属
全长	雄蛙约5厘米，雌蛙约9厘米
分布地区	东南亚
栖息环境	主要栖息于热带雨林等湿度较高的森林，常在树上活动
最长飞行距离	30 米

新闻聚焦

乌贼高超的"飞行"技术

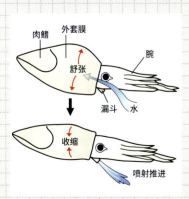

2013年，北海道大学的研究团队对乌贼的飞行机制进行了解析。众所周知，乌贼能够将吸入外套膜的水通过漏斗喷出获得推进力（喷射推进）。此次研究表明，从水面跃到空中后，乌贼会继续用喷射推进来加速，同时张开肉鳍和腕获得升力，进而控制升力降落着水，飞行技术可以说是相当高超。

喷射推进的机制。和飞鱼一样，乌贼也是为了逃离捕食者才发展出了飞行技术

文明与地球

达·芬奇的飞行器

执着于飞行技术的大艺术家

文艺复兴的代表人物、艺术家达·芬奇（1452—1519），曾经担任过米兰公国的军事工程师，设计过机枪、桥梁、城堡等。在人类历史上留下了众多印记的他，终其一生不懈追求的就是飞行器。为此，他解剖鸟类、蝙蝠，并详细研究了它们的翅膀构造，发现人类的胸大肌是比不上鸟类的。认识到这一点后，达·芬奇开始思考利用人类的腿部肌肉力量来推动的装置，但以失败告终。

达·芬奇的手稿。他曾探索过各种各样的飞行方法

可爱的熊猫之乡

四川大熊猫保护区

位于中国四川省，2006 年被列入《世界遗产名录》。

大熊猫是全球范围内面临高灭绝风险的哺乳动物之一。现存的野生大熊猫只有 1600 只左右。由位于中国四川省山区的 7 个自然保护区和 9 个风景名胜区组成的自然保护区群，是这些黑白相间、憨态可掬的珍稀动物最后的乐园。

在研究中心玩耍的大熊猫们
卧龙自然保护区 (7个自然保护区之一) 内设有中国大熊猫保护研究中心，主要开展人工繁育等与大熊猫相关的研究。

栖息于海拔 1300 ～ 3600 米的森林中的大熊猫

在被列入《世界遗产名录》的区域内，生存着约 500 只（相当于野生大熊猫总数的 30% 以上）野生大熊猫。众所周知，大熊猫的主食是竹子。但竹子的营养价值比较低，大熊猫一天内最长有 14 个小时都在吃，一共可以吃掉 40 千克左右的竹子。此外，它们出人意料地很擅长爬树。

狼人的真相

月亮的盈亏真的会扰乱人的心神吗？

一项有关月亮对人类生理所造成的影响的最新研究成果。

2013年，一个研究团队发表了血腥事件和事故多发的说法……

像是在呼应狼人传说似的，有人提出了在满月之夜

人类变身为残忍的狼人——从古希腊时期开始，欧洲就一直流传着各种各样的狼人传说。仅1520—1630年间，就有约3万起相关事件被记录。

其中，最有名的要数发生在德国北部的一起事件。众多儿童和年轻女性接二连三地成为该事件的受害者。被发现的尸首，有的喉咙被咬断，有的肢体被啃食得七零八落，令人不忍直视。村民们带着猎犬去围堵狼人时，了解到一个令人震惊的事实：所谓的狼人，其实是一个平时打扮得挺体面的当地人——彼得·斯塔布"变"的。他与恶魔缔结了契约，持续作恶达25年之久。1589年10月末，他被处以车裂极刑。

在法国也有一个名为贾尔斯·加尼尔的狼人在1573年被处以火刑。他在森林里与恶鬼缔结了契约，从而获得变身的能力。他主要袭击并杀害女性，且特别喜欢吃生殖器。

然而，为什么一说到狼人变身，人们总会联想到满月之夜呢？

月亮对人类的影响

前面提到的两个狼人其实和满月没什么关系。根据审判记录，彼得是系上狼皮腰带"变身"的，而加尼尔则是涂上恶鬼给的药膏"变身"的。因月亮而变身狼人的传说，少之又少。

狼人在满月之夜变身的印象其实来源

于第一部狼人题材电影《伦敦狼人》（1935年，美国）。这部作品也是虚构的。英语中的"lunatic"一词，词根来自古罗马神话中的月亮女神"Luna"，但词意却是"疯狂的，精神错乱的"。这是因为以前的人们认为，月亮的灵气会使人变得疯狂。"满月之夜变身狼人"的意象，可能是将"对着月亮嚎叫的狼"与"月亮会使人发狂"的传说结合而成的产物。

月亮距离地球约38万千米，绕地球公转一周约需28天。在月亮的引力作用下，地球上会出现满潮和干潮现象。当太阳、地球和月亮在一条直线上，即出现满月和新月的日子前后，海面涨落幅度最大，产生大潮。

图中的珊瑚会在满月发生前后的夜里一齐产卵。满月的大潮可以将它们的卵带到更远的地方。然而，珊瑚是怎么知道满月的呢？这仍是个未解之谜。许多水族馆中的珊瑚也会在同一时期产卵

（上）满月下的红螯相手蟹。大潮之夜，红螯相手蟹会成群结队地从森林等地出发前往海边。然后，在满潮时，雌蟹会将半边身子浸在海水里产出幼体

（左）图为在木版画（德国，绘制于1512年）基础上进行着色后的作品，描绘的是被狼人残忍杀害的村民的样子。对于曾着游牧生活的欧洲人来说，狼是会袭击家畜的头号敌人，是兽性和残暴的象征

那么，月亮的引力真的也会影响人的身心状态吗？众所周知，女性的月经周期与月亮的公转周期一致，都是28天左右。

1978年，一部名为《月球如何影响你——生物潮与人的情绪》的书籍在美国出版并畅销一时。书中提到"在满月与新月的时候，（人类的）攻击性行为会达到顶峰"。该书作者阿诺德·利伯尔是一位精神科医生。他对"满月之夜，杀人事件和交通事故会激增"的传言产生了兴趣，从警察、医院和相关研究人员处收集了大量数据进行研究并得出了上述结论。他还在书中表示，身心平衡不稳定的人，在"月亮的力量"下，会出现大幅情绪波动，从而难以抑制杀人、自杀等冲动。

因为内容过于刺激，人们对此书的评价褒贬不一。一些学者对书中内容进行了核实调查后表示，很明显"满月不会对人产生影响"，利伯尔只采用了对他的结论有利的数据。

满月之夜的睡眠时间变短？

2013年夏，瑞士巴塞尔大学的一支研究团队发表了一项很有意思的研究成果——"人类，即使根本不知道当天的月相，在满月这天也难以熟睡"。

实验在不知道月亮周期的受试志愿者之中进行。实验结果显示，在满月这天夜里，受试志愿者的睡眠时间平均缩短了20分钟，而且，与平时相比，入睡时间平均推迟了5分钟。此外，对脑电波的监测显示，与深度睡眠相关的大脑活动下降了约30%。

为什么会出现这样的情况呢？在分析了夜间采集的受试者血液样本后，研究人员发现，

在满月这天夜里，与睡眠相关的名为褪黑素的激素水平出现了下降。研究团队提出了这样的假说：远古时期，在出现满月的明亮夜晚，人类为了保护自身不被那些四处寻找猎物的野兽袭击，所以不会睡得很熟，而现代人或许也继承了祖先们的这种习性。今后，随着研究的发展，月亮对人类精神状态等的影响程度或许也有望得到科学的测量。

满月和狼人之所以被联系到了一起，可能只是我们在无意之中接受了这样的设定吧！

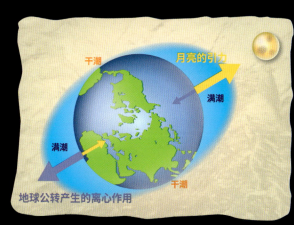

地球和月亮在引力作用下相互吸引并绕转。在这一过程中产生的离

Q 除了翼龙以外，三叠纪还有其他会飞的爬行动物吗？

A 三叠纪时期，除了前面介绍过的沙洛维龙以外，还有其他独特的会飞的爬行动物。长鳞龙是生活在三叠纪早期的主龙形类家族的成员。翼龙的"飞行装置"是由翼膜形成的翅膀，而长鳞龙为了飞行，发展出了类似羽毛的装置。它们背部的突起延长后形成了羽毛状的构造。有学者认为，长鳞龙从树上飞跃而下时，这种类似羽毛的构造可以发挥降落伞一样的作用，使它们能够在空中停留一段时间。

长鳞龙的名字意为"长的鳞片"

Q 恐龙、海生爬行动物等的英文学名中常含有的"saurus"是什么意思？

A 霸王龙、异特龙等恐龙的名字中常含有"saurus"一词。这个词为希腊语，意为"蜥蜴"。然而，虽然意为"蜥蜴"，但这个词有时也会被用在非爬行动物的名字中，例如二叠纪的原始单孔类基龙、新生代古近纪的哺乳类龙王鲸等。另外，顺带提一句，摩尔根兽、真双型齿翼龙等英文学名中的"odon"来自希腊语中的"odont"一词，意为"牙齿"。

图为在中国的三叠纪地层中发现的贵州龙的复原图

Q 人们曾发现过腹部有鳍的海豚，它们是鱼龙的子孙吗？

A 2006年10月，在和歌山县太地町海域发现的一头腹部有一对鳍状突起的宽吻海豚，吸引了全世界的目光。它的样子看起来和鱼龙确实有些像，但海豚的外形之所以与鱼龙相似，是因为趋同演化的结果，在亲缘系谱上它们并不相近。人们将这头海豚命名为"小遥"，并对它的腹鳍进行了X光分析，发现左右加起来约有20块骨头。作为哺乳类，海豚的祖先在约5000万年前从陆地迁移到了海洋，并开始适应海洋生活。在适应的过程中，它们的前肢演化成了胸鳍，而后肢则退化了。"小遥"的腹鳍可能是后肢返祖生长后突出体表的产物。

很遗憾，"小遥"在2013年离开了这个世界

Q 翼龙有"冠"吗？

图为拥有漂亮的羽冠的戴胜。或许曾经也有长着这样的"冠"的翼龙

A 研究认为，翼龙是有"冠"的。与骨骼不同，"冠"是软组织，难以保留在化石中。不过，曾有学者用紫外线照射保存状态良好的化石时，发现了类似"冠"的隆起组织的痕迹。据研究，部分早期的喙嘴龙类也有"冠"，但进化程度更高的翼手龙类的"冠"更加色彩缤纷，也更醒目，到了白垩纪，甚至出现了头上顶着帽子一样的大型"冠"的翼龙。有关"冠"的用途，不同学者有不同的解释，有的认为它们能在飞行中起到舵的作用，也有的认为它们可以用来散热。

Q 摩尔根兽是胎生还是卵生？

A 现生哺乳动物中较为原始的单孔类动物，是一个产卵繁殖后用母乳喂养的类群。研究认为，它们的祖先是出现于侏罗纪中期的澳洲楔齿类哺乳动物——阿斯法托兽。如果是这样的话，出现时间早于阿斯法托兽的哺乳形类应该是卵生的。那么，三叠纪时期的摩尔根兽类估计也是卵生的。目前，人们还无法根据已发现的摩尔根兽类化石判断它们是否有乳腺，因而也就没法知道它们是否会用母乳喂养幼崽。

图为针鼹。与鸭嘴兽一样，是单孔类哺乳动物

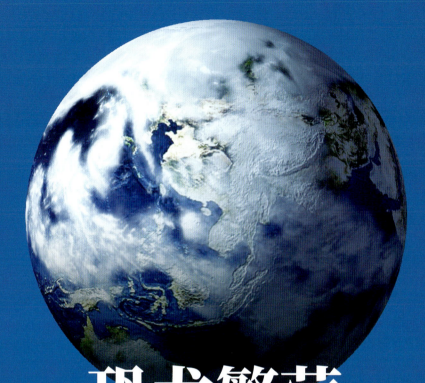

恐龙繁荣

2 亿 130 万年前—1 亿 4500 万年前

—顾问寄语—

北海道大学综合博物馆副教授　小林快次

恐龙在侏罗纪开始大规模地繁荣。它们仿佛不受地球重力的影响，体形不断变大。

蜥脚亚目恐龙的巨型化超出了人类的认知，令人感到生命拥有无限的可能性。

本专题将以恐龙繁荣的象征——蜥脚亚目恐龙为中心，介绍恐龙王国的历史变迁。

巨 型 恐 龙 的 残 影

位于中国西北部的广阔的准噶尔盆地，现在是鲜有动物出没的荒漠。然
而，在很久以前的侏罗纪，这里曾是众多恐龙阔步横行的湿地。竖起耳
朵倾听，任凭想象力驰骋，或许能听到震动大地的脚步声、捕食者与猎
物争斗的咆哮声，或许能看到长达到数十米的巨大身影。当时进化出的
多样化的恐龙种群，现在正安静地沉眠于这片红褐色的荒野地层之中。

震 动 大 地 的 行 进

侏罗纪晚期，地球变暖，氧气浓度上升。这个时期地球的统治者是巨型恐龙。当时，超龙、梁龙、马门溪龙等全长超过20米的大型恐龙陆续出现。成群的巨型恐龙阔步前行，其冲击力就连凶猛的肉食性恐龙也会退避三舍。作为生存竞争的一个环节，进化出巨大体形的恐龙在顺应环境的过程中也实现了多样性，在地球史上留下了鲜明的足迹。

**准噶尔盆地中发现了
约 1 亿 6000 万年前的地层**

准噶尔盆地位于中国西北部的新疆
维吾尔自治区。现在放眼望去这里
都是干燥的荒漠、沼泽和沙丘，但
在约 1 亿 6000 万年前的侏罗纪，
这里却是湿地。由火山灰形成的地
层中，不断有恐龙化石出产。现在，
这个地方和戈壁沙漠一样，是中国
古生物与恐龙研究的重要地点。

超龙幼体

超龙

翼龙

巨型恐龙时代

同时具备最大、最长、最重这三个条件的巨型恐龙

巨型恐龙是温和的素食主义者哦！

诞生于三叠纪晚期的恐龙在广阔的大陆上扩散。进入侏罗纪后，恐龙开始快速进化。其中，史上最大的陆生动物——蜥脚亚目恐龙的进化是具有划时代意义的事件。

蜥脚亚目恐龙在陆地上阔步前行

侏罗纪晚期，温暖的平原上，植食性恐龙剑龙、弯龙正成群结队地吃着蕨类植物。突然，传来了令大地震动的声响。

发出这一声响的东西看上去像移动的小山丘一样，它们就是生存在相当于今天北美等地的蜥脚亚目恐龙迷惑龙。

成年后全长可以达到数十米的蜥脚亚目恐龙是恐龙时代的象征。

恐龙中最早的一种——始盗龙已被确认诞生于约2亿3000万年前的三叠纪晚期。据说，始盗龙诞生后不久，原始的蜥脚亚目恐龙也在三叠纪晚期登场了。

从三叠纪晚期到白垩纪晚期约2亿年的时间里，蜥脚亚目恐龙在大陆的各个地方持续繁荣着，它们是植食性的恐龙种群，被认为是史上最大的陆生动物。

从全长仅1米左右的始盗龙，到全长超过30米的蜥脚亚目恐龙，让我们一起来看看恐龙这一令人震惊的巨型化过程吧！

在北美大陆上阔步行进的
迷惑龙 | *Apatosaurus* |

就算是想要进行攻击的肉食性恐龙异特龙，面对成年后全长约 25 米的迷惑龙，也会不自觉地犹豫一下吧！虽然连凶猛的肉食性恐龙都感到畏惧，但蜥脚亚目恐龙全都是植食性恐龙。

梁龙 | *Diplodocus* | 的骨骼

在发现完整骨骼的恐龙之中，梁龙的身体是最长的，约 20～35 米。就像梁龙的属名"双梁"所显示的那样，梁龙脊椎上部有两道突起，而突起之间有支撑头部与尾部的韧带。图片中的骨骼全长达 26.8 米。

为了生存下来，恐龙进化出巨大的体形

泰国发现的伊森龙是最原始的蜥脚亚目恐龙之一，诞生于三叠纪晚期。

伊森龙全长 12～15 米。虽然此时还没有巨型恐龙的迹象，但在之后的数千万年时间里，蜥脚亚目恐龙取得了惊人的进化成果，在巨型化的道路上越走越远。到了侏罗纪晚期，它们进化成了史上最大的陆生动物。约有 100 种（属）蜥脚亚目恐龙被发现，其中全长超过 30 米的不在少数。

巨型化是因为肉食性恐龙的存在！

柯普定律[注1]认为"同一系统中的动物体形会随着进化不断增大"，这一定律在很长一段时间里为人们所接受，恐龙的进化就是其中一个例子。不过，蜥脚亚目恐龙的巨型化成果远远超过了人们对巨型化的认知。出现这种现象的原因是什么呢？

有一种观点认为原因其实很简单，蜥脚亚目恐龙是为了保护自己不被天敌兽脚亚目恐龙攻击。在面对兽脚亚目恐龙的攻击时，没有任何躲避能力的蜥脚亚目恐龙为了存活下去，选择了巨型化这一手段。

也就是说，"大"是一件好事呢！

新闻聚焦

保护恐龙蛋的大椎龙

2012 年，南非的金门高地国家公园发现了世界上最古老的蜥脚亚目恐龙大椎龙的巢穴群，这可以证明侏罗纪早期的恐龙曾有过抚育幼龙的行为。这个地方挖掘出了巢穴、恐龙蛋、胚胎、成年恐龙以及幼龙的脚印化石。研究认为，虽然成年恐龙不会孵化恐龙蛋，但它们会守护恐龙蛋，一直照顾幼龙长大。

巢穴的想象图。发现的巢穴、化石被认为形成于约 1 亿 9000 万年前

● 恐龙的谱系图

恐龙大致可分为三大种群。鸟臀目恐龙中有两足型与四足型，兽脚亚目恐龙基本都是两足型。蜥脚亚目恐龙属于植食性的大型恐龙种群，原始的原蜥脚下目恐龙也有两足型，但蜥脚亚目恐龙进化出巨大体形后，基本上都属于四足型。

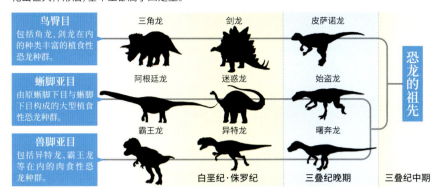

鸟臀目
包括角龙、剑龙在内的种类丰富的植食性恐龙种群。

蜥脚亚目
由原蜥脚下目与蜥脚下目构成的大型植食性恐龙种群。

兽脚亚目
包括异特龙、霸王龙等在内的肉食性恐龙种群。

三角龙　剑龙　皮萨诺龙
阿根廷龙　迷惑龙　始盗龙
霸王龙　异特龙　曙奔龙

恐龙的祖先

白垩纪·侏罗纪　三叠纪晚期　三叠纪中期

● 蜥脚亚目恐龙的成长速度

这是通过研究迷惑龙的骨骼得到的成长曲线图。研究认为，迷惑龙孵化的时候约30厘米。从8～12岁左右，迷惑龙的身体急速成长。分析表明，在这段时间内，迷惑龙的体重每年最多可以增加5吨。这段时间过后，迷惑龙的身体仍然持续成长。科学家推测，迷惑龙需要大约20年的时间才能长到可以生育后代的体形。

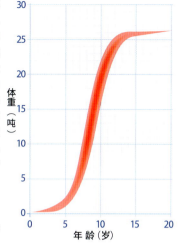

※不同的科学家得到的成长曲线图有一定差异。

就像大象不太容易被狮子攻击一样，在自然界中，体形越大就越安全的定律在侏罗纪也是适用的。蜥脚亚目恐龙在踏上巨型化这条道路的时候，已经拥有了与巨大体形相匹配的身体构造和机能。开始巨型化的蜥脚亚目恐龙一路迅猛进化，直到成为最大的陆生动物。

在巨型化的进程中，攻击的一方与被攻击的一方是相互竞争的状态。可以断言，在世界各地发现的巨型蜥脚亚目恐龙的附近，一定能发现巨型肉食性恐龙的化石。

侏罗纪的环境加快了巨型化的进程

来自兽脚亚目恐龙的威胁是蜥脚亚目恐龙巨型化的契机，而当时的环境则被认为是推动巨型化进程的一大要因。

有种观点认为，侏罗纪时期二氧化碳浓度的最高值是现在的 7～8 倍。因此，当时产生了极端的温室效应，类型相似的植被遍布温暖的地球。这一点保证了蜥脚亚目恐龙有充足的食物，从而加速了巨型化的进程。为了维持巨大的体形，蜥脚亚目恐龙需要摄入大量的食物。不过，当时的裸子植物、蕨类植物的营养价值比现在的被子植物还低，所以蜥脚亚目恐龙对食物的需求量很大。研究认为，蜥脚亚目恐龙为了高效地摄入食物，需要通过较大的消化器官持续性地消化食物，而作为消化器官载体的身躯就会变得越来越大。

此外，拥有能高效地摄入氧气的气囊系统[注2]的蜥脚亚目恐龙，成功地适应了三叠纪这样严酷的低氧环境。而侏罗纪时期氧气浓度回升，蜥脚亚目恐龙得以将氧气传输到全身，以维持巨大的体形与高代谢率，进一步加快了巨型化的进程。

高代谢率对幼龙的生存率也有影响。

研究认为，孵化后能活到成长期的蜥脚亚目恐龙，在成长速度较快的情况下，1 年内体重可以增长数吨。快速地长成一定程度的巨大体形，被肉食性恐龙攻击的危险就会减少，生存率就能提升。

各种外因叠加，使得蜥脚亚目恐龙的体形越来越大，而身体也越来越难以散热，这是关系生死的问题。研究认为，蜥脚亚目恐龙让脖子与尾巴变得更长，将它们作为散热器来使用，这也导致它们的体形越发巨大。

科学笔记

【柯普定律】 第76页 注1

美国的古生物学家爱德华·德林克·柯普提出的定律，阐述的是"随着进化的进程，生物会呈现出巨型化的趋势"这一理论。在很长一段时间内，这是研究恐龙进化不容置疑的定律。不过，近年的研究认为柯普定律仅适用于部分恐龙。而最近有研究者把在提出柯普定律的时代还未产生的"生物多样性"的概念与柯普定律结合起来，将柯普定律解释为"如果一个群体内的多样性增加，作为其中的一环，大型物种也会增加"。柯普也曾因与奥塞内尔·查利斯·马什在发现恐龙化石这件事上相互竞争而广为人知。

【气囊系统】 第77页 注2

现生鸟类所拥有的呼吸系统。使用气囊这个袋状的软组织，能更有效地将氧气摄入体内。

◎ 近距直击

巨型化的限制因素是体重和体温吗？

蜥脚亚目恐龙并不是可以无限巨型化的。据计算，它们的极限体重是140吨，如果超过这个体重，它们就无法自主地让身体动起来。另外，随着体形的增大，动物的体温基本上也会升高。当体温超过45摄氏度时，构成身体的蛋白质就会凝固，无法维持生命。迄今为止还没有发现全长超过40米的大型物种，可能就是因为体重和体温都有上限。

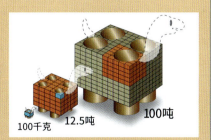

100千克　12.5吨　100吨

当它们的体重超过 140 吨时，四肢会过于粗大，失去作为腿的机能

头部

蜥脚亚目恐龙的牙齿构造比较简单,摄入食物时像梳子一样将叶子刮下来,颈部的肌肉也并不发达。研究认为,蜥脚亚目恐龙通过放弃嘴巴咀嚼食物的机能,达到缩小头部、伸长脖子的效果。

憩室

蜥脚亚目恐龙的骨骼包含很多带有小洞与管状缝隙的含气骨。含气骨的优点是可以在保持骨骼硬度的同时减轻骨骼的重量。此外,研究认为这种含气骨的中空部分——憩室被存有空气的气囊填满了。

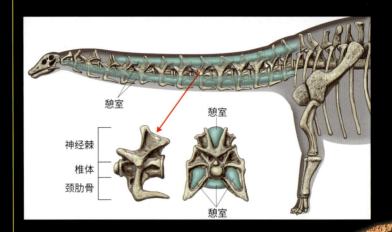

憩室

憩室

神经棘
椎体
颈肋骨

憩室

梁龙
| *Diplodocus* |

全长20～35米的蜥脚亚目恐龙,嘴长,头小,且头部无法抬得很高。

随手词典

【逆流交换系统】

使用气囊的呼吸方法。新鲜的空气从嘴巴等部位进入身体,按照以下的路线流动。气管→后气囊(新鲜的空气)→肺(氧气与二氧化碳交换)→前气囊(含有二氧化碳的空气)→气管。通过这样单向的流动,新鲜的空气与含有二氧化碳的空气不会在肺部混合在一起,身体可以高效地吸收氧气。

【双向呼吸】

没有气囊的动物使用的呼吸方法。富含氧气的新鲜空气从嘴巴等部位进入身体,通过气管传输至肺部,体内排出的二氧化碳与氧气在肺部发生交换。吸收了二氧化碳的空气再次通过气管从嘴巴等部位排出。这样的构造无法彻底排除肺部中的空气,肺部的新鲜空气与含有二氧化碳的空气始终保持混合的状态。

颈椎

过去的复原图中,蜥脚亚目恐龙被描绘成脖子高高抬起的形象,但近年的研究显示,从颈椎关节的形态来看,脖子的可移动范围相当小。尽管不同的种类会有一些差别,但蜥脚亚目恐龙似乎难以将头抬起,它们的脖子更适合左右移动。

约30°   约30°

虽然与种类也有关系,但基本上体形越大,脖子的柔软性越差

气囊系统

研究认为蜥脚亚目恐龙也拥有现在的鸟类身上的呼吸系统——气囊。气囊是充满了空气的袋状软组织,填满了肺部前后、含气骨的憩室等处,遍布全身。蜥脚亚目恐龙通过逆流交换系统高效地摄取氧气。此外,气囊系统可能还有降低体温的冷却机能。

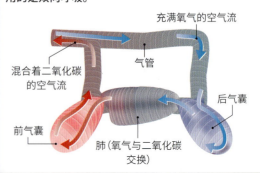

有气囊的动物使用的是逆流交换系统。没有气囊的动物使用的是双向呼吸。

充满氧气的空气流

混合着二氧化碳的空气流

气管

前气囊

后气囊

肺(氧气与二氧化碳交换)

原理揭秘

蜥脚亚目恐龙的身体构造是什么样的？

蜥脚亚目恐龙巨型化的契机是"防御"，同时也有复杂的外因在发挥作用，加速了巨型化的进程。那么，巨型化为何能够实现呢？作为生命史上最大的陆生动物，蜥脚亚目恐龙在进化的过程中获得了精密的身体构造与令人惊讶的身体机能。这里，我们尝试探究蜥脚亚目恐龙是如何通过最大限度地发挥自身能力而创新出巨型化发展所需的结构与机能。

骨骼

蜥脚亚目恐龙身体的一大半是脖子和尾巴，躯干只有全身长的1/5左右。研究认为，它们细长的脖子与尾巴是依靠韧带与肌腱支撑起来的，就像吊桥那样，而集中在腰部以上的重量则是依靠强壮的后肢支撑起来的。因为这种独特的平衡，细长的脖子与尾巴可以长时间保持水平伸展的状态。

受力的方向（推断）　　　受力的方向（推断）

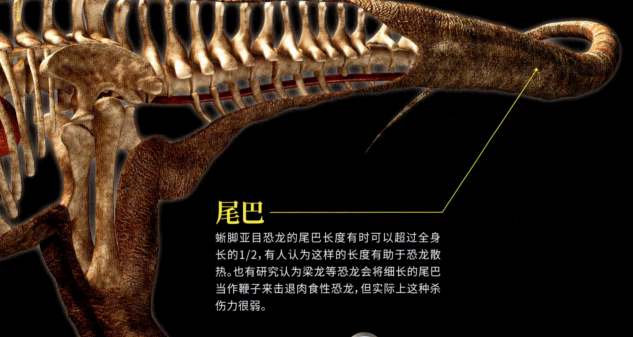

尾巴

蜥脚亚目恐龙的尾巴长度有时可以超过全身长的1/2，有人认为这样的长度有助于恐龙散热。也有研究认为梁龙等恐龙会将细长的尾巴当作鞭子来击退肉食性恐龙，但实际上这种杀伤力很弱。

腿

为了支撑巨大的身体，蜥脚亚目恐龙呈四足行走的状态，重心位于腰带正下方结实的后腿上。从脚印化石的步幅计算蜥脚亚目恐龙的行走速度，时速大约为3.5～4.5千米。因为关节无法大幅度弯曲，所以它们无法奔跑。

🔍 近距直击

不断变化的复原图

自从19世纪发现蜥脚亚目恐龙的化石以来，复原这种体形巨大的恐龙充满曲折。一直到20世纪70年代，研究者都认为，为了支撑沉重的身体，这种巨大的生物是生活在水中的。之后，研究证明蜥脚亚目恐龙的巨大身体无法承受水压。研究者原先认为这类恐龙的脖子像长颈鹿那样高高竖起，但是在1999年，研究者发现蜥脚亚目恐龙的脖子可移动范围很小，难以朝上缓缓仰起，于是复原图变成了现在看到的样子。

最初的复原图
头部上方的鼻孔露出水面进行呼吸
现在的复原图
鼻孔在嘴巴附近
无法将脖子高高竖起
尾巴没有拖在地上
生活在水中，依靠浮力支撑沉重的身体
尾巴拖在地上

也有人认为蜥脚亚目恐龙的尾巴像哥斯拉那样拖在地上，但通过脚印化石的验证，可知尾巴并不是拖在地上的。

小型恐龙的进化

恐龙繁荣的关键——小型恐龙的登场

从三叠纪恐龙出现到白垩纪恐龙大繁荣，这一进化过程中，解开恐龙进化之谜的过渡化石，其实就埋藏在侏罗纪的地层深处。

填补"空白时代"的恐龙

当全长35米的新疆马门溪龙在中国的大地上开始阔步前行的时候，在这些巨型恐龙的脚下，另一种重要的恐龙正在悄然发生进化。

以往说到恐龙的多样化与繁荣，中生代最后的时代白垩纪总是被频繁提到，但根据近年的研究发现，从侏罗纪中期后段到晚期，"变化"已经开始发生了。这种变化就发生在马门溪龙的脚下——小型恐龙出现了。

侏罗纪的地层大规模露出地表的情况很少见，其中比较知名的有北美落基山脉周边的莫里逊组、中国新疆维吾尔自治区西北部的准噶尔盆地周边的石树沟组。特别是准噶尔盆地，它是1亿6400万年前—1亿5900万年前的侏罗纪中期末段到晚期起始的重要地层，正对应恐龙进化中化石资料匮乏的的"空白时代"。在这片土地中发现的小型恐龙的化石，是探索后来在白垩纪恐龙之所以能够大繁荣的"秘密钥匙"。

白垩纪恐龙大繁荣的前兆就出现在侏罗纪啊！

侏罗纪晚期的准噶尔盆地

在河边阔步前行的是全长超过 30 米的马门溪龙群。在它们的脚边，最古老的暴龙类之一的小型恐龙五彩冠龙正在追逐原始角龙类恐龙隐龙。

准噶尔盆地的发掘现场

虽然准噶尔盆地现在是荒凉的沙漠地带，但在遥远的过去，这里是孕育了诸多生命的绿洲。为了追寻它们留下的痕迹，调查组的成员们行走于广阔的荒漠，正在仔细搜索。

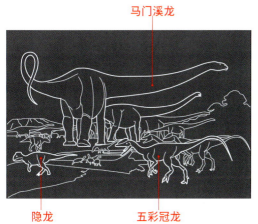

马门溪龙

隐龙　　　　五彩冠龙

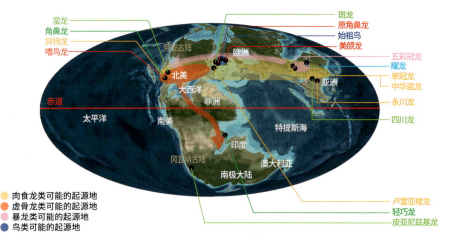

侏罗纪（中期到晚期）兽脚亚目恐龙的移动与扩散路径

先推断兽脚亚目恐龙主要活动的地区，再研究它们是如何向各个地方扩散的。

蛮龙
角鼻龙
异特龙
嗜鸟龙
斑龙
原角鼻龙
始祖鸟
美颌龙
五彩冠龙
耀龙
单冠龙
中华盗龙
永川龙
四川龙
劳亚古陆
欧洲
北美
大西洋
非洲
太平洋
南美
赤道
特提斯海
印度
冈瓦纳古陆
澳大利亚
南极大陆

■ 角鼻龙类
■ 原始坚尾龙类
■ 肉食龙类
■ 原始虚骨龙类
■ 进化的虚骨龙类
　（※不包括以下的类别）
■ 暴龙类
■ 鸟类

■ 肉食龙类可能的起源地
■ 虚骨龙类可能的起源地
■ 暴龙类可能的起源地
■ 鸟类可能的起源地

卢雷亚楼龙
轻巧龙
皮亚尼兹基龙

现在
我们知道！

"恐龙大繁荣"的时代

从侏罗纪就开始了

侏罗纪早期，地球整体环境较为温暖，从中期到晚期，地球开始变冷，之后全球再次变暖，气温上升。这种全球规模的气候变化被认为对恐龙的生存状况造成了一定的影响。另一种观点认为，温度的再次上升有可能促使曾一度受到寒冷气候威胁的恐龙发生新的进化。准噶尔盆地出产的多姿多彩的恐龙化石上，留下了从侏罗纪中期到晚期这一时段中恐龙发生演变的痕迹。

小型恐龙进化的关键环节

从 1928 年瑞典与中国联合调查准噶尔盆地开始，这里先后迎来了数次调查。如今，盆地中的调查研究仍然很活跃。

人们发现了各种各样的化石。除了恐龙化石，当地还发现了其他多种陆生动物的化石，表明这里曾有过丰富多彩的生态圈。

准噶尔盆地出产的恐龙化石中有全长超过 30 米的蜥脚亚目恐龙马门溪龙，还有处于当时食物链顶端的捕食者——单冠龙、中华盗龙等种类丰富的肉食性恐龙，因此引起全世界科学家的关注。然而，这个盆地中更值得关注的是另一些恐龙。

准噶尔盆地曾经栖息着数量众多的全长数米的小型恐龙。它们在生活中需要避开马门溪龙的巨大身躯，而正是这些不起眼的恐龙，成了填补恐龙进化空白的重要一环。

在 2002 年夏天进行的中美联合调查中，科学家发现了神秘的石柱。调查人员将整块石柱取出，在北京的研究所进行拆解，发现石柱里面是像三明治一样的五层结构，内含几具保存状态非常好的未知小型恐龙的化石。

■ 填补了进化空白的恐龙头骨

追溯恐龙的进化过程，会发现进化的痕迹在某个点之后就中断了。而在准噶尔盆地发现的恐龙化石正是填补这些空白的重要部分。

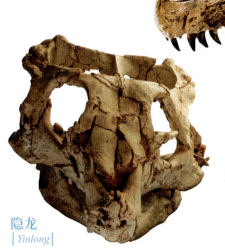

隐龙
| Yinlong |

迄今为止最古老的角龙亚目恐龙，全长1.2米左右，有喙和一对獠牙，后部的头骨较厚。研究认为这种恐龙是在共同的祖先分化为角龙亚目与厚头龙亚目之后不久出现的物种。

五彩冠龙 | Guanlong |

原始暴龙类，全长3米左右。研究认为五彩冠龙身上有羽毛，头上有大冠，前肢较长。

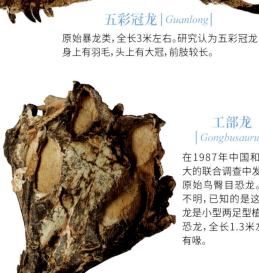

工部龙
| Gongbusaurus |

在1987年中国和加拿大的联合调查中发现的原始鸟臀目恐龙。详情不明，已知的是这种恐龙是小型两足型植食性恐龙，全长1.3米左右，有喙。

不断被发掘出来的"知名恐龙"的祖先

神秘的石柱正是封存了侏罗纪"空白时代"的时间胶囊。在接下

成为时间胶囊的脚印

在约1亿6000万年前，准噶尔盆地的火山活动非常活跃。封存五彩冠龙的石柱，可以说是奇迹般的时间胶囊。巨大的马门溪龙在水边行走，脚印形成深深的水洼。水与火山灰积于其中，形成约2米深的陷阱，不断有小型恐龙陷于其中，进而凝固，形成保存状态良好的化石。这一研究结果令世人感到震惊。

石柱高约1.6米。混杂着火山灰的泥土黏性极强，小型恐龙无法靠自己的力量挣脱

兽脚亚目恐龙的进化

根据腰带的形状，恐龙大致上可以分为鸟臀目与蜥臀目。蜥臀目可以进一步分为蜥脚亚目（原蜥脚下目、蜥脚下目）与兽脚亚目。兽脚亚目大部分都是肉食性恐龙，其中也有像泥潭龙这样的植食性恐龙。而到了白垩纪，植食性恐龙的种类也开始多了起来。在恐龙出现的早期——三叠纪晚期登场的兽脚亚目中，真鸟类发生了进化，鸟类出现，并延续至今。

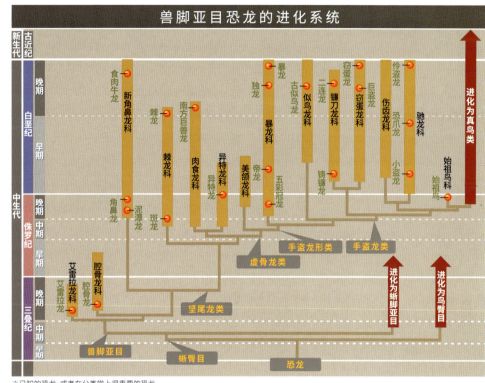

兽脚亚目恐龙的进化系统

※已知的恐龙，或者在分类学上很重要的恐龙。

来的调查中，科学家推断上面两层化石是最古老的暴龙类恐龙。这个被命名为五彩冠龙的小型兽脚亚目恐龙的化石揭示了一点：对于暴龙类的起源与进化过程而言，亚洲是很重要的地域。这个化石也是探究暴龙类此后扩散的关键。

从石柱下层挖掘出来的隐龙化石，被推断是角龙亚目[注1]中（如三角龙）最古老的物种。这个化石也成了证明侏罗纪已有角龙生存的决定性证据。在隐龙身上可以看到原始的角龙亚目与厚头龙亚目[注2]的双重特征，所以科学家认为这种恐龙是在两者共同的祖先分化为角龙亚目与厚头龙亚目后不久出现的物种。

此外，除了五彩冠龙之外，另外一种小型兽脚亚目泥潭龙的发现也具有重要的意义。这种恐龙是亚洲首次发现的原始角鼻龙类物种。科学家在它的身体里发现了胃石[注3]，由此得知这种恐龙是植食性的。这种泥潭龙的指头[注4]有4根，指头的构造与其他恐龙不同，很有意思。

除此之外，准噶尔盆地还发现了很多其他的小型恐龙化石，比如被认为与白垩纪最为繁荣的植食性恐龙鸭嘴龙类[注5]（因其强大的繁殖能力有"白垩纪牛"之称）关系密切的鸟脚亚目恐龙的化石等。

科学笔记

【角龙亚目】 第83页注1
属于鸟臀目的植食性恐龙种群，四足型。大多数角龙亚目恐龙的巨大头部都长着角和由骨头构成的颈盾。

【厚头龙亚目】 第83页注2
属于鸟臀目的植食性恐龙种群，两足型。在日本也被称为石头龙。大部分厚头龙亚目恐龙的头骨呈圆顶状，非常厚。主要繁荣于白垩纪晚期。

杰出人物

古生物学家
杨钟健
(1897—1979)

带领中国走向恐龙研究大国的古生物学之父

虽然中国现在是恐龙研究大国，但一直到1930年左右，关于恐龙的调查研究还是以欧美国家为主导的，中国宝贵的化石不断地流失海外。杨钟健在德国学习，并加入了1930年的中国西北戈壁沙漠探险队。他为中国的恐龙研究打下了基础，带领中国摆脱了由欧美主导的恐龙研究。为了保护宝贵的化石，他建立了许多博物馆，倾注心力培养人才。现在，全世界瞩目的东亚恐龙研究就是由杨钟健创建起来的。

小型恐龙的进化

正等着被研究的恐龙化石

在准噶尔盆地发现的约600件化石，放置于北京的中国科学院中，等着被研究。已经进入研究阶段的化石之中，有很多都是未曾发现的新物种。

右后肢　胃石

右前肢

头部

左后肢

左前肢

颈部

□ 泥潭龙的化石

这是从挖掘出五彩冠龙的石柱中发现的泥潭龙化石。除了尾巴的前端之外，身体结构基本是完整的。胃的部分还发现了胃石。

繁荣的恐龙种群
是从亚洲开始扩散的？

与阔步前行时震动天地的马门溪龙、单冠龙等恐龙相比，曾栖息于准噶尔盆地的各种小型恐龙可能并不显眼。但是，科学家认为，后来发展壮大的肉食性恐龙霸王龙和植食性恐龙三角龙、鸭嘴龙等成功扩散至全世界的恐龙种群，它们的祖先有很多就是这些小型恐龙。

白垩纪是恐龙时代的鼎盛时期。但这之前恐龙的进化轨迹，过去很长一段时间里存在很多未被探明的情况。而从曾经栖息在准噶尔盆地的小型恐龙身上，我们可以看出，在侏罗纪中期至晚期，就已经有明显的恐龙大繁荣的前兆了。

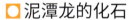

文明与地球　龙骨

恐龙化石是中药药材！

在中国古代，大块的化石被认为是未能归天的龙死后的骨头。作为贵重的中药药材"龙骨"，这些化石备受推崇。一直到最近，仍然存在把大型哺乳动物的骨头、猛犸的化石作为中药药材来使用的情况，其中也有真正的恐龙化石。有很多人认为"龙骨"的药效很好，是一种高价药材。

近年，从保护恐龙化石资源的角度出发，把恐龙化石当作"龙骨"入药遭到质疑，但这一问题目前还没有得到有效解决

科学笔记

【胃石】 第83页 注3

位于植食性恐龙、鸟类等的胃和砂囊中的石头。这些动物为了帮助消化食物而吞下石头，形成了胃石。无法用牙齿磨碎食物的蜥脚亚目恐龙、长有喙的植食性恐龙等化石的胃部，经常发现不少磨去棱角的圆形石子。

【泥潭龙的指头】 第83页 注4

兽脚亚目恐龙在进化的过程中，小指、无名指会退化，最终仅剩下拇指、食指、中指。但泥潭龙有4根指头，小指退化，而拇指则非常小，食指、中指和无名指较长，与其他恐龙的指头进化不同。

【鸭嘴龙类】 第83页 注5

一种嘴型酷似鸭子的植食性恐龙，也叫作鸭嘴兽龙。这种恐龙的牙齿在咀嚼时效率很高。它是最后出现的鸟臀目恐龙，也是其中最为繁荣的物种。

从五彩冠龙的冠看恐龙的进化

暴龙类的祖先

　　五彩冠龙是原始暴龙类恐龙，发现于准噶尔盆地侏罗纪中期末至侏罗纪晚期初的地层中。暴龙类恐龙由原始的原角鼻龙科恐龙、进化型的暴龙科恐龙以及其他中间型的恐龙构成，五彩冠龙属于原角鼻龙科。这个科包括侏罗纪中期的原角鼻龙（英国）、哈卡斯龙（俄罗斯）、侏罗纪晚期的侏罗暴龙（英国）、史托龙（美国）以及白垩纪早期的中国暴龙（中国）。通过五彩冠龙可以确认暴龙类的起源早于侏罗纪中期，地点在亚洲或欧洲，可见其重要性。

　　在新疆维吾尔自治区的地层中，还发现了头上长着一个冠的斑龙类恐龙——单冠龙。这是一种全长5米左右的中型兽脚亚目恐龙。以前，五彩冠龙曾被认为是这种单冠龙的亚成体——因为五彩冠龙与单冠龙都长有较大的冠。不过，现在五彩冠龙不再被看作单冠龙，而被视为暴龙类。

■单冠龙 | *Monolophosaurus* |

生存于侏罗纪中期，全长5.7米左右，是一种中型肉食性恐龙。从鼻尖延伸至眼睛的冠是这种恐龙的一大特征。

■五彩冠龙

作为暴龙类，五彩冠龙的前肢非常长，指头有3根。就像中文名"冠龙"显示的那样，这种恐龙从鼻子至眼睛的上方长有较大的冠。冠的硬度不高，所以科学家认为冠不是武器，而是用于展示。

冠所体现的恐龙进化

　　除了了解暴龙类的起源，五彩冠龙对于了解恐龙的生态来说也是重要的资料，这主要体现在五彩冠龙头部的冠上。从侧面看它的头骨，冠呈半月形，长在吻部上方，从鼻孔（外鼻孔）上方开始，一直延伸到眼窝上部。虽然叫作半月形，但可以看到冠的后方有一大块向后突出。另外，冠上有3个较大的孔。中间的棱线倾斜部分的前方有1个孔，后面有2个孔。除了较大的孔之外，还有很多凹坑，可以看出冠是中空的。窃蛋龙与双冠龙就长有这种空腔化的冠。五彩冠龙的冠与双冠龙的冠尤其相似。科学家认为这属于"碰巧的相似"，五彩冠龙与双冠龙是碰巧进化出了这种相似的冠。

　　如上所述，兽脚亚目恐龙中存在头上长着冠的物种。代表物种有侏罗纪早期的冰冠龙、晚期的角鼻龙和异特龙等。这种冠的作用是什么呢？说到冠，我们想一下长着冠的现生动物就会明白，这些动物的冠主要用来展示，在识别敌我、找交配对象方面发挥作用。兽脚亚目恐龙的冠有各种形状。在头部这种多样化"装饰"的帮助下，恐龙形成不同的种群，构成一个恐龙社会，繁衍生息。由此，我们可以发现，冠不仅仅是一种装饰器官，在恐龙的进化中也发挥着重要的作用。

小林快次，1971年生，1995年毕业于美国怀俄明大学地质学专业，获得地球物理学科优秀奖。2004年在美国南卫理公会大学地球科学科取得博士学位。主要从事恐龙等主龙类的研究。

肉食性恐龙 vs 植食性恐龙

为了在生存竞争中存活下去，恐龙开始多样化

异特龙等肉食性恐龙站在食物链顶端的侏罗纪，是一个弱肉强食的时代。对于没有锋利牙齿与爪子的植食性恐龙来说，一不留神就会丧命。

不是你死就是我亡！为了延续生命的战斗

从三叠纪开始的恐龙多样化进程在进入侏罗纪后进一步加速。可以说，后来在白垩纪发生的恐龙大繁荣在这个时代就已经开始了。

根据腰带的形状，恐龙大致分为鸟臀目与蜥臀目。鸟臀目可进一步分为装甲亚目（剑龙科恐龙、甲龙科恐龙）、鸟脚亚目、头饰龙亚目，蜥臀目可进一步分为蜥脚亚目（原蜥脚下目、蜥脚下目）、兽脚亚目。在这个分类中，鸟臀目的所有恐龙与蜥脚亚目、兽脚亚目的部分恐龙属于植食性恐龙，而肉食性恐龙则全部是兽脚亚目恐龙。

另外，在侏罗纪中期前后，各类恐龙的祖先已经出现，走向大繁荣的进化竞争开始了。

不过，科学家认为，一直到侏罗纪中期为止，恐龙的形态变化都比较小。不少恐龙属于不同种类，但形态却颇为相似。恐龙出现多样化，应该是从泛大陆分裂为北边的劳亚古陆与南边的冈瓦纳古陆之后的侏罗纪晚期才开始的。

在温室效应下一直保持温暖气候的侏罗纪，恐龙开始各自进化，将自身的能力发挥到极致，为了种族的生存展开了没有尽头的生死之争。

植食性恐龙也在拼命抵抗吧！

不是你死就是我亡的战斗想象图

异特龙对掉队的剑龙穷追不舍。陷入绝境的剑龙也在拼命抵抗。它将尾巴对准异特龙，挥动着锐利的尖刺威慑对手。

🔲 鸟臀目恐龙与蜥臀目恐龙

所有恐龙可以按照腰带的形状分为两个种群。腰带与鸟类相似的叫作鸟臀目恐龙，腰带与蜥蜴相似的叫作蜥臀目恐龙。

鸟臀目恐龙

耻骨向后延伸，与坐骨并排。除了蜥脚亚目之外的植食性恐龙基本都是这个类型。

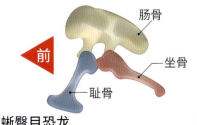

蜥臀目恐龙

耻骨朝着下前方。包括了所有的蜥脚亚目与兽脚亚目。

反击的痕迹？

异特龙化石的脊椎骨上发现了与剑龙尖刺的形状完全契合的痕迹。科学家认为这是异特龙攻击剑龙时遭到反击后留下的伤痕。

肉食性恐龙 vs 植食性恐龙

无敌的捕食者吗？『王者』异特龙是

科学家认为蜥脚亚目恐龙是在侏罗纪中期开始踏上巨型化之路的。一部分兽脚亚目恐龙也随之增大了体形。

侏罗纪的霸主是异特龙，遍布世界各地。它们增大了体形，占据着当地的食物链顶端。

不过，体形增大后的肉食性恐龙是无敌的吗？

肉食性恐龙虽然体形在增大，但其特有的强健肌肉、长有利齿的沉重头部、敏捷的两足型行走方式同时也在限制体形的进一步增大。这些物理上的极限，使得兽脚亚目的体形远不及庞大的蜥脚亚目。蜥脚亚目虽然没有武器，但其中有很多恐龙身长都超过30米。数十吨的体重对于捕食者来说也是一种威慑。兽脚亚目恐龙应该无法轻易打败蜥脚亚目恐龙。

从脚印化石来看，蜥脚亚目恐龙大多数是集体行动。兽脚亚目恐龙只能伺机攻击蜥脚亚目群体中的小恐龙或体弱者，即便如此，狩猎时也可能会搭上性命。

通过骨骼标本再现异特龙vs剑龙
研究认为，侏罗纪时期，北美大陆经常发生异特龙（左）与剑龙（右）的激烈战斗。图中可以看出，剑龙的喉咙附近覆盖着细小的骨骼，用来保护要害。

与巨大的蜥脚亚目恐龙相比，剑龙科恐龙、鸟脚亚目恐龙等是正合适的猎物。剑龙、弯龙等植食性恐龙是异特龙主要的攻击目标。

但是，被攻击的一方也不会白白送死。它们不可能乖乖等着被吃掉，为了生存，一定会拼命抵抗。

植食性恐龙
激烈的生存战斗

科学家认为大多数植食性恐龙的生活方式是群体行动。现在的斑马、羚羊也都选择群体行动，可以多只眼睛监视肉食性动物的动静，即便其中某一个体遇袭，其他个体还可趁机逃远。植食性恐龙与这些动物一样。这是弱势的一方学会的生存技能。

中小型植食性恐龙大多数会利用自身奔跑速度快的本领逃生。虽然异特龙的奔跑时速能达到约35千米，但因为体重过重，所以欠缺耐力。如果体重较轻的植食性恐龙分散逃窜的话，成功逃脱的可能性就会提高。

观点 碰撞

剑龙的板状构造的作用是什么？

剑龙化石已发现了有100多年。身上板状构造的功能经常成为议题。科学界提出了防御、展示（炫耀行为）、调节体温等各种观点。其中，"防御说"因板状构造的脆弱性而遭到否定，"调节体温说"也因与其他剑龙科恐龙的情况矛盾而受到质疑。根据最新研究，板状构造会随着恐龙的成长而增大，所以"吸引异性说"得到支持。

研究结果显示，剑龙的板状构造表面有细小的血管痕迹，说明营养能被输送到板状构造内部。或许，剑龙可以通过调节血流来改变板状构造的颜色

侏罗纪时期各种各样的恐龙

直至泛大陆未完全分裂的侏罗纪晚期，恐龙身上发生的地域性的独特变异还比较少。不过，那个时候也出现了进化出某些值得关注的特征的恐龙。

近鸟龙
| Anchiornis |

在中国辽宁省发现的长有羽毛的小型兽脚亚目恐龙，全长35厘米左右。科学家从保存状态良好的羽毛化石中发现了黑色素[注1]，他们通过科学方法再现了这种恐龙生前的颜色，而且认为它们以昆虫为食。

蜀龙
| Shunosaurus |

在中国四川省发现化石的原始蜥脚亚目恐龙。全长10米左右，体形较小，脖子较短。尾巴前端是带有尖刺的疙瘩状骨头。在面对肉食性恐龙时，这个部位有可能被当作武器使用。

似松鼠龙
| Sciurumimus |

这是2012年公布的新物种，在德国被发现。正如它的学名"似松鼠"，这是一种全长仅为70厘米左右的小型恐龙，属于斑龙类，有原始的羽毛痕迹。

天宇龙
| Tianyulong |

在中国发现的原始鸟臀目恐龙，全长70厘米左右。这种恐龙从脖子到尾巴，整个背都长着毛状组织，是鸟臀目中少见的物种。

植食性恐龙中，也有采取积极防御措施的种类。其中的典型例子就是剑龙。背上的板状构造没有达到作为武器的硬度，但可能用于威慑对手。最近的研究中还有观点认为剑龙或许可以通过控制血流来改变板状构造的颜色。另外，剑龙可以把尾巴前端的4根锐利的尖刺作为厉害的武器来使用。这些尖刺或许有助于削弱肉食性恐龙的战斗意志吧！

此外，科学家发现包括蜥脚亚目恐龙在内的植食性恐龙不仅考虑到了个体的生存，还考虑到了种群的延续。所以，它们很可能会产下个数较多的卵，通过孵化、守护产下的卵，可以极大地提升幼体的孵化成功率。

科学家发现侏罗纪早期蜥脚亚目恐龙会群体筑巢。它们可能是想通过增加同一时间孵化的幼体数量来增加存活下去的个体数量。

🔍 近距直击

"化石战争"的成果

19世纪后半叶，美国著名的古生物学家奥塞内尔·查利斯·马什与爱德华·德林克·柯普之间展开了以莫里逊组[注2]为中心的恐龙发掘竞争。这场竞争极其激烈，甚至以"化石战争"之名被载入史册。不过，也因为这场竞争，142种恐龙化石得到记录，使得恐龙研究有了飞跃式的进展。

据说因为竞争太过激烈，甚至发生了枪击事件。右数第四人是马什

科学笔记

【黑色素】第89页 注1

近鸟龙的羽毛中发现了黑色素，其中包含了黄色、红色的褐黑素与茶色、黑色的真黑素。此外，科学家还推断近鸟龙的飞羽中存在不同的颜色，之后通过这一研究成果再现了近鸟龙的颜色——身体呈暗灰色，飞羽呈现黑白花纹，脸上有红褐色的斑点。以往只能想象恐龙身体的颜色，现在再现恐龙颜色之日可能不会遥远了。

【莫里逊组】第89页 注2

北美洲露出地表的侏罗纪晚期地层，以怀俄明州、科罗拉多州、犹他州3个州为中心，分布于落基山脉附近，总面积超过100万平方千米。莫里逊组是约1亿5600万年前—1亿4700万年前堆积起来的地层，在这里发现了众多蜥脚亚目恐龙、兽脚亚目恐龙、剑龙科恐龙、鸟脚亚目恐龙的化石。特别是蜥脚亚目恐龙的化石，种类尤其丰富，发现了腕龙、圆顶龙、梁龙、超龙等大型物种。

1 植食性恐龙 巨型化

作为被捕食者，体形比捕食者大得越多，就越难以被袭击，生存下去的概率就会增加。蜥脚亚目恐龙的巨型化就是明显的例子。与现在的马一样，它们的眼睛可以看到两边，而且处于较高的位置，俯视下方，视野宽阔。

迷惑龙
| *Apatosaurus* |

全长25米左右的典型的蜥脚亚目恐龙。与身体相比，其头部极小。

🔍 近距直击

植食性恐龙共同作战

侏罗纪晚期，对肉食性恐龙异特龙来说，植食性恐龙剑龙、弯龙成了它们最合适的猎物。从发掘出的化石来看，这是两种都受到肉食性恐龙威胁的植食性恐龙，它们的生活区域非常近。或许就像现在的斑马、瞪羚、角马一样，这些植食性恐龙有可能群居在同一片区域，共同抵御肉食性恐龙的攻击。

有一种观点认为，视力相对较好的弯龙负责『放哨』，用尾巴上的尖刺威慑肉食性恐龙的剑龙担任『守卫』

2 植食性恐龙 尾巴的武装

植食性恐龙并非一味地被动受敌。剑龙之类的恐龙会使用尾巴上锋利的尖刺狠狠地反击肉食性恐龙。

剑龙
| *Stegosaurus* |

剑龙科恐龙中最大的物种，全长7～9米。尾巴上有4根尖刺，是杀伤力很强的武器。

3 植食性恐龙 集体行动

对肉食性恐龙来说最合适的猎物——剑龙、弯龙等通过集体行动来避险，将此作为生存下去的技能。

弯龙
| *Camptosaurus* |

全长4～7米左右的鸟脚亚目恐龙，主要是四足型的行走方式，但研究认为弯龙也能以两足型的方式行走。

4 植食性恐龙 全身防御

怪嘴龙等甲龙科恐龙，它们的头部、背部等部位都覆盖着由皮肤变化而来的骨质"盔甲"，以此进行防御。

怪嘴龙
| *Gargoyleosaurus* |

全长3米左右的早期甲龙科恐龙。"盔甲"由皮肤骨化形成，与剑龙的板状构造属于同一起源。

锋利的锯齿

肉食性恐龙的牙齿被称为锯齿，有锯齿状切口，可用来撕裂猎物。

虽然异特龙嚼碎食物的能力较弱，但它们头骨坚硬，能通过控制脖子的肌肉，使整个上颚瞄准猎物砸下去。而它们的下颚则有几处关节，可以将嘴巴张得很大

异特龙的前肢比较长，长着锋利弯曲的钩爪。有3根指，可能可以抓起物体

Allosaurus jimmadseni

原理揭秘

拼上性命的『进化』竞争！

无论哪个时代，捕食者与被捕食者之间都在开展拼上性命的激烈斗争。侏罗纪也是这样，肉食性恐龙不是轻而易举就能捕获到猎物的。植食性恐龙虽然没有锋利的爪牙，比较弱小，但它们为了生存下去，会最大限度地发挥自身的能力，采取防御对策，逃脱肉食性恐龙的攻击。

异特龙
| *Allosaurus* |

全长约12米，侏罗纪时期代表性的肉食性恐龙。眼睛上部有角状突起，这是它们的一大特征。

使用嗅觉

异特龙的近亲南方巨兽龙的嗅觉很发达。异特龙在寻找猎物时很有可能也使用了嗅觉。

快步追踪

异特龙的奔跑时速约为35千米，但因为体重较重，所以欠缺持久性，只有接近猎物后再发动攻击，或者采用伏击的方式。小型肉食性恐龙奔跑速度更快，同时更具持久性，是难对付的猎手。

时速约10千米　梁龙

时速约25千米　人类

时速约30千米　三角龙

时速约35千米　异特龙

时速约40千米　双冠龙

时速约65千米　美颌龙

双冠龙
| *Dilophosaurus* |

全长6米左右，头部长有一对比较薄的冠，是一种跑起来很快的肉食性恐龙。

集体狩猎

部分小型肉食性恐龙会集体狩猎，就像狼群那样袭击猎物。

地球博物志

蜥脚亚目恐龙

| Sauropods |

生命史上最大的陆生动物

说到蜥脚亚目恐龙的特征，首先想到的是它们巨长无比的脖子，接着想到的是与脖子保持平衡的细长尾巴、啤酒桶一样的躯干以及像大象一样粗壮的四肢等。其实，蜥脚亚目恐龙中也存在脖子较短的种类。

蜥脚亚目恐龙头部的类型

因为要保持较轻的体重，所以蜥脚亚目恐龙的头部有很多中空的部分，很难以化石的形式留存下来。迄今为止发现的头骨大致可分为3种：比较扁、嘴巴向前突出的梁龙型；比较高、嘴巴没有向前突出的圆顶龙型；眼窝（眼球所在的凹陷部分）上方突起的腕龙型。无论是哪一种类型，与体形相比，头部都非常小且单薄。

↑梁龙型的头骨

↑圆顶龙型的头骨

←腕龙型的头骨

【短颈潘龙】

| Brachytrachelopan |

蜥脚亚目恐龙中，短颈潘龙的脖子非常短，大约只有躯干长度的70%，嘴部勉强能碰到地面。体形偏小，可能是通过钻进大型恐龙无法进入的密林来摄取食物的。

数据	
生存年代	侏罗纪晚期
全长	约10米
体重	不明
化石产地	阿根廷

学名中的"潘"是希腊神话中的牧神。这个名字来源于短颈潘龙化石的发现者——一位牧羊人

【叉龙】

| Dicraeosaurus |

在梁龙科中属于体形较小的恐龙。脖子由12个短颈椎骨组成，脖子长度在蜥脚亚目恐龙之中算是比较短的，只能摄取接近地面的植物。叉龙可能与生存于同一片地域上的腕龙等植食性恐龙通过共享植物的方式维持共生关系。

数据	
生存年代	侏罗纪晚期
全长	12～20米
体重	不明
化石产地	坦桑尼亚

学名"叉龙"来自背部的一部分形成的两列突起。化石发现于侏罗纪晚期的敦达古鲁组。

【重龙】

| Barosaurus |

梁龙的近亲，外形与梁龙非常相似，但重龙的脖子更长，而尾巴比梁龙短。与其巨大的体形相比，头部极其小。牙齿是简单的铅笔状构造，通过刮的方式吞食叶子。脖子可以左右转动，这一点可能有利于摄取食物。

美国自然历史博物馆中展览的重龙因其令人印象深刻的站姿而出名。这个姿势在复原图中也经常能看到，不过科学家认为重龙是无法做出这个动作的

数据	
生存年代	侏罗纪晚期
全长	20～27米
体重	20～40吨
化石产地	美国、坦桑尼亚

【马门溪龙】

| Mamenchisaurus |

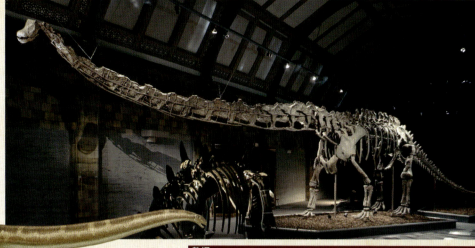
Photo/PPS

在以长脖子为特征的蜥脚亚目恐龙中，马门溪龙的脖子算是特别长的。通常蜥脚亚目恐龙的颈椎骨不到15个，马门溪龙的颈椎骨却多达19个。不过构造上的限制使得马门溪龙无法将脖子高高抬起。在中国的四川省、甘肃省、云南省等地均发现了马门溪龙的化石，但在新疆维吾尔自治区发现的化石标本要远远大于其他地区的。在今后的研究中，这类恐龙存在被归为新物种的可能性，因此现在以"新疆马门溪龙"的称谓加以区别。

根据骨骼推算马门溪龙的体重，最大可以达到50吨。因为马门溪龙体内中空的含气骨发达，所以对于这样的体长来说，体重还是偏轻的

数据	
生存年代	侏罗纪晚期
全长	20～35米
体重	20～50吨
化石产地	中国

【圆顶龙】

| Camarasaurus |

这是北美大陆发现的化石数量最多的蜥脚亚目恐龙。前肢与后肢的长度基本一致，身体基本保持水平，对蜥脚亚目恐龙来说，圆顶龙略呈圆形的头骨是偏大的。从构造上来说，颈椎的可动性相对较高，可以摄取各种高度的植物。虽然有较多中空的部分，圆顶龙的头骨构造还是兼具重量大与硬度强的双重特征。

数据	
生存年代	侏罗纪晚期
全长	约18米
体重	约20吨
化石产地	美国

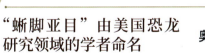

因为各个成长阶段的化石标本完备，可以进行比较研究，所以在蜥脚亚目恐龙中，圆顶龙的比较研究是走在前端的

杰出人物

古生物学家
奥塞内尔·查利斯·马什
(1831—1899)

"蜥脚亚目"由美国恐龙研究领域的学者命名

"兽脚亚目、蜥脚亚目、剑龙科、鸟臀目……"这一在恐龙研究中得到广泛认可的分类方式，是由活跃于19世纪后半期的美国古生物学界的权威——奥塞内尔·查利斯·马什提出并倡导的。身为耶鲁大学地质学教授，马什陆续发现了异特龙、迷惑龙、剑龙、三角龙等现在依然受到大家欢迎的恐龙。马什一生公布了80种新发现的恐龙，对美国的恐龙研究做出了巨大的贡献。除了勤勉的学者这个身份，马什也因为与爱德华·德林克·柯普之间展开激烈的"化石战争"而为人熟知。

【腕龙】

| Brachiosaurus |

侏罗纪晚期到白垩纪早期，腕龙科恐龙遍布世界各地。如学名（Brachiosaurus由希腊语而来，直译为"前臂蜥蜴"）所示，前肢比后肢长是腕龙的一大特征。肩胛的位置比腰更高，脖子斜着往上抬起，所以可以摄取到较高处的植物。头部距离地面的高度是13～15米，是侏罗纪时期"最高"的蜥脚亚目恐龙。头顶高高隆起是腕龙头骨的特征，不过，它的尾巴比较短。

因为腕龙头顶有较大的洞，所以科学家曾一度认为头的上部可能有鼻子。从这一形状看来，可以推测腕龙生活在水中，靠头顶的鼻子呼吸。但现在已经明确腕龙的鼻子在下方，离嘴巴非常近

数据	
生存年代	侏罗纪晚期至白垩纪早期
全长	约25米
体重	约50吨
化石产地	主要在美国

地底绚烂的广阔世界
卡尔斯巴德洞窟国家公园

位于美国新墨西哥州，1995 年被列入《世界遗产名录》。

新墨西哥州干燥的荒野底下有一片广阔的洞窟群，洞窟中有形形色色的各种钟乳石。这个洞窟群因 6500 万年前的地壳变动而形成，几乎每年都有新的洞窟被发现，洞窟数量不断增加，现在大约有 120 个。迷宫一般的地下世界，蕴藏着深不见底的魅力。

钟乳石的结构

含有碳酸钙的地下水从顶部渗出，形成水滴。

水滴落下的时候，残留在顶部的石灰粉会不断积累，形成钟乳石，称为钟乳管或冰柱岩。

因为水滴的落下，碳酸钙的结晶在地面堆积起来，形成石笋。

从顶部向下的冰柱岩与从地面向上的石笋因为外侧的水流而不断延长，最后两者结合，形成石柱。

缤纷多彩的钟乳石
"装饰"了钟乳洞

现在的卡尔斯巴德一带，
在大约 2 亿 5000 万年前
是海底，所以曾经堆积
的珊瑚形成了石灰岩层。
洞窟最深处约 500 米，
绵延 200 千米。此外，
卡尔斯巴德洞窟也是将
近 100 万只蝙蝠的栖身
之地。

地球之谜

发光的『乳白色海洋』

延伸至地平线尽头的乳白色之海

17世纪以来，在黑夜中航行的船员们多次记录下了这种海洋泛白光的现象。有人怀疑这些记录是人们捏造出来的，但是人造卫星也捕捉到了这一现象。导致成片海域发光的究竟是什么东西呢？

儒勒·凡尔纳于1870年发表的科幻小说《海底两万里》中有这样一幕——夜晚，潜艇航行在无边无际的"乳白色海洋"中。

日期是1月27日晚上7点左右，地点是印度洋，书中写道："一望无际的大洋呈乳白色。"

关于这种泛着乳白色光芒的不可思议的海洋，船员们其实很早就知道了。据说海面虽然发着光，但没有热量。凡尔纳也是以船员经历为蓝本创作小说的。没有人知道"乳白色海洋"会在什么时间在哪里发生。因为这种现象的梦幻色彩太过浓厚，真假难辨，也有人认为这或许是船员们的想象。

时间来到21世纪。美国加利福尼亚州的海军研究所中，一位叫史蒂文·米勒的海洋气象学家迈出了寻找真相的步伐。

人造卫星捕捉到了！

首先该从哪里入手呢？

以米勒为首的研究小组开始从1992年之后各国船舶的航海日志中寻找大规模"乳白色海洋"现象的记录。后来，他们发现一艘叫作S.S.利马的英国商船曾遇到过"乳白色海洋"。

根据航海日志记载，1995年1月

选自法国作家儒勒·凡尔纳作品《海底两万里》的插画。直到现在，人们依然喜欢阅读由尼摩船长领导的潜水艇鹦鹉螺号的冒险故事

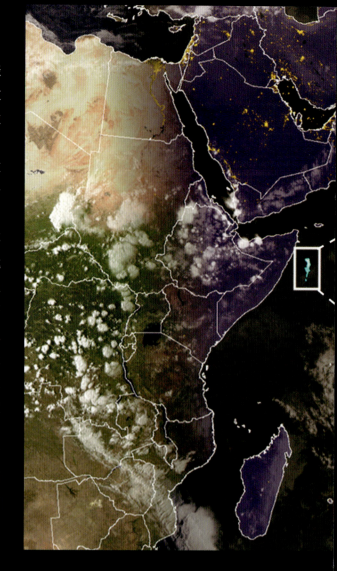

25日晚，S.S.利马航行在印度洋上，当时没有月光，一片黑暗。在距离非洲索马里海岸大约280千米的海面，白色亮光出现在地平线附近。更神奇的是，大约15分钟后，船只开始航行在泛着乳白色光芒的海面之中。驶出那片海域花了6个小时，航程达146千米。S.S.利马的船员讲述了当时的现象："船只就像航行在雪地之中，白云之上。"

根据这个信息，研究小组调查了美国气象卫星DMSP的影像记录。这颗人造卫星可以观测到地球上极其微弱的光线——真的在航海日志记录的那天晚上，在那一片海域，发现了白色的光影。"乳白色海洋"的存在由此得到科学上的确认。

这次"乳白色海洋"的规模，南北长度超过250千米，面积大约为1万5400平方千米。

那么，为什么会有这么大面积泛白光的海域呢？

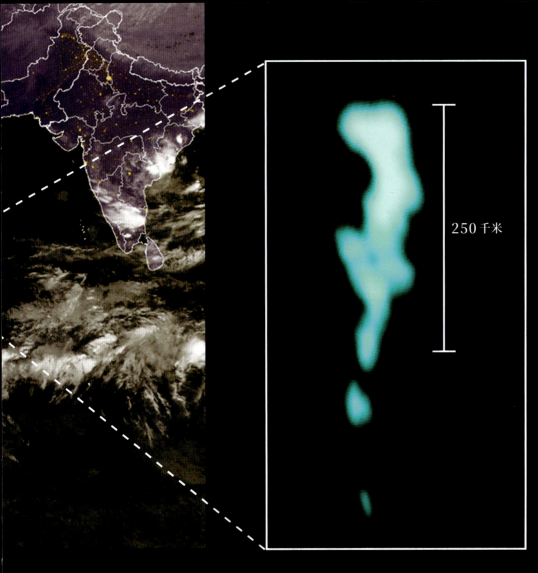

美国的气象卫星DMSP。从平均830千米的高度持续传送气象影像，为气象学、海洋学、地球物理学等研究提供服务

气象卫星DMSP捕捉到的1995年的"乳白色海洋"。虽然是在夜间拍摄的，但为了清楚地显示地点，这张图将夜间的影像与白天的影像结合在了一起。关于长度超过250千米的冷发光光源的解释，至今仍没有定论

发光细菌说

在《海底两万里》中，海洋生物学家说"乳白色海洋"形成的原因是滴虫（纤毛虫）这种微型发光虫聚集在一起，漂浮在海面上。

海洋性浮游生物中确实有会发光的物种。但这种生物只在巨浪或是航行轨迹等的刺激下瞬间释放强光，不会持续性发光。

2005年，公开了气象卫星影像的米勒提出了其假设："乳白色海洋"现象是由某种发光细菌引起的。

浮游生物是在水中、水面的浮游生物的总称。从分类上来说，包括动物、藻类，但米勒说的是细菌，它们是地球上最早的生物。

发光细菌的细胞内含有一种叫作荧

光素酶的酶，这种酶与促使发光的物质发生反应，就会发光，但发光的目的还不明确。为了寻找同伴，引诱食物，又或者是某种信号，人们有各种各样的猜测。也有不少发光细菌与鱼类共生，比如乌贼的表面就有发光细菌栖生。鮟鱇"鞭冠"的发光也是由发光细菌引起的。

米勒说："出现'乳白色海洋'现象的地点，这种发光细菌会大量集中。它们可能是依靠这片海域特有的有机物生存，因此在此群聚。"

而气象卫星捕捉到的索马里海面的乳白色海域，究竟有多少数量的发光细菌呢？关于这个问题，米勒回答说："假设地球表面覆盖着10厘米厚的沙粒层，发光细菌的数量就和这种情况下的沙粒数目差不多。"数量极多的发光细菌究竟是为了什么目的而聚集在一起的呢？

很遗憾，现在这个问题还没有答案。只能说，对于人类而言，海洋仍然是未知的世界。

卫星影像在1月26日和1月27日都捕捉到了S.S.利马所遇到的"乳白色海洋"。令人震惊的是，这两个日子与《海底两万里》所写的日期是一致的。

Q 为什么有些恐龙的名字会不再使用？

A "雷龙"这个名字曾在1903年被判定为无效，与之对应的恐龙统称为迷惑龙。这是因为在19世纪下半叶的"化石战争"中，马什与柯普之间发生了激烈的竞争，物种命名变得很随意。这就导致了后来"雷龙"这个名字的消失。经过重新研究后，科学家认为雷龙与已经命名的迷惑龙属于同一物种。按照国际规定，生物如果有多个学名，先发表的学名拥有优先权。

※近些年古生物学家发现，两者可能并非同一物种，"雷龙"的学名也许将得到恢复。

Q 蜥脚亚目恐龙能够区分雄性与雌性吗？

A 雄性与雌性在形态、习性上的不同是生物学的重要研究课题，但判断已经灭绝的生物的性别是件相当困难的事情。从现状来看，基本上没有关于恐龙性别差异的相关研究。如今，以北美洲发现的大量圆顶龙化石为对象，科学家正在区分骨骼的类型。不过，现在也只能按照粗壮型（雄性）与纤细型（雌性）进行区分，并未找到准确判断恐龙雌雄的方法。将来若找到区分蜥脚亚目恐龙性别的方法，可能会发生这样的情况——被归为两个物种的恐龙其实是同一物种的雌雄个体。

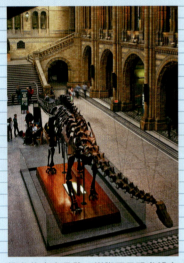

梁龙的全身骨骼。蜥脚亚目恐龙没有冠那样明显的性别识别器官，所以很难区分其雌雄

Q 从恐龙蛋的化石可以推断是哪种恐龙吗？

A 世界各地很早以前就有发现恐龙蛋的化石，但在只发现恐龙蛋的情况下，很难推断蛋的双亲是什么恐龙。最容易推断的是恐龙蛋与双亲一起被发现的情况。比如这样的例子：兽脚亚目窃蛋龙在巢穴中以孵恐龙蛋的姿势变成化石。此外，恐龙蛋之中如果留有胚胎，也可以推断它的双亲是什么恐龙。而在发现大型恐龙巢穴群的情况下，留下的痕迹会很多（如幼龙、留有胚胎的蛋、双亲的脚印，有时还有双亲的化石），所以也容易判定恐龙的种类。

Photo/PPS

生存于白垩纪晚期北美洲的鸟脚亚目恐龙——鸭嘴龙孵化的幼龙与恐龙蛋化石的复原模型

Q 为什么可以从化石中得知恐龙的咬合能力与骨骼强度？

A 恐龙的研究逐渐开始应用最先进的科学技术，近几年的研究得到了令人惊讶的成果。有限元分析原本用来计算火箭、飞机等机体上所施加的力，现在也被应用于推算人工关节的强度与骨骼受力。通过在恐龙研究中使用这种有限元分析与CT扫描，就可以推测出化石所承受的负荷与肌肉的构成等。现在已经可以计算出异特龙头骨的强度、咬东西时颚部承受的负荷量、施力的方向等，以往无法得知的恐龙生态现在能够从化石中分析出来。此外科学家还在进行一项新的研究——通过分析四肢承受的负荷来复原恐龙的姿势。

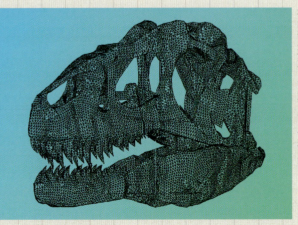

异特龙头部的计算机模型。有限元分析指的是通过从外部给物体施力，来解析施加的力在内部是如何发生作用的一种方法

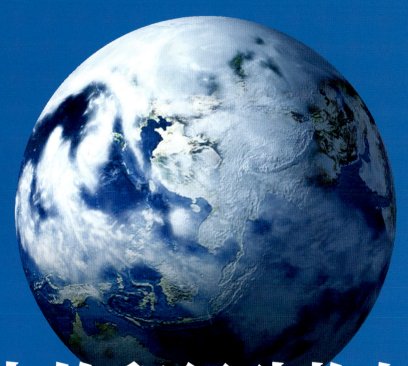

海洋中的爬行动物与翼龙

2 亿 130 万年前—1 亿 4500 万年前

—顾问寄语—

东京学艺大学副教授　佐藤玉树

古生代晚期出现的爬行类呈现出惊人的多样化发展，
在中生代来到陆地、天空和海洋。
奇妙的翼龙飞翔在恐龙的头顶。
大海里，蛇颈龙和鱼龙同菊石类动物共存共荣。
我们来领略一下那个时代的天空和海洋的风貌吧！

记住侏罗纪天空样貌的大地

德国南部的索伦霍芬，是个一千多人的小城，但作为化石产地，在世界上享有很高的知名度。此地出产的化石多种多样，包括植物化石、昆虫化石、恐龙化石等，其中最引人注目的是翼龙等在空中飞行的脊椎动物的化石。正如奶油色的石灰质沉积岩所呈现的，侏罗纪的索伦霍芬地区是一片珊瑚礁以及被珊瑚礁包围的礁湖。翼龙在海面上飞来飞去，炫耀着自己的繁荣，它们翱翔天空的轨迹被刻在这片土地上。

索伦霍芬的石灰岩开采历史悠
久，常用于建筑材料及平版印刷。
其中发现了鱼类、甲壳类、昆虫
及植物等形形色色的生物化石，
也因为发现了最古老的鸟类——
始祖鸟的化石而世界闻名。采石
场内还有普通人也能体验的挖掘
设施。

翼龙的天空

就像原本只能生存在深海的原始生命来到浅滩、生存在海洋里的泥盆纪鱼类完成登陆一样，地球历史上的先锋常常向往新的天地。约3亿年前的石炭纪时期，昆虫第一次飞上了天空，约2亿2000万年前的三叠纪晚期，翼龙也跟上了昆虫的脚步。到了6000万年后的侏罗纪晚期，在相当于现在德国的潟湖上空，进化了的翼龙繁荣一时。在那个时期，巨大的昆虫销声匿迹，鸟类还未登上历史舞台，侏罗纪的天空是属于翼龙的。

梳颌翼龙

喙嘴龙

105

蛇颈龙和鱼龙

统治海洋生态系统的海生爬行类

侏罗纪时期，恐龙阔步走上陆地。海生爬行类与恐龙走上了不同的进化之路，其中有两种动物在海洋世界迎来了繁荣——蛇颈龙和鱼龙。

侏罗纪时期丰富多彩的海洋生态系统

三叠纪早期结束之际，爬行类中出现了将生存区域从陆地扩大到海洋的动物。这些海生爬行类历经三叠纪变得多样化，然而由于2亿130万年前三叠纪末的生物大灭绝，仅有少数物种幸存下来，其他大部分都灭绝了。海洋生物受到了严重的打击。

然而进入侏罗纪，广阔的浅海里再次充满了多种多样的生物。真骨鱼类登场，包括菊石类、箭石（类似于乌贼）在内的头足类生物也很繁荣。在复苏的海洋生态系统中，海生爬行类再一次巩固了势力。

其中最繁荣的是蛇颈龙和鱼龙。蛇颈龙的特征是有着长长的脖子以及像桨一样的四鳍，而鱼龙身形类似于现在的海豚，能够在水中快速游动。蛇颈龙和鱼龙以小型鱼类、头足类、贝类等为食，不久就成了海洋生态系统的统治者。

恐龙在陆地上迎来了全盛期，同一时期蛇颈龙和鱼龙称霸了海洋世界。我们来近距离观察它们的生存状态吧！

▣ 侏罗纪时期的地中海是温暖的浅海

泛大陆在侏罗纪时期再次开始分裂，北面成为劳亚古陆，南面成为冈瓦纳古陆。夹在中间的海域与原本是内海的古特提斯海相联结，形成广阔的特提斯海。赤道附近的特提斯海岸边分布着广阔的浅滩，温暖的洋流汇入其中。

太平洋

赤道

侏罗纪时期的海洋

蛇颈龙、鱼龙、海生鳄类等海生爬行类以及鲨鱼类是侏罗纪时期海洋中的实力派。多数翼龙与海生爬行类一样，主要以鱼类为食，也许是同一生态系统中的竞争者。

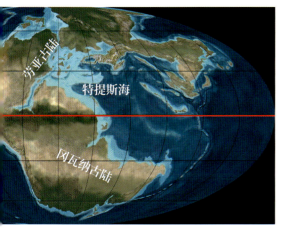

劳亚古陆

特提斯海

冈瓦纳古陆

蛇颈龙和鱼龙是不同于恐龙的动物。

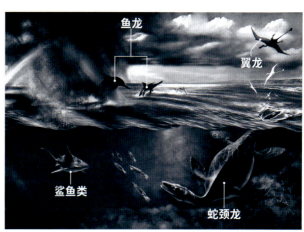

鱼龙

翼龙

鲨鱼类

蛇颈龙

现在
我们知道！

已经完全适应水中生活的两大海洋势力

这些全都是从爬行类进化而来的动物。

蛇颈龙和鱼龙的进化

蛇颈龙类可能是从出现于三叠纪的幻龙类[注2]进化而来的，还没有发现其直接的祖先。鱼龙类在三叠纪已经出现了，但它是从爬行类中的何种动物进化而来的尚不明确。

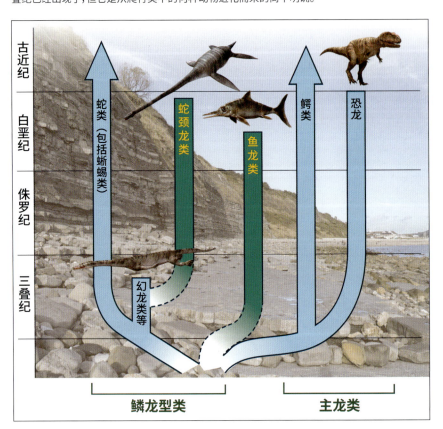

现在人们所掌握的蛇颈龙类中，化石最早被发现的是约1亿9000万年前侏罗纪早期的蛇颈龙，它是一种什么样的动物呢？

它的身体扁平而宽大，四肢上的指头无法个别活动，变成了鳍，进化成最适宜在水中生活的模样。最引人注目的是它那长长的脖子，蛇颈龙的脖子有约40块颈椎骨，脖子的长度与身体基本相同，甚至可能比身体还长。

为什么脖子这么长？

那么，长脖子有什么优势呢？实际上这是围绕蛇颈龙的一个谜团。

蛇颈龙的脖子并不能像我们想象的那样可以自由弯曲。各个关节只能一点点地弯曲，随着颈椎骨数量的增加最终完成大角度的弯曲。

蛇颈龙主要捕食小型鱼类及头足类，长脖子也许有助于捕捉快速移动的食物。但另一方面，脖子太长会让蛇颈龙毫无防备，遭遇敌袭时是一个致命之处。尽管这样，之后蛇颈龙的同类中仍然出现了拥有更长脖子的物种[注1]。也许它们的长脖子有着我们所不知道的优势。

侏罗纪时期，蛇颈龙将其生存区域扩展到世界各地的海洋，其中也出现了与蛇颈龙有着相反的身形——脖子短和头部大的物种。之后，蛇颈龙继续统治海洋，直至白垩纪末（约6600万年前）与恐龙几乎同时灭绝。

发达的"尾鳍"以及巨大的眼睛

我们来看一下侏罗纪时期海洋中的另一大势力——鱼龙。说到鱼龙，其类似于海豚的流线型身体最为人所熟知，但在三叠纪时期，除此之外还有像鳗鱼一样游泳的鱼龙和巨大的鲸鱼型鱼龙等。

进入侏罗纪之后，海豚型以外

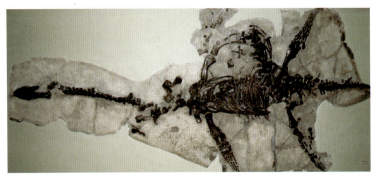

蛇颈龙 | *Plesiosaurus dolichodeirus* |

1821年，蛇颈龙的化石被发现，并首次作为蛇颈龙这种动物被记录下来，因此蛇颈龙的名字也作为蛇颈龙亚目的总称而被知晓，是蛇颈龙亚目的代表性物种。

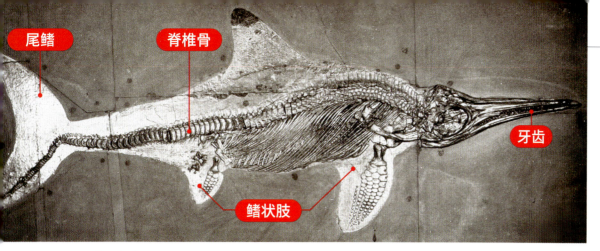

尾鳍　脊椎骨　牙齿　鳍状肢

◻ 完全适应水中生活的侏罗纪时期的鱼龙

侏罗纪时期的鱼龙，前肢和后肢上已经没有了能够个别活动的指头，四肢完全变成了鳍。而且，尾部尖端的骨骼朝下，形成像现生金枪鱼一样的尾鳍。每根脊椎骨都较平，呈圆盘状，数量有所增加。因此，躯干能够灵活地运动。

狭翼鱼龙
| *Stenopterygius megacephalus* |

生存于侏罗纪早期至中期的一种恐龙，全长约2～4米。四肢转化为鳍，有尾鳍，进化出了能快速游动的身体。从前端尖细的吻部推测它能喷水。

蛇嘴鱼龙
| *Leptonectes tenuirostris* |

生存于三叠纪晚期至侏罗纪早期的一种鱼龙，全长约3.6米。其特征是长有细长的吻部。

科氏鱼龙
| *Ichthyosaurus communis* |

在以欧洲为中心的大范围地层中发现的种类。能够看到鱼龙的典型特征——有着巨大的眼窝，鳍状肢上小骨汇集。

吻部较长

的鱼龙全都消失了。侏罗纪时期的鱼龙很多都与蛇颈龙一样，拥有完全变成鳍的四肢。三叠纪的鱼龙有很多尖细的尾巴，到了侏罗纪，尾巴前端的骨骼向下弯曲，形成了与现在金枪鱼一样漂亮的尾鳍。这些变化说明侏罗纪时期的鱼龙已经有了能快速游动的形态。

另外，从头骨的眼窝可以推断，侏罗纪的多种鱼龙都长有巨大的眼睛，能在黑暗的深海中捕食。鱼龙能够捕食鱼类及头足类，处于海洋生态系统的顶端，也许多亏了这种"夜视能力"。

鱼龙在侏罗纪末到达鼎盛期，但是进入白垩纪后数量急速减少，于约9000万年前的白垩纪晚期灭绝。鱼龙究竟为什么会灭绝？众说纷纭，至今没有明确的答案。

科学笔记

【拥有更长脖子的物种】
第108页注1

在蛇颈龙中有一类叫作薄片龙的恐龙，脖子特别长。在加拿大白垩纪晚期的地层中发现的薄片龙类阿尔伯泳龙，据推测其全长约11米，脖子长约7米，有76块颈椎骨，这个数量比恐龙要多很多。

【幻龙类】第108页注2
生存在三叠纪中期至晚期的海生爬行类，保留了带指的四肢、长尾巴等陆生动物的特征。现在人们认为它是与蛇颈龙亚目最相近的种类。

杰出人物

在13岁的少女时代第一次发现了鱼龙

玛丽·安宁小时候经常售卖她在英国西南部莱姆里吉斯海边发现的化石。1812年她13岁，首次发现了完整的鱼龙骨骼化石，1823年她发现了蛇颈龙的骨骼化石，1828年她在德国以外首次发现了翼龙的完整骨架化石。她对古生物学的贡献巨大，在47岁去世之前，伦敦的地质学会正式承认了她的功绩。

化石采集家、博物学者
玛丽·安宁
（1799—1847）

随手词典

【卵生还是胎生】
爬行类产卵时需要爬上陆地，因此推测生存于水中的蛇颈龙是胎生的。但是至今为止没有发现证明胚胎存在的化石，确切情况还不知晓。

【上龙类】
上龙是生存于侏罗纪至白垩纪的蛇颈龙，头部较大，脖子较短。曾经也将这种脖子较短的蛇颈龙类归为上龙超科，将头小脖子长的分类为蛇颈龙超科。

【泳姿】
水生动物的泳姿有像海豚一样用尾鳍游泳的类鱼型方式、像鳄鱼一样扭动身体的方式和在水中飞翔的方式。

棱蛇颈龙 | *Cryptoclidus* |

蛇颈龙亚目的一员，生存于侏罗纪晚期。体长约3～4米，体形不大，曾发现过其被巨大蛇颈龙捕食的情况。

约有30块颈椎骨

作为蛇颈龙亚目的一员，其脖子长度中等，可能只能朝下活动，大概是为了捕捉下方的食物才形成了这种构造。

头部、牙齿的形状

棱蛇颈龙的特征是具备可以上下咬合的尖锐牙齿，能够捕食甲壳类动物。眼睛朝上。

完整的鳍状肢

进化成桨形的鳍状肢。在蛇颈龙亚目中，它的鳍算是比较长的，前端呈尖尖的形状，通过上下活动产生推进力。

实际上脖子较短的蛇颈龙也曾经繁荣过

在各种各样的蛇颈龙中也出现过很多头部较大、脖子较短的种类。与以薄片龙为典型代表的脖子较长的蛇颈龙相对应，叫作上龙类的这一种类是肉食性动物，能够快速游动。

长约10厘米的坚固牙齿

肉食性动物，具有坚固的牙齿，也捕食其他蛇颈龙及鱼龙。有的个体全长近20米，是当时海洋中最大级别的肉食性爬行类。

全长12米

滑齿龙 | *Liopleurodon* |

生存于侏罗纪晚期，在欧洲发现过其化石。头部巨大，据推测全长为7～12米。大而强壮的鳍状肢助其快速游动。

观点 碰撞

蛇颈龙至今仍谜团重重的泳姿

有关蛇颈龙的泳姿说法很多，现在还没有定论。它们大概是像企鹅、海龟一样将鳍当作翅膀摆动，采用"水中飞翔"的姿势。但是，拥有4个大小几乎相同的鳍状肢的蛇颈龙会采取怎样的"展翅"方式呢？是交替上下摆动？还是同时上下摆动？又或是前后摆动？就此出现了种种假说。

所有的鳍状肢同时上下摆动？

鳍状肢向斜下方摆动时会前进及上升。这种可能性会大一点么？

前后鳍状肢交互上下摆动？

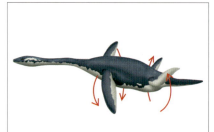

前后鳍状肢交替上下摆动。前鳍状肢引起的水流遇到后鳍状肢，推动力会不会减弱？

尾巴较短

三叠纪的海生爬行类多数将长长的尾巴作为辅助推进的器官。但蛇颈龙尾巴变短了，是因为作为推进器官的鳍较发达。

原理揭秘

蛇颈龙是什么样的动物？

新的学说 **蛇颈龙是胎生的！**

蛇颈龙是卵生还是胎生？长期以来没有明确的答案。2011 年，有研究确认在蛇颈龙化石的腹部发现了胚胎化石，基本证实蛇颈龙为胎生。

椎骨

从宽大的椎骨可以推测出整个体形较为敦实厚重。

蛇颈龙是一种充满谜团的动物，我们甚至不太了解其游泳方式。难以弄清其形态的原因在于，之前和之后都不存在与蛇颈龙形态类似的海生动物，在推测其运动及形态方面找不到可作为参照的动物。让我们以现存极少的化石为线索，走近这个已经从地球上消失的"海洋霸主"。

真哺乳类的生态

这个时期，在空中滑翔的哺乳类已经登场了！

在恐龙统治的世界里出现了真哺乳类

各种各样的恐龙登场，它们作为陆地『霸主』统治着侏罗纪的大陆。但就在恐龙的眼皮底下，一群小型动物各自完成了进化，开始多样化的进程。它们就是真哺乳类。

成为真哺乳类的条件是什么？

三叠纪晚期，从兼具爬行类和哺乳类特征的单孔类动物犬齿兽中出现了哺乳形类[注1]。大多数的三叠纪原始哺乳形类具备与哺乳类共通的若干特征，但还不具备真哺乳类的重要特征，可以说它们处于进化途中。

大概在侏罗纪时期，从这种原始哺乳形类中出现了真哺乳类。那么在这个时代，它们完成的重要进化是什么呢？

其一就是颚骨的变化，这一变化不久也影响到了耳朵。在这一进化过程中，哺乳类的听觉有了飞跃性的提升。

侏罗纪时期，恐龙迎来繁荣。为了躲避肉食性恐龙等捕食者，对于主要在暗夜中活动的早期哺乳类来说，敏锐的听觉大有用处。小小的哺乳类尝试着各种形式的进化，在严酷的环境中生存了下来。

最古老的滑翔哺乳类
远古翔兽
Volaticotherium antiquus

侏罗纪中期森林里的一种滑翔哺乳类。据推测，其大小、形态和现在的飞鼠相似，是证明这一时代的早期哺乳类已经进化为多种形态的好例子。

头骨和下颚骨

● 远古翔兽的化石

在中国北部发现的化石（中国科学院古脊椎动物与古人类研究所收藏）。据推测，头骨长约35毫米，身体大小与小型松鼠相当。中间能够看到的是发达的皮肤膜翼膜的痕迹，这是滑翔脊椎动物的特征。上部有头骨和下颚骨，排列有小小的牙齿。2006年发现的这种动物是已知最古老的滑翔哺乳类。

翼膜的痕迹

早期哺乳类的颚骨只有几毫米，通过这些小骨头可以知道很多事情。

单孔类的祖先之一昂邦兽
| *Ambondro mahabo* |

现已发现的真哺乳类中最原始的动物之一。推测全长为6厘米。单孔类是哺乳类的一种，现仅存鸭嘴兽和针鼹，起源尚不明确。昂邦兽是其祖先之一。

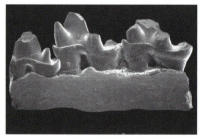

昂邦兽的牙齿。已经具备了哺乳类的重要特征"三磨楔齿型"的臼齿

**现在
我们知道！**

**真哺乳类的特征在于
颚和耳朵的构造**

三叠纪晚期登场的原始哺乳形类多数为贼兽、摩尔根兽等与现生鼠类相似的小型四肢动物。这些原始哺乳形类是靠体内发热维持体温的内温性动物，已经具备了与哺乳类相通的特征，但还缺少成为真正哺乳类的几个重要特征。

在侏罗纪，这些原始哺乳形类中终于出现了向真哺乳类进化完成的动物。那么，将两者区分开来的是什么呢？在真哺乳类的几个特征中，尤其重要的是下颚骨和耳朵的构造。

3个听小骨是
哺乳类的特征

我们来看一下构成下颚的骨头数量。例如，出现于三叠纪的

单孔类动物犬齿兽的下颚是由多块骨骼构成的，即"齿骨""关节骨""角骨""上角骨"。其中关节骨和位于头骨侧面的方形骨咬合，形成颚关节，这是与爬行类动物相通的特征。

而真哺乳类的下颚仅由齿骨构成，与头骨侧面的"鳞状骨"一起形成颚关节。那么，在早期单孔类的颚关节里存在，而在真哺乳类里消失的骨头到哪里了呢？

在耳朵里。包括人在内的哺乳类的中耳里有镫骨、锤骨、砧骨这3块听小骨[注2]，而哺乳类以外的四肢动物中只有镫骨。剩下的2块骨头——曾经构成爬行类颚关节的关节骨和方形骨进入了耳朵的构造中。

拥有3个听小骨是所有四肢动

物中只有真哺乳类才具备的特征。原始哺乳形类比犬齿兽类有所进化，但颚关节还残留着关节骨和方形骨，听小骨只有镫骨。判断真哺乳类的特征之一，就是颚关节及耳朵的构造。

有着多样生态的
侏罗纪哺乳类

3块听小骨能够将鼓膜捕捉到的声音振动有效地放大并传送到耳朵内部。有了这3块听小骨，哺乳类的耳朵能够听到微小及音调较高的声音。

侏罗纪登场的真哺乳类与原始的哺乳形类相同，主要是夜行性动物。它们之所以在夜间行动是因为大多数肉食性恐龙等捕食

| 真哺乳类
(现生负鼠) | 原始的哺乳形类
(摩尔根兽类等) | 犬齿兽类
(早期单孔类) |
| --- | --- | --- |

■齿骨
■关节骨
■方形骨
■鳞状骨

关节骨变成锤骨

方形骨变成砧骨

仅由鳞状骨和齿骨构成的颚关节

鼓室的一部分

听小骨

镫骨

鳞状骨和齿骨构成的颚关节

残留有方形骨和关节骨构成的颚关节（上图中，方形骨和关节骨被遮住了）

方形骨和关节骨构成的颚关节

下颚

● 真哺乳类的颚及
听小骨的变化

由多块骨头构成的早期单孔类动物的下颚骨在哺乳类中变成了1块。处于中间阶段的原始哺乳形类已经被确认具有爬行类的颚关节（方形骨和关节骨构成的关节）和哺乳类的颚关节（齿骨和鳞状骨构成的关节），具备"双重关节"，这说明颚的进化经过了复杂的过程。

侏罗纪哺乳类的生态及形态

近年来的研究成果已经令侏罗纪哺乳类多样的生态变得清晰起来。不仅有小老鼠型，还出现了挖洞型、鼯鼠型等其他多种类型，它们来到了地面和空中。

	陆地性	半水生性 （河狸型）	陆地性 （步行型）	地下性 （挖洞型）	树上性 （爬树型）	滑翔性 （鼯鼠型）
生态、形态						
食性	虫食性 杂食性 植食性	肉食性 杂食性	肉食性 腐食性 （秃鹰型）	群体性虫食性 （食蚁兽型）	虫食性	虫食性 杂食性
代表性动物	摩尔根兽[*] *Morganucodon*	獭形狸尾兽[*] *Castorocauda*	中国尖齿兽[*] *Sinoconodon*	夫鲁塔兽 *Fruitafossor*	侏罗纪真兽 *Henkelotherium*	远古翔兽 *Volaticotherium*

獭形狸尾兽是侏罗纪中期的哺乳形类，与现生河狸类似，有着被鳞片覆盖的尾巴

侏罗纪晚期的夫鲁塔兽在地上挖洞，以蚂蚁等为食。在真哺乳类中属于较原始的动物

侏罗纪真兽是侏罗纪晚期的真哺乳类。大小与鼯鼠相当，在树枝间移动生活

※ 原始哺乳形类。

者在夜间不活动。灵敏的听觉是进行夜间活动强有力的武器。对于食虫性动物来说，耳朵也能够帮助它们敏锐地捕捉到虫子发出的声音。

　　拥有了新能力的哺乳类之后又完成了怎样的进化呢？近年的研究成果清楚地表明侏罗纪时期的哺乳类完成了令人惊讶的多样化进化，出现了像现在的鼯鼠一样在

树和树之间移动的动物，以及像鼹鼠那样挖洞生活的动物。不同的动物适应了不同的环境。小小的哺乳类为了自身的生存，尝试着各种进化实验。

近距直击

早期哺乳类几乎都是卵生动物

　　与一般哺乳类给人的印象相反，侏罗纪时期登场的很多真哺乳类都会产卵，是用乳汁养育后代的卵生动物。占现生哺乳类大部分的有胎盘类[注3]，以及包括现生袋鼠在内的有袋类[注4]，它们的祖先是在侏罗纪晚期至白垩纪才出现的。

现生哺乳类中罕见的「卵生」动物——鸭嘴兽（单孔类）的出生场面

科学笔记

【哺乳形类】 第112页 注1

包括三叠纪晚期出现的贼兽类、摩尔根兽类、柱齿兽类及现生哺乳类在内的一个分类群体。曾经贼兽类、摩尔根兽类、柱齿兽类等原始哺乳形类被一并归入哺乳类，从20世纪80年代后期开始，科学家们将它们与真哺乳类区分开来。

【听小骨】 第114页 注2

将声音传入内耳的骨头，存在于两栖类之后的脊椎动物的耳朵里。两栖类、爬行类及鸟类的听小骨都只有一个镫骨，只有哺乳类还有包括锤骨、砧骨在内的3块听小骨。

【有胎盘类】 第115页 注3

指哺乳类中母体拥有发育好的胎盘，能够生出发育良好的胎儿的真兽类。包括除单孔目、有袋类之外的一切现生哺乳类。

【有袋类】 第115页 注4

在发育阶段没有形成胎盘，胚胎在未成熟的状态下出生，在母亲腹部的育儿囊里长大的哺乳类，属于后兽类。现存的有袋类包括袋鼠、负鼠、树袋熊等。

翼龙的进化

翼龙向史上最大的飞行生物进化

翼龙最早在三叠纪晚期出现在陆地上，那时它的大小与现在的乌鸦相当。它们在侏罗纪时期完成了戏剧性的进化，在接下来的白垩纪实现了巨型化，成为天空的统治者。

达尔文翼龙是2009年刚刚登记的新种类。

翼龙在侏罗纪时期迎来重要的转折点

陆地上，哺乳类长出"耳朵"，海洋中，海生爬行类日渐繁荣，与此同时，天空中也即将迎来变化。

侏罗纪中期，在相当于今天中国辽宁省的土地上，水边茂密的树上出现了与现生动物完全不同的爬行类动物，它们拥有长着尖锐牙齿的细长头部、长长的脖子和尾巴、在空中飞翔时张开的翼……这种被称为达尔文翼龙的动物在100多种翼龙中大放异彩。

翼龙可以分为两大类，即三叠纪晚期登场的较为原始的喙嘴龙类和侏罗纪晚期登场的进化程度较高的翼手龙类。而达尔文翼龙不属于任何一类，它兼具两者的特征，是喙嘴龙类向翼手龙类进化过程中"缺失的一环"。达尔文翼龙翼展 70～90 厘米，仅有乌鸦大小。其后登场的翼手龙类则最终进化成了恐龙时代的天空霸主——超级巨大的翼龙。

达尔文翼龙
Darwinopterus

在树上求爱的达尔文翼龙的想象图。有冠的为雄性，无冠的为雌性。要辨别已经灭绝的动物的性别是比较困难的事，而翼龙中的达尔文翼龙、无齿翼龙等可以通过与卵一同被发现的化石以及头部的冠状特征等来判明雌雄。

缺失的一环被发现，翼龙进化的轨迹逐渐清晰

盛产翼龙化石的索伦霍芬

位于德国南部拜恩的化石产地。从位于潟湖的石灰岩地层中发现了300多种恐龙、翼龙、鱼龙、鱼类、植物、昆虫等的化石。

明氏喙嘴龙
| *Rhamphorhynchus muensteri* |

在喙嘴龙类中属于晚期的种类，出现于侏罗纪晚期。翼展约30～180厘米。

对于脊椎动物来说，天空是它们未曾踏入的世界。三叠纪末，第一次飞上天空的翼龙在这个不存在竞争对手的新世界里开始扩张自己的势力范围。侏罗纪之后，翼龙将其生存区域扩大到了地球上的各个大陆。在这一繁荣的过程中，诞生了各种各样的翼龙。

侏罗纪中期至晚期翼龙的新旧交替

位于德国南部的化石产地索伦霍芬以出产了最古老的鸟类始祖鸟的化石而闻名。这片土地在侏罗纪晚期是与外海相隔绝的一片广阔潟湖，生存着多种多样的鱼类，而翼龙多以鱼类为食，因此保存了丰富的翼龙化石。

其中引人注目的是明氏喙嘴龙和古老翼手龙的化石。正如其名字所示，前者是较为原始的喙嘴龙类，后者是进化程度较高的翼手龙类。

翼龙的历史始于三叠纪登场的喙嘴龙类，经过从喙嘴龙类中分支出来的过渡种类达尔文翼龙，最后进化到了侏罗纪晚期的翼手龙类。

明氏喙嘴龙和古老翼手龙虽然是生存在同一时代的翼龙，但身体

达尔文翼龙
| *Darwinopterus modularis* |

可以呈现从喙嘴龙类向翼手龙类进化的过渡过程的一种翼龙。翼展约70厘米。这块化石在后肢之间确认有卵，因此断定其为雌性，是能够判断雌雄的珍贵化石。

卵
表面有褶皱，因此可以推断与蜥蜴等动物一样，是一种软壳卵[注1]。这种翼龙也许像蜥蜴一样，在潮湿的场所产卵，然后卵再从土壤里吸收水分。

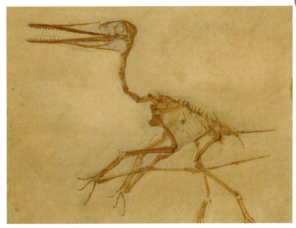

古老翼手龙
| *Pterodactylus antiquus* |

登场于侏罗纪晚期的一种早期翼手龙类。翼展约1.5米。

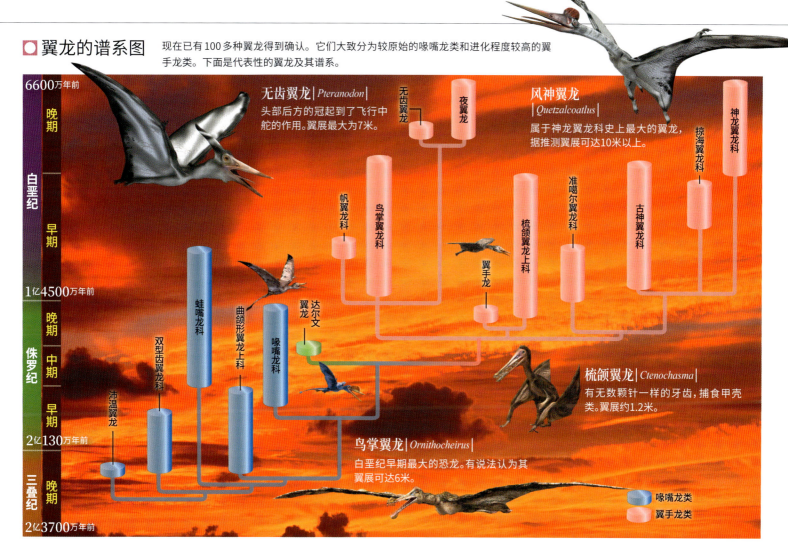

翼龙的谱系图

现在已有100多种翼龙得到确认。它们大致分为较原始的喙嘴龙类和进化程度较高的翼手龙类。下面是代表性的翼龙及其谱系。

6600万年前

白垩纪 — 晚期 / 早期

1亿4500万年前

侏罗纪 — 晚期 / 中期 / 早期

2亿130万年前

三叠纪 — 晚期

2亿3700万年前

无齿翼龙 | *Pteranodon*
头部后方的冠起到了飞行中舵的作用。翼展最大为7米。

无齿翼龙
夜翼龙

风神翼龙 | *Quetzalcoatlus*
属于神龙翼龙科史上最大的翼龙，据推测翼展可达10米以上。

神龙翼龙科
掠海翼龙科

帆翼龙科
鸟掌翼龙科
梳颌翼龙上科
准噶尔翼龙科
古神翼龙科

蛙嘴龙科
双型齿翼龙科
曲颌形翼龙上科
喙嘴龙科
达尔文翼龙
翼手龙
沛温翼龙

梳颌翼龙 | *Ctenochasma*
有无数颗针一样的牙齿，捕食甲壳类。翼展约1.2米。

鸟掌翼龙 | *Ornithocheirus*
白垩纪早期最大的恐龙。有说法认为其翼展可达6米。

■ 喙嘴龙类
■ 翼手龙类

构造大为不同。明氏喙嘴龙尾巴较长，前肢的手背骨较短，后肢的第5指较长。而古老翼手龙尾巴较短，手背骨较长，而且有着长长的脖子，后肢第5指几乎消失。

在生存竞争中，这种身体形态的不同会带来什么样的影响还不得而知，但是在它们共同生存之后不久，到了白垩纪早期，喙嘴龙类就已经灭绝了，而翼手龙类继续进化了下去。

进化给翼龙的身体形态带来了什么？

侏罗纪晚期至白垩纪出现了多种多样的翼手龙类，比如长了无数针一样的细小牙齿、像网一样过滤水中食物的梳颌翼龙，从侧面看冠部占据头部面积70%以上的掠海翼龙。它们要么牙齿特殊，要么冠部独特。虽然这些特征很引人关注，但在翼龙的多样化过程中，最重要的变化是身体的"大型化"。

三叠纪至侏罗纪的翼龙，最大翼展不到3米。侏罗纪最大的翼龙——抓颌龙的翼展为2.5米，相当于现在秃鹰的大小。到了白垩纪，翼龙开始变大，出现了人们熟知的无齿翼龙，其翼展最大可达7米。现存的飞行生物中漂泊信天翁的翼展最

🔍 近距直击

多彩的冠有什么用？

关于冠的作用有很多说法，如无齿翼龙的冠在飞行时起到舵的作用。其他主流的观点还有：吸引异性、辨别同伴等。从翼龙头部的大小来看，它已经具备了与现生鸟类相当的良好视力，有可能可以很好地区分冠的颜色和形状。

准噶尔翼龙
乔斯坦伯格翼龙（无齿翼龙）
古神翼龙
夜翼龙
浙江翼龙
翼手龙

翼龙翼展的变化

图片展示了从发端至灭绝的各个时代翼龙的翼展。随着较大体形种类的登场，体形较小的翼龙便消失了。这一点很有趣。有一种较有说服力的观点认为，这是翼龙与在白垩纪同样繁荣的鸟类进行生存竞争的结果。

翼展宽度

沛温翼龙　　达尔文翼龙　　无齿翼龙

2亿5217万年前	2亿130万年前	1亿4500万年前	6600万年前
三叠纪	侏罗纪	白垩纪	

科学笔记

【软壳卵】 第118页注1

学界一直公认一种观点：翼龙的卵壳是软的。2014年6月在中国和阿根廷分别发现了以立体形态保存的翼龙卵化石，在柔软的壳周围有一层厚度不到0.1毫米的钙质薄壳。中国的研究团队认为这是翼龙普遍性的卵，阿根廷的研究团队则提出，不同种类的翼龙会生出或软或硬的卵，就像现在的壁虎一样。

史上最大级别的翼龙——风神翼龙

在霸王龙存在的白垩纪末的美国地区发现了这种翼龙的一部分，据推测翼展有10～13米。

大，约3.5米。可见翼龙的翼展有多么夸张。

白垩纪末极其巨大的翼龙

为什么翼龙会变得如此巨大呢？实际上比较一种动物早期和晚期的大小，会发现晚期体形变大的并不少见。这被称为柯普定律：大体形有利于物种内和物种间的生存竞争。因此动物自然会从体形较小的祖先进化成体形较大的后代。

翼龙身上还有一点值得关注：它们作为具备飞行能力的动物，已经将巨型化推到极限。为了能够飞行，翼龙对身体进行了彻底的轻量化。例如，翼龙的骨骼是中空的，多数翼手龙类

没有牙齿，为的是可以最大程度地控制颚部肌肉。由于具备这些特征，无齿翼龙虽然翼展达7米，体重却只有令人惊讶的40千克。

翼龙随着时代的前进变得越来越大，到了白垩纪末，风神翼龙登场了，可以说达到了巨型化的顶点——其翼展超过10米，站立在地面时有长颈鹿那么高，是史上最大的飞行生物。

白垩纪末发生了大灭绝事件，翼龙和恐龙一起从大地上消失了。空前绝后的巨大翼龙，在恐龙的头顶会呈现出怎样的飞翔姿态呢？正因为很难确认，所以这位恐龙时代的天空霸主才一直激发着我们的想象。

巨大的翼龙不会飞？

观点　碰撞

据推测，风神翼龙的最大体重可达250千克。据东京大学的科学家于2009年发表的研究报告显示，这么巨大的翼龙有可能不会飞。根据现生鸟类的体重和体形为依据测算得知，翼展超过5.1米的动物将无法停留在空中。该研究显示，巨大的翼龙如果要长时间飞翔，要么需要地球引力较小，要么需要大气密度较大，总之需要一种与现在不同的环境才行。

从足迹化石了解翼龙的生态

"足迹"胜于雄辩

翼龙翱翔在中生代的天空，要再现它们在空中飞翔的姿态是比较困难的。而要探究它们落到地面的姿态，除了骨骼化石之外，还要借助足迹化石。

翼龙是仅用后肢像恐龙一样行走，还是也使用带翼的前肢进行四肢行走呢？足迹化石可以回答这个问题。这里介绍一种无齿翼龙的足迹化石。曾经有人认为这种化石是鳄鱼的足迹，但通过比较翼龙的化石和现生鳄鱼的足迹，可以确认这是翼龙的足迹，也明确了翼龙是用4只脚行走的这一点。从足迹可以知道，翼龙的3根指头指向外后方，支撑翼的第4根较长的手指是不触碰地面的。

翼龙的着陆方式，也可以通过足迹化石获得信息。科学家在法国发现了翼龙着陆时的足迹。普通翼龙的足迹是左右交叉的，但这个足迹是左右并排走了3步之后才像普通足迹那样交叉行走的，而且第1步没有前肢着陆的痕迹。

■翼龙着陆

根据在法国发现的足迹复原的翼手龙类着陆的想象图。到左数第4步，翼龙开始进行步行。

活灵活现地复原翼龙着陆的情形

从这一足迹我们可以猜想翼龙的着陆方式：首先，左右后肢并排着地，在前肢着地之前两脚跳跃1步，然后以前肢撑地，在第3步之后"手脚"才移动到平常走路时的位置开始行走。第1步的足迹中有向前拖拽脚趾的痕迹，但第1步和第2步之间的间隔较小，意味着翼龙在着陆之前会张开翼进行短暂的"顿步"。另外，拉长的爪痕表明其在空中无法完全减速。这种在着陆前用翼进行减速的行为在鸟类中也存在。

从翼龙的足迹还可推算出体重。从全罗南道足迹化石推测，该足迹的主人体重约150千克。只是，全罗南道足迹化石是否真的是翼龙的足迹，由于该足迹化石保存状况不好，还存在争议。

很少有人知道日本也发现了特有的翼龙足迹化石。这块无齿翼龙的足迹化石是在福井县胜山市的恐龙挖掘现场发现的。足迹较小，估计翼龙体重约为200克。此外还发现了翼龙为寻找食物用嘴戳地面的痕迹。大约1亿2000万年前，也有小型的翼龙飞翔在日本上空。

■鳄鱼和无齿翼龙的足迹比较

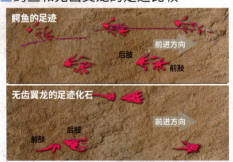

与鳄鱼的足迹相比，翼龙的足迹中前肢的3指朝向外后方，而且两者的落脚点也有所不同。

久保泰，1979年出生。东京大学大学院理学系研究科地球行星科学专业博士，专攻古脊椎动物学。通过与现生动物的足迹作比较、调查骨骼的受力状况等生物力学的方法，研究过去生物的步行方式。

喙嘴龙类

翼展2米以下的种类居多。很多种类的长尾前端有菱形的膜,呈"苍蝇拍"形,就像飞行定向的舵。由于几乎没有发现其足迹化石,因此推测它们并不落地,只在树上生活。

数据

生存时代	三叠纪晚期至白垩纪早期
鼎盛期	侏罗纪
主要种类	喙嘴龙、蛙嘴龙
最大种类	抓颌龙(翼展约2.5米)
最小种类	多毛索德斯龙(翼展约60厘米)

前肢的手背比之后出现的翼龙短。

恐龙体内也存在支撑脖子的颈肋骨。

长尾。蛙嘴龙科的翼龙例外,它们尾巴较短。

后肢的第5指较长,后肢和尾巴之间有发达的膜。

头骨、眼窝和鼻孔之间有一个前眼窝孔,这是与恐龙相同的特征。

翼手龙类

与原始的喙嘴龙类相比,翼手龙类身体各部分的比例有较大的改变。头部不再像喙嘴龙类那样与脖子在一条直线上,而是带有了像鸟类一样的角度。嘴向前突出,脖子较长。由于尾巴较短,适合步行,有在陆地行走的足迹化石被发现。

数据

生存时代	侏罗纪晚期至白垩纪末
鼎盛期	白垩纪
主要种类	翼手龙、无齿翼龙
最大种类	风神翼龙(翼展超过10米)
最小种类	董氏中国翼龙(翼展约60厘米)

前肢的手背比喙嘴龙类长。

眶前孔。通过比较眼窝前孔的数量能较为容易地区分不同种类的翼龙。

尾巴明显较短,没有辅助飞行的作用。

特征是长长的脖子,没有颈肋骨。

※喙嘴龙类和翼手龙类都存在各种各样的种类。此页介绍的骨骼图将喙嘴龙类和翼手龙类共通的特征进行了抽象化,不表示特定的种类。

达尔文翼龙 | *Darwinopterus* |

身体的后半部分能够看到喙嘴龙类的特征,前半部分能够看到翼手龙类的特征。它被发现的那一年正值达尔文诞生200周年,因此取名达尔文翼龙。它展示了进化论所提出的进化过程。能够如此明确地了解原始种类是如何进化的,这样的例子还较为少见。

数据			
生存时代	侏罗纪中期	分类	翼龙目
生存区域	中国辽宁省	翼展	70~90厘米

前肢手背较短,是与喙嘴龙类共通的特征。

鼻孔与前眼窝孔合而为一,形成一个眶前孔。

与喙嘴龙类一样的长尾巴。据推测前端也有皮膜。

能够确认其具有支撑皮膜的长长的第5指。

没有在喙嘴龙类中可见的颈肋骨。

※蓝色字是喙嘴龙类的特征,粉色字是翼手龙类的特征。

原理揭秘

翼龙的骨骼是如何进化的?

占翼龙大多数的喙嘴龙类生存于三叠纪后半期至侏罗纪末,翼手龙类则于侏罗纪晚期登场,是白垩纪时期主要的翼龙。达尔文翼龙作为两者的过渡类型,在了解两者的进化过程方面极其重要。我们从三者的身体构造来探究翼龙是如何进化的。

🔍 近距直击

翼龙有天敌吗?

在空中没有能够威胁翼龙的动物,然而,确实存在翼龙被恐龙吃掉的情况,虽然证据不多。在加拿大阿尔伯塔省白垩纪晚期的地层中发现的神龙翼龙科翼龙的胫骨里,插着小型肉食性恐龙蜥鸟盗龙的断齿。从肉食性恐龙的牙齿被折断这一点来看,翼龙的骨骼很结实。

蜥鸟盗龙的复原模型

地球博物志

中生代龟类化石

| Testudines |

与恐龙几乎同时期登场的爬行类

龟类与海生爬行类、恐龙、哺乳类的祖先一样诞生在三叠纪，历经侏罗纪、白垩纪，至今进化仍在继续。下面介绍一些中生代的早期龟类化石。

龟类的谱系位置

龟类长期以来被认为是古生代灭绝的爬行类"副爬行类"的遗存。但最近的DNA研究表明，乌龟属于爬行类中的双孔类，而且与鳄类、恐龙同为主龙类。

【半甲齿龟】

| Odontochelys semitestacea |

最古老的龟，龟壳仅存在于腹部。由于龟的化石是在浅海地层中被发现的，因此被认为是海生生物，但四肢的形态又显示其为陆生动物，有可能是死后被从陆地冲进了河口附近的海底。

10 cm

数据	
年代	三叠纪晚期
化石产地	中国
大小	全长约40厘米

唯一一种颚部长有牙齿的龟，名字是"有牙齿的龟"之意。背部龟壳还不发达，在进化史上的定位尚待进一步研究

【原颚龟】

| Proganochelys quenstedtii |

在发现半甲齿龟之前曾被认为是最古老的龟。这种龟具备与象龟类似的四肢，因此被认为是陆生动物。腹部及背部龟壳的构成、龟壳表面的沟、骨骼等已具备与现生龟类相通的特征。

实物大小

数据	
年代	三叠纪晚期
化石产地	德国
大小	甲长约50厘米，全长约1米

头部结实，脖子及尾巴的骨板发达，作为龟类其体形算是偏大的

近距直击

现在的龟大致分为两类

谈到对乌龟的印象，我们首先会联想到"缩脖子"。其实，也有乌龟会将脖子水平弯曲，沿着龟壳边缘隐藏头部的乌龟。前者叫作潜颈类龟，后者叫作曲颈类龟，大多生活在南半球。从隐藏头部的方式，可以将龟分为两大类。这种分类方式一眼即知，十分方便。

曲颈类龟。南美的姬蟾头龟正将脖子横向弯曲隐藏起来

【桑塔那龟】

| Santanachelys gaffneyi |

已知的最古老的海龟类。海龟为了调节盐分，泪腺发达，这种龟也具备肥大的泪腺。鳍状肢似乎是进入海洋之后才进化出来的，现阶段还不发达。

照片是背部的视角。化石是从巴西白垩纪的岩石中用甲酸分离出来的，保存状态良好。命名者是早稻田大学教授平山廉

数据	
年代	白垩纪早期（约1亿1000万年前）
化石产地	巴西
大小	甲长约14.5厘米，全长约20厘米

【新疆龟】

| Xinjiangchelys |

侏罗纪时期代表性的亚洲龟类之一，从四肢的构造可以分辨出是水陆两栖动物。从颈骨和头骨的构造推测它能够弯曲脖子缩回头部，被认为是现生潜颈类龟的祖先之一。

照片为在哈萨克斯坦发现的龟壳化石

数据	
年代	侏罗纪中期至白垩纪早期
化石产地	中国、中亚、日本、泰国等
大小	甲长30～40厘米

【原始龟】

| Proterochersis robusta |

与原颚龟在同一时代的地层中发现，只发现了它的骨盘和龟壳。隆起的龟壳与原颚龟的扁平龟壳明显不同，可知当时龟类已经开始多样化。

原始龟的甲壳与之后出现的龟类的甲壳已经没有什么差别，进化程度相当高

数据	
年代	三叠纪晚期
化石产地	德国
大小	全长约50厘米

地球 进行时！

"龟寿万年"是真的吗？

即使谈不上万年，象龟等大型龟的寿命也是非常长的。1766年在印度洋的罗德里格斯岛捕获一只象龟，当时推测它的年龄为50岁以上，后来这只象龟一直活到1918年。类似的情况还有几例。由此可见象龟的寿命确实可以达到200年以上。另外有说法认为，大海龟的龟壳长30厘米需要约23年，生长速度慢是龟类长寿的原因之一。有的贝类能活500多年，但在脊椎动物中，象龟是最长寿的。

亚达伯拉象龟。据说龟类的年龄可以根据龟壳的年轮进行估计，但实际上只能正确数到10～20年，再之后年轮线就不清晰了，难以辨别

【古巨龟】

| Archelon ischyros |

甲长2.2米，全长4米左右，是史上最大的海龟。仅头骨的长度就有80厘米，体重达2吨。只在美国南科达他州附近约8000万年前的白垩纪晚期的地层中发现过其化石。

主要以水母和乌贼等为食。也有人认为其主要捕食菊石类动物

数据	
年代	白垩纪晚期
化石产地	美国
大小	全长约4米

烟雾笼罩的"地球裂缝"

伊瓜苏国家公园

横跨巴西巴拉那州和阿根廷米西奥斯内斯省，于 1986 年和 1984 年两次被列入《世界遗产名录》。

在雨季，横跨阿根廷和巴西的伊瓜苏大瀑布每秒要流下约 6.5 万吨水。在这里，流经热带雨林的伊瓜苏河轰隆而下，就像大量的水被地球张开的裂缝吞噬一般。风景极为壮观。

热带雨林孕育的生态系统

鞭笞巨嘴鸟

全长约 65 厘米，令人印象深刻的鲜橙色大嘴占了全长的 50%。

南美泰加蜥

最长可达 150 厘米，是南美洲产的一种大型蜥蜴，因其体色，也被称为阿根廷黑白泰加蜥。

长吻浣熊

浣熊科，特点是鼻子长。浣熊科中唯一因群居而被知晓的动物，有时能见到多达 30 只长吻浣熊的群体。

黑喉芒果蜂鸟

全长约 10 厘米，雄性体色鲜艳，而雌性为了养育后代以及躲避捕食者，体色较暗。

由大小 275 个瀑布
组成的伊瓜苏大瀑布

伊瓜苏大瀑布是这一带 275 个
瀑布的总称。瀑布宽幅超过
2700 米，落差最大达 80 米。
附近的土壤是红土，所以瀑布
水多呈褐色。阿根廷和巴西各
自将其列入《世界遗产名录》。

斯里兰卡的红雨

是来自宇宙的生命体吗？

其结果暗示，制造红雨的『嫌疑人』竟然可能是地球外的生命体……

科学家向这一在公元前就在世界各地有记录的怪现象发起挑战。

雨本来是无色透明的，然而怪事多发，红雨轻易打破了这个常识。

斯里兰卡中部的农村，雨一连下了好几天，一天早上，突然变成血一样的红色。宁静的田野、街道、家家户户的屋檐，全被这不吉利的雨淋湿了。

这究竟是怎么回事？人们害怕了。勇敢一点的人认为"这也许有科学研究的价值"，便拿来水桶接雨……

事情发生在 2012 年 11 月 13 日，这片土地上持续下了 45 分钟的红雨。斯里兰卡南部也在 14 至 15 日下了 15 分钟以上的红雨。受这一事态影响，该国卫生部对这种雨进行了分析，结果称"雨中含有叫作囊裸藻的细微藻类，对人体无害"。

但是，一直从事红雨研究的斯里兰卡天文学家钱德拉·维克拉玛辛赫并不认同这一解释。通常雨中都含有各种各样的微生物，若进行进一步细致调查的话，是否会有新的发现呢？在这次天降红雨前后，同一地区还降落过陨石。

雨中含有谜一样的微粒

红雨现象不是现在才开始的。古希腊的叙事诗《伊利亚特》中就有相关描述，之后在爱尔兰、英国、意大利、德国等欧洲国家以及 19 世纪在美国加利福尼亚州都有过记录。

2001 年在印度南部的喀拉拉邦也下过红雨，从 7 月 25 日开始，断断续续持续了 2 个月。

红雨究竟是什么？在显微镜下终于看到

钱德拉·维克拉玛辛赫，天文学家，1939 年出生于斯里兰卡。毕业于剑桥大学，居住在英国，曾任京都大学客座教授，著有多本天文学著作，获得过斯里兰卡国家荣誉奖。现为英国卡迪夫大学教授，白金汉大学宇宙生物学研究中心所长

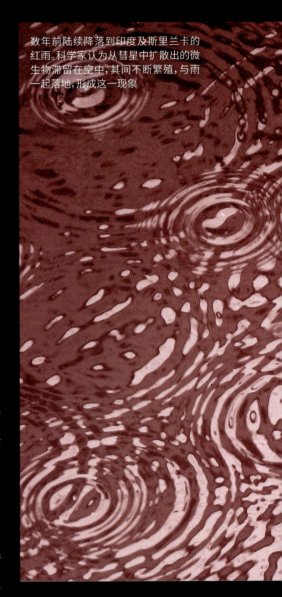

数年前陆续降落到印度及斯里兰卡的红雨。科学家认为从彗星中扩散出的微生物滞留在空中，其间不断繁殖，与雨一起落地，形成这一现象

了 4 ～ 10 微米的极小红色粒子，呈生物细胞的形状。这是什么粒子呢？官方的说法是它们来自生长在树皮等地方的藻类，大量繁殖的藻类孢子被释放到大气中，和雨一起落地。

但是有科学家对这一结论持有异议。根据降落到喀拉拉邦的红雨总量换算，红色固体物一共约有 50 吨。会有那么多孢子飘浮在空气中吗？

圣雄甘地大学的戈弗雷·路易斯和桑索什·库马尔关注到，在红雨开始的几小时前，空中发生过很可能是陨石降落的爆炸。2006 年，他们发表了一个假说，认为"造成红雨的微粒，是彗星爆炸所播撒的地球以外的细胞状物质"。

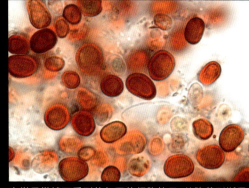

光学显微镜下看到的红雨的细胞粒子。从降落到斯里兰卡的红雨微粒中并没有检测到DNA。这是一种未知的生命吗？

收集到的斯里兰卡红雨。不可思议的雨水想要向我们传达什么呢？

对"有生源说"的验证

该想法源于向宇宙探寻地球生命起源的"有生源说"。

曾长年担任剑桥大学天文研究所所长的宇宙物理学家弗雷德·霍伊尔和他的同事——上文提到的维克拉玛辛赫，在20世纪70年代就提出了一个观点："宇宙中充满了生命，宇宙空间的病毒及微生物搭乘彗星飞向地球。"他们认为"如果地球生命是从零开始诞生的，那么地球46亿的历史实在太短了，时间不够用"，并且认为达尔文的进化论也不过是一个假说而已。

2012年斯里兰卡的红雨与2001年印度的红雨形态、特征都相同。维克拉玛辛赫持续对此进行分析，2013年4月他发表了自己的发现："在该细胞状物质中，相当于细胞壁的部分存在铀，而且细胞内磷物质较少。"与维克拉玛辛赫共同推进红雨研究的行星学家松井孝典在其著作《斯里兰卡的红雨》中写道：

"存在那样的地球生物吗？应该很少见吧！"

在之后的研究中，从印度的红雨中检测出了DNA，而且还发现了细胞增生。

这是来访的宇宙生命吗？最近的研究表明，病毒有可能能够承受冲入地球大气层时的冲击和高温。有研究项目利用气球定期收集20～40千米上空的微生物，调查其分布与彗星及流星雨的关系。"有生源说"——这一在生物学家中几乎被忽略的假说即将得到检验。

2013年9月，在斯里兰卡又观测到了红雨。下一次会是什么时候，在哪里出现呢？

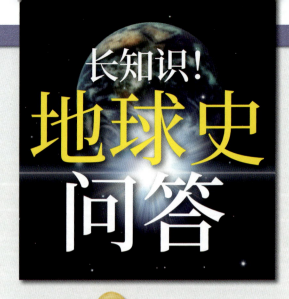

Q 为什么翼龙灭绝了，而鸟类幸存了下来？

A 6600万年前的白垩纪末，发生了生物大灭绝事件。约70%的物种从地球上消失了，翼龙也同除了鸟类之外的恐龙及菊石类一同灭绝了。同样是在空中飞翔的动物，为什么鸟类没有灭绝呢？有一种说法认为，白垩纪的翼龙只有风神翼龙这样大型的种类。大型动物整体的数量较少，繁殖的后代也偏少。也就是说，体形越大的动物，由于环境的变动惨遭灭绝的风险就越高。而小型动物种类多样，鸟类虽然灭绝了70%，但留下的种类，从新生代一直繁衍到了今天。

Q 除了蛇颈龙和鱼龙，活跃在侏罗纪时期的海洋动物还有什么？

A 在海生爬行类中，能够与蛇颈龙、鱼龙相匹敌的，是繁荣于侏罗纪晚期至白垩纪的海生鳄类，其中，地龙、地蜥鳄、达克龙等是人们所熟知的种类。它们都具备流线型的身体，能够快速游动，从牙齿的形状可知都是凶猛的肉食性动物，可以推测在海生爬行类中也存在"吃与被吃"的关系。除了这些海生爬行类之外还存在软骨鱼类——肉食性鲨鱼等。侏罗纪的海洋中上演着比我们想象的更为激烈的战争。

生存于侏罗纪中期至晚期的海生鳄类地蜥鳄。全长约 3 米。除了鱼类之外还捕食翼龙等

Q 最小的中生代哺乳类是什么？

A 在中国云南省的侏罗纪早期地层中发现了吴氏巨颅兽化石，头骨大小仅为12毫米，体长约3厘米，体重只有2克，是至今为止发现的最小的中生代哺乳类。吴氏巨颅兽是进化为真哺乳类之前的较为原始的哺乳形类。人们一直认为侏罗纪的哺乳类全是这种小型动物，现在得知还有更大的动物存在，不过，其体重也只有500～800克。进入白垩纪之后，出现了体重超过10千克的哺乳动物，但与当时盛极一时的巨大恐龙相比，哺乳类实在太小子了。

侏罗纪时期的哺乳形类。一只小小的吴氏巨颅兽的头骨。小小的头骨中隐藏了这类包括人类在内的哺乳类的进化之谜！

Q 蛇颈龙和恐龙，谁更厉害？

A 侏罗纪早期的蛇颈龙多数体形较小，从侏罗纪晚期进入白垩纪之后，不逊于恐龙的巨大蛇颈龙登场了。侏罗纪的滑齿龙，繁荣于白垩纪早期的克柔龙等，大的全长达12～13米，具有能够咬碎硬物及大东西的强韧下颚和牙齿。作为海洋生态系统的霸主，它们很可能一有机会便捕食飞近海面的翼龙以及陆地上的恐龙。恐龙虽然是陆地霸主，但倘若被蛇颈龙拖入水中作战，恐怕也是没有胜算的。

蛇颈龙怒视翼龙的想象图。事实上，从化石中已经得知蛇颈龙会捕食翼龙

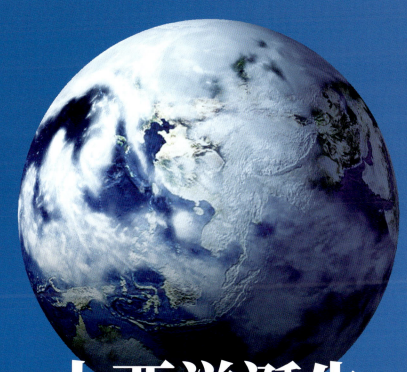

大西洋诞生
1 亿 7000 万年前—6600 万年前

—顾问寄语—

茨城大学理学部教授　安藤寿男

侏罗纪早期至白垩纪时期，泛大陆分裂为北部的劳亚古陆和南部的冈瓦纳古陆。
白垩纪中期，冈瓦纳古陆又分裂为南美大陆和非洲大陆，纵贯南北的大西洋应运而生。
大陆分裂和海侵现象促使白垩纪时代地球环境发生变化，生物不断进化，地球开始向现在的面貌演变。
让我们从恐龙的繁盛和"温室地球"切入，看一看白垩纪时期的世界。

地球上最年轻的大洋

在非洲大陆的南端，有一块突入海中的尖形陆地——好望角。站在这里，可以看见一望无垠的碧海蓝天。大洋的彼岸，约 7000 千米外的地方，是南美大陆南端的麦哲伦海峡。其实在距今约 1 亿 5000 万年的侏罗纪晚期，好望角所在的土地和麦哲伦海峡所在的土地是相连的。后来因地壳运动，这两地之间形成裂口，海水涌入，形成一片海。如今，这片海已扩展为一片大洋——大西洋。这表明地球内部是在不断运动变化的。

站在好望角眺望大西洋

好望角是南非南部开普半岛上突出的岬角。1488 年葡萄牙航海家巴尔托洛梅乌·谬·迪亚士首次来到这里。1498 年，航海家瓦斯科·达·伽马绕过好望角抵达印度西南海岸的港口城市卡利卡特（现为科泽科德），开辟了欧洲通往东方的航线，世界由此进入大航海时代。

大洋宣告诞生

地球内部不断流动的地幔柱，有时会冲击地壳，改变地表的风貌。侏罗纪晚期，现在的南美大陆和非洲大陆还是一个整体。在二者接合处，巨大的地幔柱冲击地壳，大陆开始向东西分裂，海水不断涌入，形成了新的海域——大西洋。经过近 2 亿年的演变，大西洋扩展至现在的面积。这是大陆分布向当今世界地图演进的一大步。

大西洋

后来的非洲大陆

后来的南美洲大陆

一种
蜥脚类恐龙

一种
兽脚类恐龙

古神翼龙

大西洋诞生

泛大陆分裂，大西洋诞生

很久很久之前，地球内部有股『无形的力量』把所有分散的大陆拼合成了泛大陆。白垩纪时期，这股力量又发挥作用，分裂瓦解了这个超级大陆。随后，在大陆的分裂处诞生了一个新的海洋——大西洋。

这里是能切身感受到地球凶猛粗暴的地方之一。

"天翻地覆"创造了现今的世界

冰岛的大地上有一道巨大的裂痕，仿佛地球要被劈开了一样。当地人把这种地形称作"Gjá"，意为裂缝。

覆盖地球表面的板块主要在大洋底部海岭处生成，而冰岛则是由大西洋中央海岭露出海面形成的，是世界上独一无二的特殊岛屿。它的西半部分是北美板块，东半部分是欧亚板块。因为这两个板块不断向相反方向漂移，所以冰岛每年以平均约2厘米的速度分裂。换言之，"Gjá"有力地证明了大西洋一直在扩展。那么，大西洋的扩展始于何时呢？这要从侏罗纪早期泛大陆开始分裂时说起，当时地球上还没有所谓的大西洋。

大陆分裂后，海水涌入大陆间的裂缝，新的大洋由此诞生。新大洋最初只是大陆之间一条狭长的水域，随着时间的推移，水域慢慢地变宽变长，面积增大。随着大西洋的扩展，我们所熟悉的当今世界地图也逐渐成形。

位于冰岛的"Gjá"

海岭露出海面形成的岛屿——冰岛。在这里可以从地表确认海洋板块是如何生成的。大陆板块分裂处称作断裂带，地形一般呈山谷状。断裂带地面上的裂谷在冰岛被称作"Gjá"，多数情况下长度可达数千米乃至数十千米。

地球史导航
大西洋诞生

现在我们知道！

约2亿年 大西洋已经扩展了

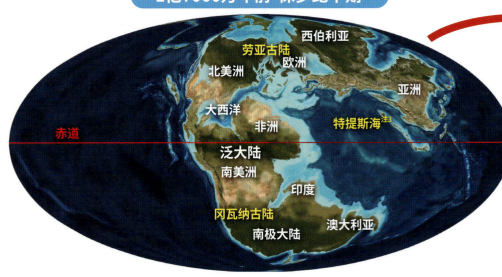

1亿7000万年前 侏罗纪中期

劳亚古陆 西伯利亚 欧洲 北美洲 亚洲 大西洋 非洲 特提斯海注3 赤道 泛大陆 南美洲 印度 冈瓦纳古陆 澳大利亚 南极大陆

侏罗纪中期

泛大陆继续分裂，而冈瓦纳古陆尚未解体，南美大陆和非洲大陆仍连接在一起，南极大陆和澳大利亚所在的东冈瓦纳古陆也没分裂。但是，此时在北美大陆和非洲大陆之间，已然出现北大西洋的萌芽。

现在的大西洋面积约为9336.3万平方千米，最深处位于波多黎各海沟，深达9219米。

大西洋在侏罗纪早期尚未诞生，而在1亿9000万年后成长为仅次于太平洋的世界第二大洋。在这个过程中，地球内部究竟是什么样的机制在发挥作用呢？

地幔柱变陆为海

大陆分裂，海水灌入裂缝处形成海洋——这一现象正在冰岛大裂谷和非洲东部的东非大裂谷注1处发生。通过这些现象，可以推测出大西洋的诞生和成长过程。

约2亿年前的侏罗纪初，来自地球深处的地幔热流上涌至地幔顶部，地壳因此隆起，体积膨胀。向两侧作用的推力撕裂地壳，使之出现裂缝，形成断裂带。

断裂带一经形成，周围的环境也随之发生巨大变化。地下形成岩浆库，火山活动频繁，断裂带低洼处的沼泽地增多。数百万年后，当断裂带的宽度达到一两百千米时，海水便开始涌入，逐渐形成海洋。

大西洋的诞生 给地球带来的影响

此后又过了数百万年，地球上发生了决定性的变化。大陆完全分离，断裂处开始生成大洋板块，大西洋逐步演变为一个真正的大洋。

大西洋是现今地球上最年轻的大洋，具有很多其他大洋不具备

◯ 大陆分裂过程示意图

大陆的移动是由地壳分裂引起的，分裂后大陆与大陆间生成海洋。

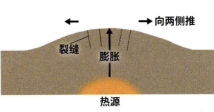

岩石圈
热源

1 开始分裂
岩石圈注2（地壳和上地幔）底部局部受热。

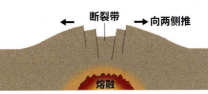

向两侧推 裂缝 膨胀 热源

2 岩石圈隆起
岩石圈底部受热隆起成穹形，向两侧作用的推力撕裂地壳，使之出现裂缝。

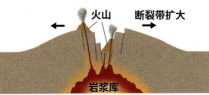

断裂带 向两侧推 熔融

3 断裂带的形成
裂缝发展到一定程度，形成断裂带

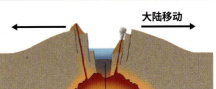

火山 断裂带扩大 岩浆库

4 火山活动
断裂带形成后，岩浆顺着裂缝喷涌而出，火山爆发

大陆移动

5 分裂
裂缝继续扩大，海洋板块生成，海水侵入，新的海洋诞生。

海洋板块形成

多佛海峡的白垩悬崖

白垩纪时期，大陆漂移活动频繁，现代大陆的分布已具雏形。这一时期，海底积聚了大量富含碳酸钙的植物性浮游生物。该生物的石灰质躯壳堆积形成岩石，进而形成陆地。白垩纪的"白垩"指的就是石灰岩。英国多佛海峡的白垩悬崖就是石灰岩地形的代表。

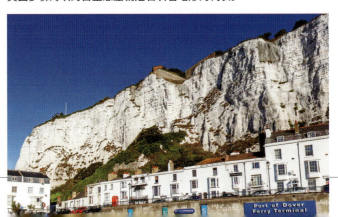

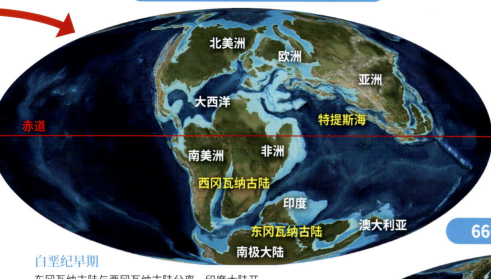

北美洲　欧洲　亚洲

大西洋

特提斯海

赤道

南美洲　非洲

西冈瓦纳古陆

印度

东冈瓦纳古陆　澳大利亚

南极大陆

侏罗纪到白垩纪时期的大陆分布变迁

泛大陆分裂后，到了白垩纪，大陆分布已接近现代地图。那么，各个大陆经过了怎样的分裂过程呢？

6600万年前 白垩纪末

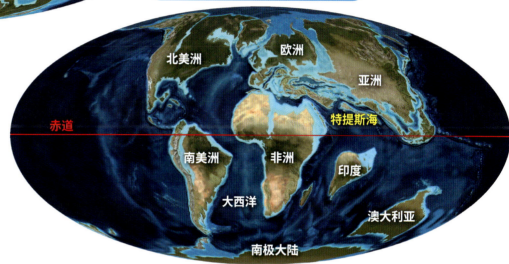

北美洲　欧洲　亚洲

赤道

特提斯海

南美洲　非洲　印度

大西洋

澳大利亚

南极大陆

白垩纪早期

东冈瓦纳古陆与西冈瓦纳古陆分离，印度大陆开始向北移动。西冈瓦纳古陆上出现了南北走向的裂缝，为纵贯南北的大西洋的诞生做好了准备。

大西洋起源于大陆间的裂缝！

白垩纪末

南美大陆与非洲大陆完全分离，大西洋诞生。南极大陆与澳大利亚大陆分离，印度大陆向北移动，靠近亚欧大陆，地球大陆越来越接近现代的分布。

的特征。

其中一个特征是海水盐分浓度高，比太平洋和印度洋的平均值高约0.2%。原因之一是信风将大西洋蒸发的水汽带到了太平洋。盐分浓度高的海水较重，会往下沉。在大西洋，这种海水下沉现象正在发生，由此形成了地球长期气候变化和海洋生态系统的基础——大洋环流。

大西洋的诞生也对人类历史发展产生了深刻的影响。1498年，达·伽马开辟了印度航线，大西洋成为大航海时代航海家探索的最主要海域。进入20世纪，人类通过分析大西洋两岸非洲大陆和南美大陆海岸线的形状特点，提出了奠定现代地学理论基础的"板块构造学"。

科学笔记

【东非大裂谷】 第140页注1

非洲大陆的东部，有一条贯穿埃塞俄比亚和坦桑尼亚的巨大裂谷，全长约6000千米，宽35～50千米。这条峡谷约在1000万年前—500万年前开始分裂，是现在大陆仍在继续分裂的代表例证。

【岩石圈】 第140页注2

地壳和地幔最上部的基岩部分合称为岩石圈。板块构造论中所谓的板块就是指岩石圈。位于岩石圈下的地层，富有流动性的柔软部分称为软流层。

【特提斯海】 第140页注3

在劳亚古陆和冈瓦纳古陆之间曾存在过的海洋。它出现在泛大陆的分裂时期，之后由于大陆漂移导致印度大陆北上，非洲大陆和亚欧大陆两者靠拢才逐渐消失。特提斯海又被称为古地中海。

近距直击

地球以外的行星上也有断裂带吗？

除了地球上现存的冰岛大裂谷和东非大裂谷，科学家认为在太阳系的其他行星上也存在相似的地形。1971年，美国国家航空航天局通过探测火星（水手计划）发现火星表面有一条大峡谷。这条峡谷长约4000千米，最深处达7千米，后被命名为"水手号峡谷"。但是，它能否被称为断裂带仍有待商榷。

这条峡谷是由美国火星探测器『水手9号』探测到的，因此得名『水手号峡谷』。

恐龙多样化

独具个性的恐龙 统治地球的每一个角落

恐龙时代早期，地球上繁衍生息着相似的恐龙。但到了白垩纪，形形色色的恐龙纷纷登上了历史舞台。这是一个恐龙在世界范围内逐渐繁荣的时期。

出现了好多"个性派"的恐龙！

白垩纪早期恐龙的多样化

说起恐龙，首先浮现在大家脑海里的是哪一种？大多数人或许会想到地球上最强的肉食性恐龙霸王龙，或者头部长着两只角和颈盾的三角龙，抑或是背上长着坚硬甲骨的甲龙。

这些大咖全部都是白垩纪晚期出现的物种。但是，在白垩纪早期，霸王龙的祖先帝龙、与三角龙同属角龙类的古角龙、甲龙的近亲多刺甲龙亚科恐龙——加斯顿龙已经出现，为主角的登场做准备。

白垩纪早期，各具特色的恐龙陆续诞生。在蒙古南部和中国北部发现了鹦鹉嘴龙的化石。由此可见，这个时代最显著的特征是各地区的固有恐龙增多。

因此，科学家认为白垩纪早期，恐龙就已经开启多样化进程。但是，实际情况到底是怎样的呢？就让我们一起去看看分散在世界各地的恐龙吧！

鹦鹉嘴龙
Psittacosaurus

原始角龙的近亲。前肢抬起，用后肢支撑身体直立行走。在中国，在一个地方同时发现了 34 具鹦鹉嘴龙的幼体化石，说明成年恐龙可能有抚幼行为。

143

现在
我们知道！

白垩纪恐龙
形态千变万化

喙状嘴

鹦鹉嘴龙
角龙类 | *Psittacosaurus*
角状构造尚不发达，有一张类似鹦鹉的带钩的嘴，
后肢较细，脚趾较长。

长有锐利钩爪的 4 根脚趾

锐利的钩爪

飞羽

小盗龙
兽脚类 | *Microraptor*
四肢上长有飞羽，可在空中滑翔。

恐龙的多样化始于三叠纪

白垩纪早期，恐龙无处不在。长有飞羽的兽脚类小盗龙在中国的森林里飞翔。与此同时，在非洲大陆的低洼地带，无畏龙以植物为食。在这个时代，恐龙已呈现出多样化的发展趋势。然而，学界内对此却有不同见解。

《恐龙》一书堪称恐龙学的经典著作，有人根据书中的数据，按年代来统计恐龙的属种数量。研究结果发现，相较于三叠纪晚期世界上被确认的恐龙属种数量，侏罗纪晚期是其 2 倍，到白垩纪早期更是增加到其 4 倍以上。

这样看来，恐龙的属种数量是随着时代的变迁不断增加的。但这是因为年代越近，露出地表的含有恐龙化石的地层[注1]越多，并不意味着恐龙的属种数量随着时间推移就增加了。

阿根廷伊沙瓜拉斯托省立公园[注2]出产恐龙化石。这些化石是在恐龙时代早期的地层中发现的。从这种意义上讲，针对上述化石的研究就格外有意义。化石数量虽然不多，但涵盖了主要属种，因此我们可以认为恐龙的多样化早在恐龙时代早期就已经开始了。

▢ 恐龙（兽脚类）属种数量的变化

中生代地层中发现的恐龙化石的属种数量是随着时间的推移不断增加的，如曲线 a 所示。考虑到含有化石的地层也增加了，属种数量和时代的关系便如曲线 b 所示，整体上没有太大的变动。

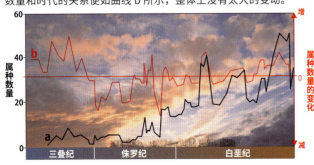

▢ 角龙类恐龙的进化

角龙类恐龙的特征是上颚前端的吻骨、角以及颈盾。隐龙的这些特征不明显，但古角龙的吻骨很发达，颈盾较短。角和颈盾除了能够御敌，还有吸引异性以繁衍后代的功能。

侏罗纪晚期
隐龙
| *Yinlong* |

白垩纪早期
古角龙
| *Archaeoceratops* |

白垩纪晚期
五角龙
| *Pentaceratops* |

恐龙进化了的部位

恐龙为适应环境，身体结构发生变化。嘴及牙齿形状的改变与所吃的食物有关；身体进化出具有防御功能的部位以御敌；为繁衍后代，进化出一些部位用来吸引异性。让我们通过实例来看看恐龙是如何进化的吧！

角质尖刺

角质喙状嘴

加斯顿龙
甲龙类｜*Gastonia*｜

角质喙状嘴。颈部及背部的上方、两侧长有大型的角质刺。

颚与牙齿

拇指上的钩爪

背部的棘突

角质喙状嘴

拇指上的尖爪

重爪龙
兽脚类｜*Baryonyx*｜

细长的颚上长有 96 颗锯齿状牙齿，前肢拇指上有一个 30 厘米长的钩爪。

无畏龙
鸟脚类
｜*Ouranosaurus*｜

角质喙状嘴。前肢拇指上长有尖爪，背部有帆状物。

大陆分裂加速了恐龙形态的多样化

白垩纪早期，禽龙等鸟脚类大型恐龙登上历史舞台。角龙类和甲龙类等植食性恐龙也占据越来越重要的位置。这一时期，恐龙的形态日益丰富。这是因为在白垩纪早期世界范围内地壳运动频繁，释放了大量的二氧化碳到大气中，引起温室效应，导致海平面上升，进一步促进大陆分裂。

现在，袋鼠等有袋类的栖息地仅限于南半球；隔着莫桑比克海峡与非洲大陆相望的马达加斯加岛上，以狐猴为代表的特殊物种非常丰富。同样的，各种各样的恐龙在相互隔绝的大陆上沿着各自的生活轨迹繁衍生息。

恐龙形态的多样化在白垩纪早期凸显出来，到了白垩纪晚期，更是出现了各种"个性派"。这种状态一直延续到6600万年前突如其来的恐龙大灭绝。

近距直击

集体狩猎的恐爪龙

群居的恐龙出现了。它们属于小型兽脚类恐龙，长有羽毛，集体狩猎。科学家发现了 4 具恐爪龙的化石，这些化石和禽龙的近亲腱龙的化石是一同出产的。当时很有可能这群恐爪龙正在集体攻击这只长着强壮长尾的腱龙，结果两败俱伤。

复原后的恐爪龙骨骼标本。

为，恐爪龙的脑较大，比较聪明。研究认

科学笔记

【地层】 第144页 注1
沙砾、泥土、火山灰、生物遗骸等在地表或海底长时间沉积而成的岩体，多呈沉积岩的形态。通常情况下，地层的截面呈现条纹状，显示出物质沉积的顺序。

【伊沙瓜拉斯托省立公园】
第144页 注2
位于阿根廷圣胡安省，被列入《世界遗产名录》。该公园地处三叠纪晚期地层，从中发掘出了很多早期的恐龙化石。

白垩纪早期
（约1亿4500万年前—1亿年前）

腕龙
蜥脚类，身长25米
前肢长，后肢短，脖子长，能够吃到高处的树叶。

犹他盗龙
兽脚类，身长7米
大型的肉食性恐龙，后肢的钩爪长达25厘米。

亚欧大陆
北方的大陆和南方的大陆上，动物生态千差万别。特别是在北方大陆上鸟臀类恐龙繁盛，形态多种多样。

北美洲
白令陆桥有一段时期连通着亚洲和北美洲，两块大陆上出现过相同种类。肉食的兽脚类中诞生出了新的属种。

非洲
与北方的大陆相比，南方的大陆上生活着的恐龙属种较老。

恐爪龙
兽脚类，身长3.4米
后肢长有13厘米长的钩爪，是非常强大的武器。

无畏龙
鸟脚类，身长7米
脊柱上长有长长的突起，呈帆状。

棱齿龙
鸟脚类，身长2.3米
最早发现的小型鸟脚类，动作敏捷，能快速奔跑。

南美洲
南方的大陆上，依然可见各式各样的蜥脚类恐龙。

似鳄龙
兽脚类，身长11米
拥有非常长的口鼻部，排列着100颗牙齿，以鱼为食。

阿马加龙
蜥脚类，身长9米
特殊的蜥脚类，背上排列着棘刺状突起。

敏迷龙
甲龙类，身长2米
南半球发现的稀有恐龙，连腹部都覆盖着坚甲。

澳大利亚
白垩纪早期，澳大利亚属于南极圈。气候比现在温暖，生活着许多小型恐龙。

恐龙在世界各地大放异彩

三叠纪晚期
（约2亿3500万年前－2亿130万年前）

板龙
蜥脚类，身长4.8～10米
成群行动，可两足行走。

泛大陆
地球上的大陆曾是一个整体，恐龙的区域特征不明显，蜥脚类活跃于整个泛大陆。

埃雷拉龙
兽脚类，身长3米
一种最原始的肉食性恐龙，颚部肌肉强健，牙齿呈锯齿状。

始盗龙
蜥脚类，身长1米
长有适用于肉食的锋利牙齿和适用于植食的树叶状牙齿。

乌尔禾龙
剑龙类，身长6米
白垩纪时期的稀有恐龙，背上平行分布着长方形大板骨。

皮萨诺龙
鸟臀类，身长1米
原始的植食性鸟臀类，拥有强有力的颚和敏捷的四肢。

中华鸟龙
兽脚类，身长1米
世界上最早发现的带羽毛恐龙，羽毛有助于保暖。

尾羽龙
兽脚类，身长1米
前肢上长有短羽，无法飞行。尾巴上排列着扇形羽毛。

禽龙
鸟脚类，身长10米
拇指像钉子，嘴较宽，便于撕咬植物。

恐龙的进化

下面这幅图展示了恐龙从祖先开始的分化过程。三叠纪时期，恐龙主要种群已经出现，白垩纪时期进一步分化。

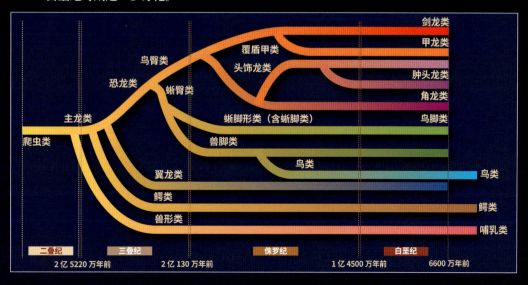

在恐龙化石出产的最原始的地层中发现了兽脚类、蜥脚类、鸟臀类等恐龙化石，这表明恐龙很早就开始多样化。泛大陆继续分裂的白垩纪早期，恐龙的形态已变得形形色色，多种多样。鸟臀类恐龙分化为剑龙类、甲龙类、角龙类、鸟脚类等，有羽毛的兽脚类也陆续出现。

白垩纪时期的气候变化

现在被冰雪覆盖的南北极，在白垩纪时期却是绿意盎然的。

史上最大规模的温室地球出现

距今约1亿年的白垩纪中期，地球进入了前所未有的超级温暖期，南北极的冰也融化了，堪称『温室地球』。造成这种现象的原因到底是什么？

大规模的地壳运动导致全球变暖

现在，人类面临着严峻的全球变暖问题。但是，在地球漫长的历史中，温暖期和寒冷期是交替出现的。约8亿年前—6亿年前，地球处于全球冰冻的冰河时代。同样，地球也经历过远非现在可比的非常温暖的时期——白垩纪。

地质记录清楚地记载着，约1亿年前的白垩纪中期，地球曾出现过史上罕见的超级温暖期。大气中的二氧化碳浓度是现在的4～10倍，平均气温比现在高6～14摄氏度，南北极的冰都融化了。温暖湿润的气候甚至蔓延到高纬度地区，是名副其实的"温室地球"。

这个时代的地层中产出了大量以恐龙为代表的生物化石，表明这个时代物种的多样和繁盛。开花的被子植物也登台亮相。超级温暖的气候孕育出的丰富物种也开始在高纬度地区繁衍生息。当时的极地，植物种类之丰富堪比现在的亚热带森林，恐龙也阔步其中。

这个时代，为什么整个地球变暖了呢？"温室地球"上发生了什么？我们一起来探索吧！

**白垩纪时期,
南极大陆森林繁茂**

根据发现的植物化石再现的白垩纪时期南极大陆的森林。蕨类、裸子植物中的银杏类、开花结果的被子植物等长成大片森林。看到图中隐藏在树背后往这边瞅的小型恐龙了吗?

北极圈内发现小型暴龙科恐龙化石

2014 年,一篇论文称在美国阿拉斯加州发现的小型恐龙化石属于白垩纪末在北极地区生活的体形偏小的暴龙类恐龙。此前,暴龙类恐龙化石只在中低纬度地区发现过。这一发现表明,它们也在北极地区生活过。该新种类或许是为了适应比白垩纪中期稍冷的环境,才把体形变小的。

根据 4 块化石复原的恐龙头骨,得知它是暴龙类恐龙的近亲

白垩纪时期的气候变化

巨大地幔柱的产生过程

地幔最上部坚硬的基岩是板块。俯冲的板块达到一定量后，会进入下地幔——以此作为一部分原动力，别处会形成巨大的地幔柱。

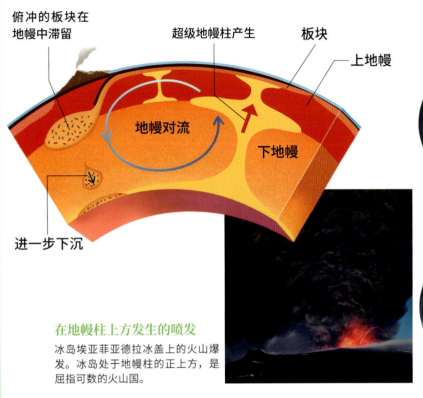

俯冲的板块在地幔中滞留

超级地幔柱产生

板块

上地幔

地幔对流

下地幔

进一步下沉

在地幔柱上方发生的喷发
冰岛埃亚菲亚德拉冰盖上的火山爆发。冰岛处于地幔柱的正上方，是屈指可数的火山国。

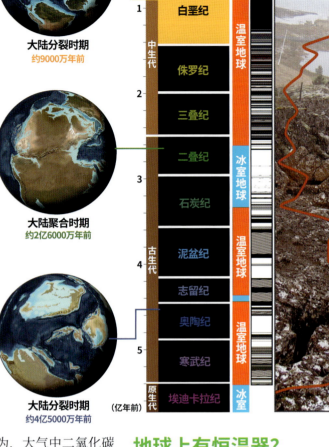

大陆分布　地质时代划分　地磁倒转　海洋板块生长量（立方千米/年）

大陆分布	地质时代划分		地磁倒转
	新生代	新近纪	冰室
		古近纪	
大陆分裂时期 约9000万年前	中生代	白垩纪	温室地球
		侏罗纪	
		三叠纪	
大陆聚合时期 约2亿6000万年前	古生代	二叠纪	冰室地球
		石炭纪	
		泥盆纪	温室地球
		志留纪	
		奥陶纪	温室地球
大陆分裂时期 约4亿5000万年前（亿年前）		寒武纪	
	原生代	埃迪卡拉纪	冰室

现在我们知道！

撕裂超级大陆的地壳运动喷发出二氧化碳！

中生代跨越了约 2 亿年，地球气候总体上是比较温暖的，但其中也有稍稍寒冷的时期，和相对温暖的时期交替出现。而在约 1 亿年前的白垩纪中期，连两极地区也变得温暖，形成"温室地球"。

造成这种现象的原因到底是什么？探索全球气候变暖机制的关键，乃是大气中二氧化碳浓度的变化。科学家认为，大气中二氧化碳的浓度与气候变化密切相关，浓度高时气候温暖，浓度低时气候寒冷。在"温室地球"出现的白垩纪中期，大气中二氧化碳的浓度高达 0.1% ～ 0.25%，大约是现在的 4 ～ 10 倍。

地球上有恒温器？

在中生代，大气中的二氧化碳浓度之所以上升，是因为这一时期火山运动剧烈，喷发出了大量的二氧化碳气体。

那么，二氧化碳浓度上升带来了哪些影响呢？经过漫长的时间，二氧化碳溶于雨水和地下水，溶解

近距直击

白垩纪超静磁带

地球的地磁方向每隔数十万年就会发生一次倒转。但是，白垩纪比较特殊，地球磁极没有倒转，被称为"白垩纪超静磁带"。对这种现象产生的原因说法不一，但很可能是由产生磁场的地球外核对流和地幔活动异常导致的。

地球的南北磁极每隔数十万年就会发生一次倒转。但是在白垩纪，磁极稳定了 4000 万年，没有发生倒转

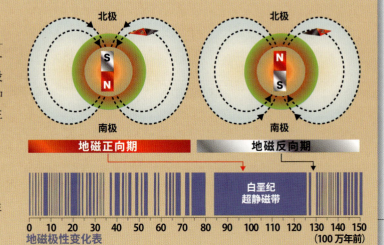

北极　南极　北极　南极

地磁正向期　地磁反向期

白垩纪超静磁带

0　10　20　30　40　50　60　70　80　90　100　110　120　130　140　150（100 万年前）

地磁极性变化表

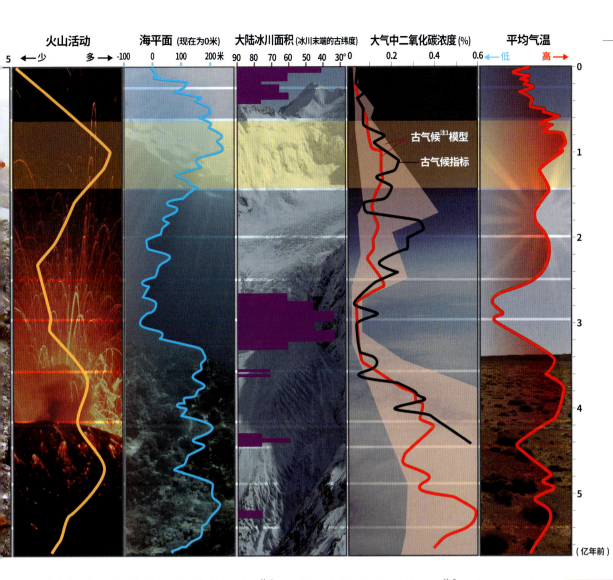

火山活动	海平面 (现在为0米)	大陆冰川面积 (冰川末端的古纬度)	大气中二氧化碳浓度 (%)	平均气温

火山活动：少 ← 5 → 多
海平面：-100　0　100　200米
大陆冰川面积：90　80　70　60　50　40　30°
大气中二氧化碳浓度：0.2　0.4　0.6
平均气温：← 低　高 →

0　1　2　3　4　5（亿年前）

古气候[注]模型
古气候指标

地壳运动是气候变化的关键！

◘ 地球过去6亿年的环境变迁

比较图中的各条曲线，会发现地壳运动（海洋板块生长量、火山活动）与地球环境变动（海平面、大陆冰川面积、大气中二氧化碳浓度、平均气温）同步增减。而且，它们的增减变化与大陆的分裂、聚合也是同期进行的，并以3亿年为周期，不断循环往复。地壳运动和火山活动通过改变大气中二氧化碳浓度进而成为影响地球气候（气温）变化的主要因素。

地表的岩石。这个过程被称为化学风化[注2]，绝大部分二氧化碳化为碳酸盐矿物[注3]或有机物，沉积在海底，之后沉入地下，再经地下的热能恢复成二氧化碳，被释放到大气中。这就是地球的碳循环。在它的作用下，大气中的二氧化碳时增时减，循环往复。

更重要的是，碳循环能够防止极端天气的出现，维持地球环境相对稳定。暖久必寒，寒久必暖，就像是地球的"恒温器"，发挥着调节作用。这种维持气候稳定的机制由美国的沃克教授提出，因此得名"沃克反馈"[注4]。

打破碳循环平衡的地壳运动

如果碳循环正常运转，那么白垩纪中期为什么会出现全球气候变暖的现象呢？

实际上，这是因为这个时期有过量的二氧化碳被释放到大气中，破坏了地球恒

温器的功能。超级地幔柱[注5]引发了这起事件。地壳剧烈运动，火山频繁爆发，地幔热流冲破地表，同时向大气释放了大量二氧化碳。可被称为地球内部"失序"现象的大规模地壳运动，催生了"温室地球"。当时的地球发生了二氧化碳浓度升高、平均气温升高、海平面上升等一系列现象。

科学笔记

【古气候】 第151页注1

过去的气候变化。古气候学是根据泥煤沉积物和海洋沉积物中化石、矿物、原子的组成以及形状还原过去某一时期气候的学问。

【化学风化】 第151页注2

岩石在接触到水和空气后经过溶解、氧化、还原等一系列作用，改变原矿物的化学成分，形成新矿物。

【碳酸盐矿物】 第151页注3

金属阳离子与碳酸根结合而成的化合物，天然碳酸盐矿物主要有三种，分别是石灰岩的主要成分方解石、与方解石同质的文石、化学成分为 $CaMg(CO_3)_2$ 的白云石。

【沃克反馈】 第151页注4

1981年，美国密歇根大学教授詹姆斯·C·G·沃克发表了一篇讨论二氧化碳浓度和气候变化关系的论文，题为《维持地球表层温度长期稳定的负反馈机制》，提出了"沃克反馈"的概念。

白垩纪时期的气候变化

白垩纪时期的表层洋流

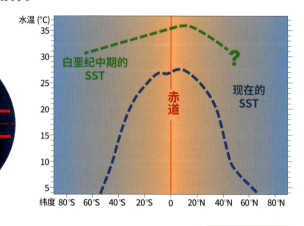

太平洋　北大西洋　来自赤道附近的温暖洋流流入

特提斯海

白垩纪时期的海面水温 (SST) 与现在的差异

与现在相比，白垩纪时期海面水温总体较高。而且，比较赤道附近和高纬度地区的海水温度，会发现白垩纪时期高低纬度间的海水温差极其小。

水温 (℃)

白垩纪中期的 SST

赤道

现在的 SST

纬度 80°S 60°S 40°S 20°S 0 20°N 40°N 60°N 80°N

白垩纪时期的大陆分布、洋流与现今状况的对比

白垩纪时期，大陆的分布和现在不同，所以流入大陆间的洋流也有所差异。地球环境中，洋流是热量的"输送带"，对气候产生很大的影响。大约 1 亿年前的白垩纪中期，大西洋扩展，赤道附近的温暖洋流流入。白垩纪时期的地球，连高纬度地区也变暖了，很可能出现上图的洋流。

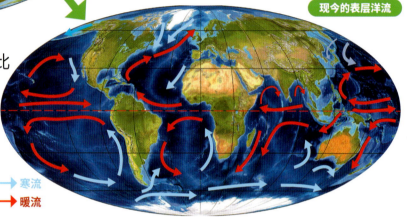

现今的表层洋流

→ 寒流
→ 暖流

全球变暖对洋流的影响

白垩纪中期全球气候异常变暖，洋流产生了巨大的变化。

全球变暖带来的影响在高纬度地区表现得尤为突出。白垩纪中期，高纬度地区的气温上升，高低纬度间气温温差和海水温差比现在小得多。暖流流向高纬度地区，造成两极地区冰雪融化，海平面上升。水深 1000 米以下的深层海水[注6]温度上升，高盐度海水滞留。因此有很多学者认为，白垩纪时期的大洋环流比现在缓慢，甚至处于停滞状态。

白垩纪时期，海洋中出现大规模缺氧现象，"大洋缺氧事件"[注7]时有发生，导致菊石等海洋生物灭绝。事件的起因尚不明确，但与全球气候变暖导致大洋环流停滞有着莫大关系。

观点碰撞

深层海水在哪里下沉？

大洋环流受海水温度和盐度的影响。现在，海水在高纬度地区冷却后于格陵兰岛和南极地区下沉至海洋深处，流到太平洋和印度洋后上升至海洋表层。

然而，白垩纪中期的情况与之完全不同——海水可能是在赤道附近下沉的。该假说的出发点是：气候变暖使得海水蒸发，以至于低纬度地区海水的盐和密度增大，发生下沉。

科学笔记

【超级地幔柱】 第151页 注5
上升或下降的地幔热流叫作地幔柱，其中大规模的上升流叫作超级地幔柱。它是导致大陆分裂的原因。

【深层海水】 第152页 注6
相对于海洋表层参与大洋环流的海水而言，处于水深 1000 米以下的海水叫作深层海水。几百年来，深层海水一直在全球大规模循环。

【大洋缺氧事件】 第152页 注7
海洋中大规模无氧或缺氧现象，发生于奥陶纪末、二叠纪末以及白垩纪中期。受其影响，有机物难以分解，形成富含有机物的黑色页岩，广泛分布于海底。

现在加拿大阿尔伯塔省发现的黑色页岩

从沙漠地层解读白垩纪时期的大气循环

大气循环和沙漠地带的形成

白垩纪温室期，地球高纬度及两极地区的气温比现在高得多。这表明那个时期从赤道向两极地区输送热量的大气和洋流与现在相比迥然不同。虽然还原距今约1亿多年的大气循环和大洋环流的方法还未找到，但我们发现可以通过沙漠的地层记录还原近年来大气循环的分布及其变化。

观察地球的大气循环会发现，赤道附近上升的湿润空气在空中冷却后形成降雨，向高纬度地区移动并逐渐干燥，在南北纬30度附近副热带高气压带地区变成干燥的空气下降。这个过程称作哈德里环流。因此，南北纬度30度地区多沙漠覆盖。北半球的沙漠，其北部偏西风盛行，南部东北信风盛行。

另一方面，沙漠中分布着许多风成沙丘。沙粒在风中一边堆积一边移动，沙丘中形成大型斜层理构造。换言之，根据风成沙丘地层中记录的大型斜层理的方

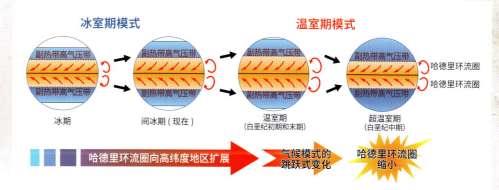

■ 全球变暖时期大气循环系统变化的概念图

随着气候变暖，哈德里环流圈向陆地中纬度地区扩展，但在气候极端温暖的白垩纪中期，大气循环系统发生了急剧变化（哈德里环流圈戏剧性地缩小，中纬度地区气候非常湿润）。

向，可以还原过去这个地方的风向。利用这个原理分析过去沙漠的分布和风向，便可还原过去的大气循环（副热带高气压带的分布和哈德里环流圈的大小变化）。

全球变暖时，哈德里环流圈缩小

亚洲大陆和南美-非洲大陆上，露出地表的白垩纪时期的沙漠地层记录非常丰富。通过这些记录，还原了白垩纪时期沙漠的分布和风向的时空分布，进而还原整个白垩纪时期的副热带高气压带的分布和哈德里环流圈的大小变化。结果发现，比现在气温稍高些的白垩纪初和白垩纪末，副热带高气压带位于高纬度（30～40度）地区，环流圈比现在要大。

而气候极端温暖的白垩纪中期，副热带高气压带向低纬度（20～30度）地区移动，哈德里环流圈戏剧性地缩小，中纬度大面积区域内气候变得湿润。

最近的研究表明，气候变暖时，哈德里环流圈不断向两极扩展。相反，像冰期这样气候寒冷的时期，哈德里环流圈向赤道方向缩小。根据这些研究结果，可以提出一个假说：随着气候变暖，哈德里环流圈逐渐向两极扩展，陆地中纬度地区变得干燥；但在气候极端温暖的白垩纪中期，大气循环系统切换成迥然不同的模式（哈德里环流圈戏剧性地缩小，中纬度地区气候非常湿润）。

现在，温室效应日益加剧，地球是否会重现白垩纪中期异常的大气循环，这一点有待科学家查证。

■ 记录沙漠分布和风向的风成沙丘

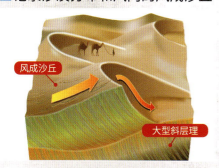

风成沙丘的堆积模型。箭头表示风向。被风力搬运的沙子在沙丘的背风面堆积，形成大型斜层理。

长谷川精，1981年生。东京大学研究生院理科研究院地球行星科学专业博士。主要从事温室地球时期的地球表层环境、气候系统变化的研究。主要著作有《沙漠志》（东海大学出版社，合著）、《地球和宇宙化学事典》（朝仓出版社，合著）。

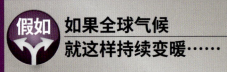

假如 如果全球气候就这样持续变暖……

当今全球气候变暖的特征有二：其一是二氧化碳由人类活动产生；其二是二氧化碳浓度在短时间内急剧上升。这是地球上前所未有的现象。尽管不能把现在和过去进行简单的比较（因为大陆的分布不同），但是为了预测气候持续变暖下地球未来的命运，当务之急还是要探明过去气候变暖的形成机制。

分析研究南极大陆冰川是预测未来气候变化的有效手段之一

火山频繁爆发，释放大量二氧化碳到大气中。二氧化碳浓度上升，温室效应增强。

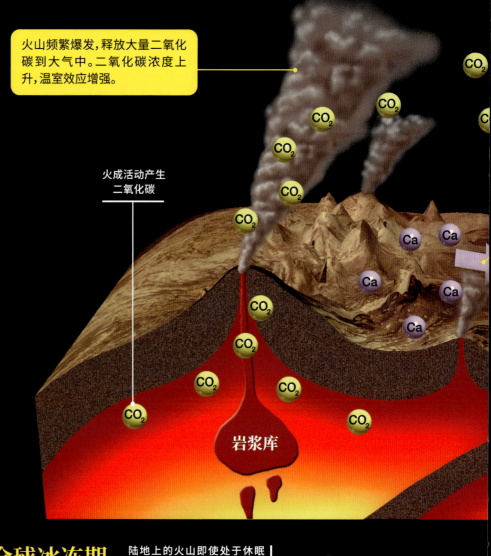

火成活动产生二氧化碳

岩浆库

随手词典

【温室效应】
大气中的二氧化碳和甲烷等被称为温室气体，它们通过吸收并释放红外线，使地球表面变得更暖。

【火成活动】
地球深处的岩浆喷出地表或侵入地壳中的活动。一般分为火山活动与深成活动，也有两者一同发生的情况。

【碳酸钙】
不仅是大理石，而且还是贝类、珊瑚等生物的骨骼及外壳的主要成分。化学式为$CaCO_3$，加热后可分解成二氧化碳和氧化钙（生石灰）。

【岩浆库】
岩浆是地幔物质和地壳岩石熔融后形成的高温液体。地下深处的岩浆上升，大量岩浆滞留，形成岩浆库。

全球冰冻期
（8亿年前—6亿年前）

这个时期，某些原因导致地球海平面下降，化学风化作用增强，导致大气中二氧化碳急速减少，温室效应消失，地表冻结。

陆地上的火山即使处于休眠状态仍持续向大气中释放二氧化碳

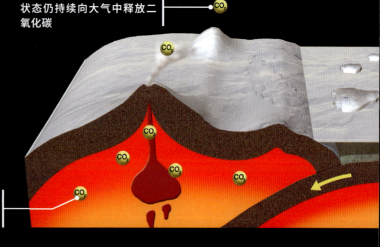

地下板块运动和火成活动生成二氧化碳

冰室期

二氧化碳的供给与风化作用导致的二氧化碳消耗，使地球处于不偏向某一极端气候的稳定状态。当今的地球，极地存在冰川，正处于偏冷的冰室期。

只有极地和海拔高的地方存在冰川

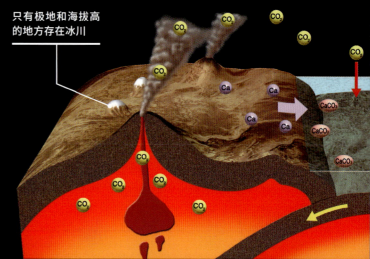

极端温暖期（白垩纪中期）

大量的二氧化碳被释放到空气中，温室效应加剧，气候极端温暖。但是，由于气温上升促进风化作用，所以空气中的二氧化碳被消耗，浓度下降。经过很长时间，气候又趋于稳定。

随着气温上升，风化作用加剧。

CO_2

CO_2

CO_2

一部分二氧化碳溶解到海水中

$CaCO_3$

$CaCO_3$

$CaCO_3$

两极地区冰川融化，加上地幔运动抬升板块，全球范围内海平面上升

沉积的有机物岩层（黑色页岩）

板块运动频繁，导致其自身密度小、质量轻

原理揭秘

『失序』的地球内部运动导致碳循环异常

地球内部运动的"失序"，打破碳循环平衡，引起了白垩纪中期的"温室地球"现象。这个时期，地球有哪些异常表现呢？我们来比较一下气候极端寒冷的"全球冰冻期"、白垩纪的极端温暖期以及现在所处的间冰期。在这三个时期，"沃克反馈"一直都在发挥作用，使地球慢慢地恢复到之前的环境，不会长期处于极端气候。

陆地和海面被冻结，风化作用停滞

因为陆地被冰川覆盖，且又由于板块密度大压制地幔，全球海平面较低

什么是碳循环？

地层深处生成的二氧化碳因火成活动被释放到空气中。空气中的二氧化碳或因陆地风化作用被消耗，或溶解到海水中变成碳酸钙沉积在海底。这种平衡因"沃克反馈"而得以维持。

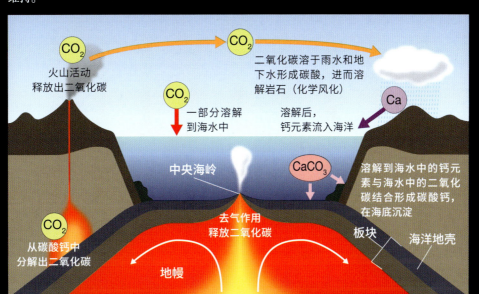

CO_2 → CO_2

火山活动释放出二氧化碳

CO_2 一部分溶解到海水中

二氧化碳溶于雨水和地下水形成碳酸，进而溶解岩石（化学风化）

Ca 溶解后，钙元素流入海洋

中央海岭

$CaCO_3$ 溶解到海水中的钙元素与海水中的二氧化碳结合形成碳酸钙，在海底沉淀

CO_2 从碳酸钙中分解出二氧化碳

去气作用释放二氧化碳

地幔

板块 海洋地壳

沉积岩

| Sedimentary Rocks |

岁月的结晶

地球上的岩石主要分为火成岩、沉积岩、变质岩三类。其中，沉积岩约占地表裸露岩石的80%。迄今为止，地球上储藏动植物化石的地层基本都是沉积岩。在探索地球史的过程中，作为"解说人"的沉积岩有多少种呢？

沉积岩的种类

岩石受到风化、侵蚀后碎裂掉落会形成颗粒。大多数沉积岩是该颗粒在地表或水底堆积胶结而成的。这种沉积岩被称为"碎屑岩"。除此之外，还有化学成分沉淀形成的化学沉积岩以及源于生物遗骸、火山喷出物的沉积岩。

风化和侵蚀作用导致岩石解体

岩石颗粒被河流搬运

堆积

压力

黏土

砂

小石

【砾岩】

| Conglomerate |

由直径为2毫米以上的砾石胶结而成的岩石。有的砾石来源于单一矿物质或岩石，颗粒大小比较均匀；有的砾石由多种矿物质和岩石混杂，颗粒大小不一。前者源于附近地区同质的岩石，后者源自不同地区的岩石。

岐阜县的上麻生砾岩中发现日本最古老的砾石，有20多亿年的历史

数据

岩石类型	海相砾岩、淡水砾岩、碎屑岩
主要矿物成分	可能含有所有坚硬的矿物
化石	罕见
主要用途	石墙、建材（浴室墙壁等）

【砂岩】

| Sandstone |

由沙砾（直径为0.0625～2毫米的颗粒）堆积胶结而成的岩石，占地壳沉积岩的10%～20%。砂岩耐侵蚀，常形成雄伟壮丽的自然景观。砂岩多见于海底、河流，也见于风力搬运形成的沙漠中。

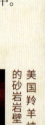

美国羚羊峡谷的砂岩壁

数据

岩石类型	主要是海相砂岩、碎屑岩
主要矿物成分	石英、长石
化石	脊椎动物、无脊椎动物、植物
主要用途	石墙、墓碑、磨刀石

【页岩】

| Shale |

储量最丰富的沉积岩，由黏土颗粒（直径为0.0625毫米以下的颗粒）在海底堆积胶结而成的岩石。颗粒微小，能有效阻断促进生物遗骸分解的氧元素，所以化石保存良好。页岩中有一种油页岩，富含生物遗骸有机物形成的"油母"，从中能提炼出石油。

加拿大巴瑟斯特市自然起火的油页岩

数据

岩石类型	海相页岩、淡水页岩、碎屑岩
主要矿物成分	石英、方解石
化石	无脊椎动物、脊椎动物、植物
主要用途	工艺品

近距直击

有哪些可以用肉眼区分岩石种类的方法？

沉积岩、岩浆冷却凝固而成的火成岩、沉积岩和火成岩经变质作用后形成的变质岩，让我们来一起看看区分这三类岩石的要点吧！

沉积岩

如果岩石表面具有明显的层理结构，那么该岩石很有可能是沉积岩。其他的岩石中不含有化石，所以有化石的就是沉积岩。

火成岩

矿物结晶呈斑状、等粒状分布。颗粒胶结能力强，结晶不容易被破坏。无薄片层叠似的片状构造。

变质岩

变质岩分为两类：一类是区域变质岩，具有薄片层叠似的片状构造；一类是接触变质岩，纹样不规则。

化石燃料

沉积岩是能源之源

石油和天然气的主要成分碳氢化合物，是在浮游生物沉积而成的岩石中经历漫长岁月逐渐演变形成的物质。远古时代的植物埋藏于地层深处生成的煤炭也是沉积岩。下一代能源——页岩气和页岩油，也是从沉积岩中的页岩层中开采出来的。因此，沉积岩是化石燃料的源泉。

美国科罗拉多州的页岩气开采设备。从页岩层中开采出来的燃气被称为页岩气

【岩盐】

| Halite |

氯化钠为主要成分的岩石。在地壳运动造成海底抬升，陆地上残留的海水蒸发，或盐湖的湖水蒸发后形成的。它是蒸发岩的一种，又被称为远古时代的"海化石"。大多无色透明，含有矿物质或有机物的会呈蓝、红、紫等多种颜色。

现如今也有正在形成岩盐的盐湖，如玻利维亚的乌尤尼盐沼

数据			
岩石类型	陆相岩盐、蒸发岩		
主要矿物成分	岩盐	化石	无
		主要用途	食品、工业原料

【燧石】

| Chert |

由浮游生物放射虫的遗骸堆积而成的岩石，构成放射虫外壳的二氧化硅是其主要成分。图片中的燧石呈红色是因为岩石中含有少量的铁元素。杂质较少的燧石泛白色。两块燧石相互击打会产生火花，所以常用于取火。

数据			
岩石类型	海相燧石、生物遗骸堆积而成的燧石	化石	放射虫(微体化石)和海绵动物的骨针
主要矿物成分	石英	主要用途	耐火砖和玻璃原料

【石灰岩】

| Limestone |

在温暖浅海，经过方解石等矿物中碳酸钙结晶沉淀而成或长有石灰质外壳的贝壳和珊瑚等生物遗骸堆积形成的岩石。石灰岩含有大量珊瑚礁化石。科学家认为，现如今的大堡礁在经历漫长的岁月后也将变成石灰岩。

作为白垩纪象征的白垩悬崖也是石灰岩的一种

数据			
岩石类型	海相石灰岩、陆相石灰岩、化学沉积石灰岩等		
主要矿物成分	方解石		
化石	海水和淡水中的无脊椎动物		
主要用途	建材、熟石灰		

【凝灰岩】

| Tuff |

火山喷出物胶结而成的沉积岩。有的是喷出物遇水快速冷却沉积而成，有的是掉落的火山灰和轻石固结而成。当岩石中含有的辉石和角闪石等矿物变成绿色时，便形成了绿色凝灰岩，它是构成日本列岛的主要岩石之一。

宇都宫市的大谷特产大谷石是代表性的凝灰岩。图为地下采石场。

数据			
岩石类型	陆相凝灰岩、海相凝灰岩等		
主要矿物成分	火山灰(玻璃屑、石英、长石等)		
化石	有		
主要用途	建材		

【铝土矿】

| Bauxite |

岩石经风化作用后残留下难以溶于水的铁和铝，堆积成岩。多见于风化作用强烈的热带或亚热带地区。去除铝土矿中的二氧化硅和氧化铁后，便能提炼出金属铝。

数据			
岩石类型	陆相沉积型铝土矿、化学沉积型铝土矿	化石	无
主要矿物成分	三水铝石、软水铝石	主要用途	制铝的原料

世界上最清澈的月牙湖

贝加尔湖

位于俄罗斯伊尔库茨克州布里亚特共和国境内，1996 年被列入《世界遗产名录》。

贝加尔湖，呈月牙形，位于广阔的俄罗斯联邦东南部。水深约 1700 米，是世界上最深的湖，诞生于 2500 万年前，也是世界上最古老的湖泊。此处繁衍生息的水生生物超过 1500 种，其中 66% 是特有物种，构成了一个特殊的生态系统，被称为"俄罗斯的加拉帕戈斯"。

贝加尔湖周边的动物

柳雷鸟

身长约 40 厘米，长有红褐色羽毛。一到冬天就会换羽，全身雪白。

贝加尔鲟

约诞生于 2 亿 5000 万年前，身长可达 2 米。

驯鹿

鹿科中唯一一种雌雄皆长角的鹿。鹿角不仅是武器，还是一种刨开雪地觅食的工具。

贝加尔海豹

贝加尔湖的特有物种，是唯一的淡水海豹。体形较小，身长约 1.2 米，处于贝加尔湖生态系统的顶点。

二月的贝加尔湖，
如宝石般闪耀

在现今湖泊中，贝加尔湖的面
积为世界第七，蓄水量却是第
一，占除冰川外的地球淡水资
源的 20%。这里的冰由世界
上透明度最高的水结成，在阳
光的照射下呈现出美丽的蓝
色，被誉为"西伯利亚的珍珠"。

谁也不曾目睹死亡谷里的巨石是如何移动的！

死亡谷里『会行走的巨石』

之字形、圆弧形、漫无目的地游走……荒野中神秘的轨迹。

在轨迹的末端，孤零零地立着一块巨石。

巨石真的移动了吗？为了解开『会行走的巨石』这个多年未解之谜，行星学家提出了什么样的新学说？

极度干燥炽热的地狱——死亡谷

死亡谷，位于美国洛杉矶东北约467千米处。在死亡谷附近，眼前尽是极度干燥的荒凉之地。

死亡谷的年平均降水量不足50毫米，盛夏时期的气温超过38摄氏度。1913年，此处气温达到了监测史上最高的56.7摄氏度，犹如人间炼狱。但同样也是在1913年，最低气温曾达到零下10摄氏度。死亡谷位于海拔3000多米的高山山麓，就是这种地形形成了极端的气候。

神秘的移动巨石位于死亡谷国家公园内的赛马场盐湖，谁也没见过它们是怎样移动的。

裂痕斑驳的大地表面，出现一条条如轮胎痕迹一般长的轨迹。对此我们不禁产生疑问：到底是谁在捣鬼？

这些轨迹，或笔直向前，或呈之字形，或呈大圆弧，或险些撞上又互相避开，或交错，令人匪夷所思。

从1948年开始，人们开始研究并调查这些现象，很多地质学家、物理学家以及业余爱好者参与进来，希望能够破解巨石移动之谜。

是人或动物之力使它移动？是某种扭曲的强大磁场？是地球引力的作用？是地震产生的影响？是石头表面长出的藻类使它与地面的摩擦力减小？莫非是石头中有某种神秘的力量？更有甚者，认为是外星人所为。

在死亡谷国家公园的不毛之地，孤零零地立着一些巨石，其后紧接着是一条条车辙般清晰的移动轨迹

行星学家拉尔夫·洛伦兹，英国人。在研究行星气候条件时，对死亡谷巨石移动之谜产生了浓厚的兴趣

用随处可见的厨房用具破解巨石移动之谜

在众多解释中，最获专家支持的是冰川导致巨石移动这一说法。但并不是所有的巨石都向同一方向移动，这个说法也被推翻了。

1996年，加州理工学院的团队通过研究发现隆冬时节的死亡谷中风速可达38.9米/秒，提出"风吹动说"。然而，巨石中有的重量超过了300千克，必须是66.7米/秒以上的强风才可使其移动。因此，这一说法也不攻自破。

就像有一只看不见的手在指引它向前移动，留下一条长长的轨迹，同秘鲁的纳斯卡线条画和英国的麦田怪圈一般神秘莫测

这些痕迹容易让人产生这样一种错觉：巨石是出于自身意志，随心所欲地来回移动的

2006年，约翰·霍普金斯大学的行星学家拉尔夫·洛伦兹开始挑战死亡谷巨石移动之谜。他长期参与美国国家航空航天局土卫六泰坦的探索工程。他之所以对这一未解之谜感兴趣，其实是因为他发现死亡谷的赛马场盐湖和土卫六泰坦的地形很相似。

他想到以前在书中看到的一句话：在北极，被冰块包裹的岩石会产生浮力，沿着海岸线移动。死亡谷的冬天和北极一样寒冷，他推测死亡谷的巨石移动现象有可能和北极发生的岩石漂移现象相同。

为了验证猜想，拉尔夫并没有使用大型设备，而是利用自家厨房的食品容器和小石头做起了实验。

首先是制作被冰包裹的石头。他在容器里注水，放进石头，让石头露出水面约2.5厘米，然后把容器放入冰箱冷冻。

在赛马场盐湖，进入冬季后降雨，雨水汇聚，形成浅湖。根据这种现象，拉尔夫随后准备了一个托盘，在其底部铺上一层细沙并倒入水，仿制赛马场盐湖形成的浅水湖。接下来，他把事先准备好的冷冻的小石头颠倒过来（冒出冰面的部分朝下）放入托盘中。只见被冰包裹的小石头获得浮力，在水中漂浮了起来。这时从一侧对着石头吹气，小石头移动了，同时在托盘底部的沙面上留下一道痕迹。

拉尔夫由此给出一个新的解释：被冰包裹的石头放入水中浮起来，同时在风力的驱动下漂移，在地面上留下痕迹。

另外，他还推测巨石的移动是在极寒的黎明时分，狂风呼啸的几十秒内发生的。为了验证自己的实验结果，拉尔夫计划不久之后在整个赛马场盐湖安装电子摄像机以拍摄巨石移动的画面。

Q "大西洋"名称的由来是什么?

A 原本古希腊人称呼大西洋为"阿特兰提考"，来源于古希腊神话中站立在世界最西端的巨神阿特拉斯。而古罗马人称大西洋为"西方大洋"，"大西洋"之名由此而来。而太平洋则是由葡萄牙探险家麦哲伦命名的。1520—1521年，麦哲伦经过当时名为"南海"的太平洋，有感于风平浪静的洋面，遂将"南海"改名为太平洋。

Q 恐龙的寿命有多长?

A 推断恐龙年龄的方法有好几种，但几乎都是通过恐龙骨头内部结构来推断的。其中，最常用的是"骨骼年轮法"。爬行类动物的骨骼如同树木，每长一岁，骨头上便会多一圈年轮。因此，通过计算这些年轮的数量就能推断出恐龙的年龄。现在，科学家已经推断出霸王龙、板龙和雷龙的年龄。霸王龙最多能活30年左右，但60%的霸王龙活不过2岁，能活到28岁的仅有2%。蜥脚类恐龙基本上能活到25岁左右。然而，这种根据骨头上的年轮来推断恐龙年龄的方法也有弊端。当恐龙进入高龄化阶段，生长变得缓慢，这时一圈年轮并不能代表恐龙的年龄只增长了1岁，所以难以准确地推断出恐龙的实际年龄。有人说蜥脚类恐龙的寿命可达100岁，也有研究认为超龙能活到130岁。

现在已经得到确认的最长寿的恐龙是霸王龙斯科蒂，年龄为28岁

Q 大陆以怎样的速度移动?

A 地球上各个大陆现在仍然以每年几厘米的速度在移动。更准确的说法是"驮"着大陆的板块在不断漂移。漂移速度有所不同，有的板块每年移动1厘米左右，有的板块每年移动近10厘米。例如，太平洋海底的太平洋板块以每年10厘米的速度向西移动，在东日本海底的日本海沟处向地球内部俯冲。而大西洋则因板块漂移以每年1～3厘米的速度向东西方向不断扩张。

亚欧板块
南美洲板块
非洲板块

"驮"着南美洲大陆的南美洲板块正渐渐远离非洲板块。而非洲大陆向北面的亚欧大陆不断靠近，所以现在大西洋还在持续扩张

Q 现在所说的"全球变暖"和过去的"温室地球"，有何不同?

A 现在我们所经历的"全球变暖"现象是由大量的温室气体（二氧化碳、甲烷、对流层臭氧、氟碳化合物）排放到空气中造成的，和白垩纪时期"温室地球"的成因看似相同，其实二者有着根本性的差异。第一，温室气体来源不同。白垩纪时期温室气体增加的原因是火山频繁爆发，而现在则是因为人类燃烧了大量的化石燃料；第二，气候变暖速度不同。白垩纪时期的气温每100年仅上升0.000025摄氏度；而现在全球气温上升速度极快，依照现有数据推测，平均每100年气温将升高1～4摄氏度。约5600万年前也曾出现全球变暖，当时气温不过是每100年上升0.025摄氏度。由此可见，当今的全球变暖是多么不同寻常。

气候急速变暖的地球，未来会是怎样一番景象呢?

从恐龙到鸟类

1 亿 5000 万年前—6600 万年前

—顾问寄语—

北海道大学综合博物馆副教授 小林快次

在天空中翱翔的鸟儿，是适应飞翔并成功实现多样化的脊椎动物。
现生鸟类的种类达到了一万种以上，是哺乳动物的数倍。
约 6600 万年前，因陨石撞击地球导致恐龙大面积灭绝后的新生代，
虽然被称作哺乳动物的时代，但从种类数量上来看，其实是鸟类更繁荣。
因此也有"现在不是哺乳动物的时代，而是鸟类的时代"这样的说法。
那么鸟类是如何进化的呢？就让我们来一探究竟吧！

与 "缺失环节" 有关的地方

中国东北部的辽宁省。在白垩纪时期，这一带活跃着各种各样的带羽毛恐龙。随着带羽毛恐龙的化石在这一带不断被发现，恐龙与鸟类中间的缺失环节渐渐变得明晰，鸟类是由恐龙进化而来的理论也得到了充分的佐证。人们普遍认为，带羽毛恐龙的羽毛主要用来展示形象。这样看来，这片区域或许曾是恐龙们的 "社交场所"。

阴云笼罩下的
辽宁省四合屯化石产地

白垩纪早期的辽宁省地区，火山活动十分频繁。因此这一带形成了十分广阔的火山灰堆积层，我们称其为"热河层"。这些火山灰对保持化石的良好状态做出了很大的贡献。辽宁省西部的四合屯化石产地也因发现带羽毛恐龙的化石而世界闻名。

远古"滑翔机"

这种前肢与后肢被覆羽毛、拥有华丽四翼的生物，我们称之为小盗龙。小盗龙是肉食性恐龙，能在障碍物众多的森林中，自由地在空中滑行，在枝头飞越。这种形态与现在的飞鼠，又或者说滑翔机非常相似。这种带羽毛恐龙的飞行动物，不仅证实了鸟类是由恐龙进化而来的，还向世人诉说着鸟类其实就是"活恐龙"。

小盗龙   中华龙鸟

带羽毛恐龙的诞生

没想到还有恐龙明明不会飞却长着翅膀呀！

羽毛生长之时，新的进化就此开始

随着带有羽毛的恐龙化石被相继发现，"鸟由恐龙进化而成"的假说也渐渐得到了佐证。然而新的未解之谜又出现了。

翅膀的进化与飞翔无关

很久以前，就有"鸟由恐龙进化而成"的说法，因为最原始的鸟类化石——始祖鸟拥有与恐龙相似的特征。

20世纪90年代以来，中国境内相继发现了多种带羽毛恐龙的化石，让鸟类的"恐龙起源说"变得更加明确。学界逐渐将研究的重点放到了"恐龙是在什么时候、通过怎样的方式拥有翅膀"的问题上。

2012年，一项突破性的研究成果问世：科学家在加拿大阿尔伯塔省出产的化石中发现兽脚类恐龙似鸟龙的成体也拥有翅膀。

从形态来看，似鸟龙形似鸵鸟，似乎并不会飞翔。不能飞翔却拥有翅膀，那么翅膀的存在意义是什么呢？

我们都见过天空中飞翔的鸟类，也始终认为翅膀是为了飞翔而生。然而，这只不过是漫长地球史中的一个片段。随着带羽毛恐龙的化石不断被发现，新的进化路径也渐渐浮出水面。

似鸟龙

Ornithomimus

全长约 3.5 米，有鸵鸟恐龙的别名。根据美日加三国的共同研究成果，我们可以确定似鸟龙长有翅膀。带翼恐龙属于恐龙中最原始的种类。图片左下方是 1 岁左右的幼龙。虽然在幼龙的化石上并没有发现翅膀，但这一发现依然为翅膀作用的解读提供了一个新的方向。

带羽毛恐龙的诞生

带羽毛恐龙的翅膀是『长大成龙』的标志!

20 世纪 60 年代，在发现带羽毛恐龙[注1]的化石之前，约翰·奥斯特罗姆曾经从解剖学的角度指出鸟类和恐龙在颈椎、耻骨、腕骨、胸骨等处的构造有着相似之处。

而现在长有羽毛的动物，只有鸟类。即便将古生物算在内，长有羽毛的也只有兽脚类[注2]和鸟类。自 1996 年发现中华龙鸟的化石以来，带羽毛恐龙的化石不断被发现，鸟类的"恐龙起源说"也变得越来越清晰。

似鸟龙化石

上图是 10 岁左右的成年似鸟龙化石，从中可以清楚地看到翅膀。有的个体头部还残留着羽毛。似鸟龙是北美大陆上最先被发现的带羽毛恐龙。

鸟类是恐龙的一个种群

根据以上发现及研究成果，近年学术界将恐龙看作"三角龙和鸟类的最近共同祖先的所有后裔"。也就是说，鸟类也是恐龙的一种。针对这一点，北海道大学综合博物馆副教授小林快次指出"鸟类由恐龙进化而来"这一说法是错误的。我们人类是哺乳动物，但不能说"人类由哺乳动物进化而来"。严格来讲，"鸟类由非鸟型恐龙进化而来"或"鸟类由中生代的恐龙进化而来"的说法相对更准确。

带羽毛恐龙化石的发掘现场

带羽毛恐龙的化石在辽宁省白垩纪早期的沉积层中被相继发现。除了恐龙，这里还发现了早期鸟类、原始的哺乳生物与昆虫的化石。根据地层群的名称，这片区域被称作热河生物群。当时火山活动十分频繁，沉积的火山灰将化石完整地保存了下来。

解析翅膀的作用

羽毛一开始是用来给身体保温的，构造简单，类似绒毛。不久，出现了长有翅膀的恐龙。

关于翅膀的出现目前为止有四种假说。

① 现生鸟类的翅膀是用来飞翔的，恐龙的翅膀也是为了飞翔而逐渐演化的。

② 翅膀可以遮挡一些小型哺乳动物的前进方向，掸落昆虫，从而更好地捕食猎物。

③ 翅膀有助于奔跑时平衡身体。

拥有扇形尾翼的尾羽龙（白垩纪早期）的复原图

虽然羽毛的颜色还未知，但如果是用于求偶行为的话，色彩一定十分炫目。

颠覆恐龙研究视角并主张鸟类的"恐龙起源说"

奥斯特罗姆是主张"鸟类是由恐龙进化而来"的美国古生物学家。他指出白垩纪早期兽脚类恐爪龙的骨骼与鸟类有共同的构造，以及始祖鸟化石和恐龙的骨骼有共同的构造。此外，他还将拥有利爪、尾部生有较长肌腱的恐爪龙定义为"灵活的捕食者"，更新了人们自 19 世纪以来对恐龙只是"笨重的蜥蜴"的固有认知。

奥斯特罗姆的恐龙研究有巨大的突破和影响力，足以被称为"恐龙研究的文艺复兴"。

古生物学者
约翰·奥斯特罗姆
（1928—2005）

④ 和现生鸟类一样，在快摔倒的时候张开翅膀可以保持身体的平衡。彩色的羽毛还可以吸引异性，从而达到繁殖的目的。

根据似鸟龙的研究报告，翅膀与飞翔并无关系，因此第一种假说不成立。因为似鸟龙是植食性恐龙，所以第二种假说也不太站得住脚。跑得快是似鸟龙的特点之一，这样看来，第三种假说有一定的说服力。不过在一岁左右的小似鸟龙的化石中并没有发现翅膀，它和成年似鸟龙的奔跑速度一样快，如果翅膀与奔跑速度有关的话，那么小似鸟龙身上也一定长有翅膀才对。

因此，现在可信度最高的是第四种假说。和孔雀一样，许多鸟类都会为了繁殖，在求偶过程中展现它们的羽翼。此外，在孵卵的时候，羽毛也有着保温的作用。因此，翅膀是不可或缺的。

20世纪90年代，带羽毛恐龙窃蛋龙孵卵时的化石被发现。科学家认为窃蛋龙是和鸟类非常接近的一种恐龙。至少兽脚类在这一阶段已经习得孵卵这一技能的可能性非常高。

如果从翅膀的作用是吸引异性与孵卵这个层面来考虑的话，只有成熟的个体才长有翅膀的假说就可以成立了。对于带羽毛恐龙来说，拥有翅膀就意味着可以进行繁殖。因此，带羽毛恐

你也是恐龙的小伙伴哦！

恐龙与鸟类的定义

根据腰带构造的不同，我们可以将恐龙分为鸟臀目与蜥臀目。蜥臀目中以肉食性恐龙为主的兽脚类生物后来进化成了鸟类。

三角龙　鸟类
副栉龙　霸王龙
甲龙　其他蜥臀目
其他鸟臀目
剑龙　阿根廷龙
鸟臀目　蜥臀目
三角龙和鸟类的共同祖先

带羽毛恐龙的诞生

龙的翅膀就是"长大成龙"的标志。

翅膀渐渐可以用于飞翔

　　带羽毛恐龙的羽翼随着时代的发展，渐渐出现了多样的进化。羽根生有细毛的部分（羽枝）和细小的钩状突起相互咬合，逐渐形成了易于"捕捉"空气的正羽。再后来进化出左右不对称、能产生推力与升力、适合飞翔的飞羽。

　　白垩纪早期中国鸟龙的前肢具有和现生鸟类构造相似的飞羽。2003 年，有研究指出白垩纪早期顾氏小盗龙的四肢均有飞羽。小盗龙并非生有两翼，而是生有四翼。当时，四翼生物尚未被世人所知晓，因此该研究结果令学界震惊。我们总是以现生鸟类为基准，因此想当然地认为两翼生物是自然界的常态，然而生物进化的进程却往往超乎我们的想象。不久，在侏罗纪晚期伤齿龙科的近鸟龙等兽脚类与鸟类的化石中也相继发现了四翼生物。

　　虽然关于小盗龙如何使用四翼众说纷纭，但科学家普遍认为小盗龙是使用飞羽来飞翔的。

　　曾经我们将鸟类定义为"拥

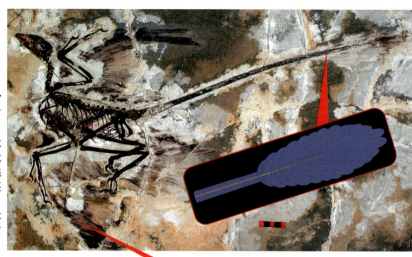

顾氏小盗龙
Microraptor gui

顾氏小盗龙是全长约 77 厘米、白垩纪早期拥有发达羽翼的带羽毛恐龙，和鸟类的近亲——驰龙属于同类。顾氏小盗龙的前肢有 12 根初级飞羽，主要提供推力，还有大约 18 根次级飞羽，主要提供升力，这基本上可以确定翅膀是拥有飞翔功能的。

有飞翔能力（这里包含企鹅等丧失飞翔能力的动物）、被覆羽毛的脊椎动物"。然而，现在看来兽脚类的恐龙中就有既会飞翔又长有羽毛的种类。现在对于鸟类的定义变成了"已经发育了翅膀和飞行羽毛的生物"。鸟类是生有羽毛的恐龙中的一类，那就是进化出了特殊的前肢并拥有飞翔能力的一个种群。

　　带羽毛恐龙化石的发现，让恐龙研究从解答"鸟类是否由恐龙进化而来"变成了解答"鸟是如何由恐龙进化而来"，令恐龙的研究上升到了一个新的阶段。

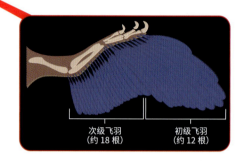

次级飞羽（约 18 根）　　初级飞羽（约 12 根）

科学笔记

【带羽毛恐龙】 第 172 页 注1
拥有羽毛的恐龙的统称。1996 年于辽宁省发现的中华龙鸟，是第一只被归类为带羽毛恐龙的生物，成了鸟类的"恐龙起源说"的决定性依据。

【兽脚类】 第 172 页 注2
以肉食性恐龙为主的两足类恐龙。兽脚类中不仅有霸王龙这种有名的大型肉食性恐龙，还有植食性恐龙。近年来的研究发现，这类恐龙中也有许多被覆羽毛的种类。

新闻聚焦

恐龙与鸟类的指骨矛盾得到解决！

　　兽脚类和鸟类前肢的指骨都是 3 根，相比于兽脚类的 1-2-3 指（拇指、食指、中指），通过观察鸟类胚胎发现其指骨看上去更像 2-3-4 指（食指、中指、无名指）。2011 年，日本东北大学田村宏治教授的研究团队，采用"细胞标记"的方法对指骨的生长基因进行分析。经过研究调查发现，鸟类翅膀的 3 根指骨和兽脚类前肢的指骨都同样是由 1-2-3 指（拇指、食指、中指）发育而来的，从而解决了这一困扰学界多年的难题。

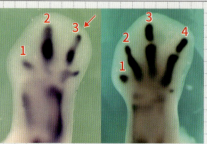

鸡的前肢（左）与后肢（右）指骨的发育部分。因为箭头所指的地方与后肢的第 4 指（无名指）位置相同，所以学者误以为这也是第 4 指（无名指）。研究发现，箭头所指的地方其实是器官发育前、细胞位置发生移动形成的第 3 指（中指）

从恐龙到鸟类的指骨变化

恐爪龙等兽脚类动物的 4-5 指退化，1-3 指保留。这点与现生鸟类是相通的。

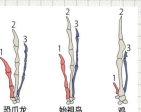

恐爪龙　　始祖鸟　　鸡

鸟类的起源是植食性动物还是肉食性动物？

鸟类因何而飞翔

当人们研究鸟类时，经常会着眼于飞翔的起源。除了鸟类，脊椎动物中几乎没有可以如此自由地翱翔于天际的动物。那么鸟类是如何取得空中霸主的地位的呢？虽然鸟类长有翅膀才能飞翔，但翅膀却并非仅仅为了飞翔而进化。

我时常会有这样的疑问：鸟类究竟是因为会飞所以自然而然地选择了飞翔，还是不得已才选择飞翔？这个问题的本质其实是鸟类是从占优势的肉食性恐龙进化而来的，还是从占劣势的植食性恐龙进化而来的。

现在学界普遍认为鸟类是单一起源，从中生代兽脚类虚骨龙类进化而来。兽脚类的代表是霸王龙，一般都是肉食性恐龙。恐龙在中生代称霸地球，实现种类多样化，但适应肉食的只有兽脚类。

现生鸟类，有着肉食、植食（谷食）等各种习性。科学家由此猜想，中生代时期的兽脚类虽然最初是肉食的，但在逐步向鸟类进化的过程中，适应了杂食·植食。

■ 鸟类丰富的食性

现生鸟类，从猛禽这样的肉食性动物，到凤头鹦鹉这样的植食（谷食）性动物，种类多样。食性的变化中隐藏着探索鸟类起源的重大线索。图为正在捕猎的白尾海雕。

■ 适应了植食的义县建昌龙

在中国辽宁省发现的义县建昌龙，牙齿与颚的结构都与植食性恐龙似鸟龙和窃蛋龙十分相似。

关键在于大脑的进化

那么，兽脚类是怎样从肉食动物进化成杂食·植食动物的呢？这一问题非常重要。因为据此，鸟类起源的思考方向也会发生一百八十度惊天逆转。能够想到的假说有二：一、从肉食性恐龙进化而来，二、从杂食·植食性恐龙进化而来。换句话说，第一种假说即鸟类是从食物链的强者（肉食性动物）进化而来，第二种假说即鸟类是从食物链底端那些希望飞向天空寻求庇护的弱者（杂食·植食性动物）进化而来的。因此要想弄清鸟类进化的过程，了解鸟类食性的进化是非常重要的。

根据我的研究，这两种假说都成立。因此，鸟类到底是通过哪一种假说进化的现在还没有定论。支持第一种假说的关键在于恐龙的大脑结构。包括虚骨龙类在内的兽脚类动物本来就是肉食性动物，似鸟龙、窃蛋龙等恐龙是后天独自适应植食的。此外，我在2013年发表的论文《镰刀龙类义县建昌龙》中指出，虚骨龙类的进化方向非常接近植食性动物。这一观点得到了学术界的支持。如果虚骨龙类在进化成鸟类之前就有植食性物种的话，那么鸟类也有可能是从植食性动物进化而来的。

虽然我的研究没能得出确切的结果，但就我个人而言更倾向于第一种假说。大脑是控制身体结构与行动的中枢，因此通过分析大脑的结构，能更真实地还原进化过程。虽然这一研究还未在学刊上发表，但我认为从身体结构的进化过程来看，也能得出鸟类是从食物链的强者——肉食性恐龙进化而来的结论。

小林快次，1971年生。1995年毕业于美国怀俄明大学地质学专业，获得地球物理学科优秀奖。2004年在美国南卫理公会大学地球科学科取得博士学位。主要从事恐龙等主龙类的研究。

随手词典

【进化发育生物学】
进化发育生物学是一门研究遗传变化的发育机制与进化过程的学问。一般称作Evo-Devo，即Evolutionary Developmental Biology的缩写。这里提到的假说是基于"如果调查羽毛的发育过程，可以了解到处于进化初期的原始羽毛构造"而展开的。

【角蛋白】
角蛋白是具有一定硬度的纤维状蛋白质。主要用于形成毛发、指甲与鳞片。皮肤最外侧角蛋白增生突起，相互重叠构成一种稳定的结构，从而形成了羽毛。

【升力】
即令物体能沿着行进方向垂直运动的力。飞羽在翅膀内侧重合，形成流线型曲面将空气下压，从而产生升力。

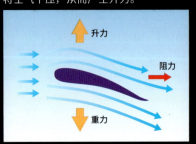

近距直击

鸟类拥有着处于不同阶段的羽毛

雏鸟在刚出生的时候会长有阶段1的那种管状羽毛。此时具有保温和防水功能的绒羽还未长成，小羽枝呈穗状聚集在羽枝上，形态类似于阶段3。从现生鸟类的发育过程中，我们可以观察到各个阶段的羽毛。这也就证实了不论在哪个阶段，羽毛都是从羽囊中长出来的，为本页提出的"羽毛进化的5个阶段"提供了坚实的依据。

拥有管状羽毛的黑杜鹃幼鸟

带羽毛恐龙和羽毛的种类
恐龙拥有种类丰富的羽毛和翅膀。通过下图，我们可以了解到，哪一种恐龙进化成了鸟，以及哪个种群与鸟类更接近。

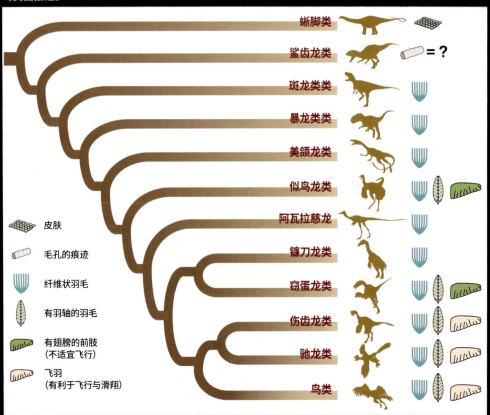

皮肤
毛孔的痕迹
纤维状羽毛
有羽轴的羽毛
有翅膀的前肢（不适宜飞行）
飞羽（有利于飞行与滑翔）

蜥脚类
鲨齿龙类 ＝？
斑龙类类
暴龙类类
美颌龙类
似鸟龙类
阿瓦拉慈龙
镰刀龙类
窃蛋龙类
伤齿龙类
驰龙类
鸟类

放大图

羽枝

小羽枝

羽轴

阶段 3

长出羽轴、羽枝、小羽枝的羽毛

究竟是先长出3A还是3B我们不得而知，但这两部分的特征进化之后，就会生成羽轴、羽枝和小羽枝，两侧分别生长，就形成了羽毛。

阶段 4

封闭型正羽

小羽枝上的小型钩状突起勾住羽槽，令羽枝不会散开，飞翔的时候可以阻挡空气的进入，因此叫作封闭型正羽。

羽轴

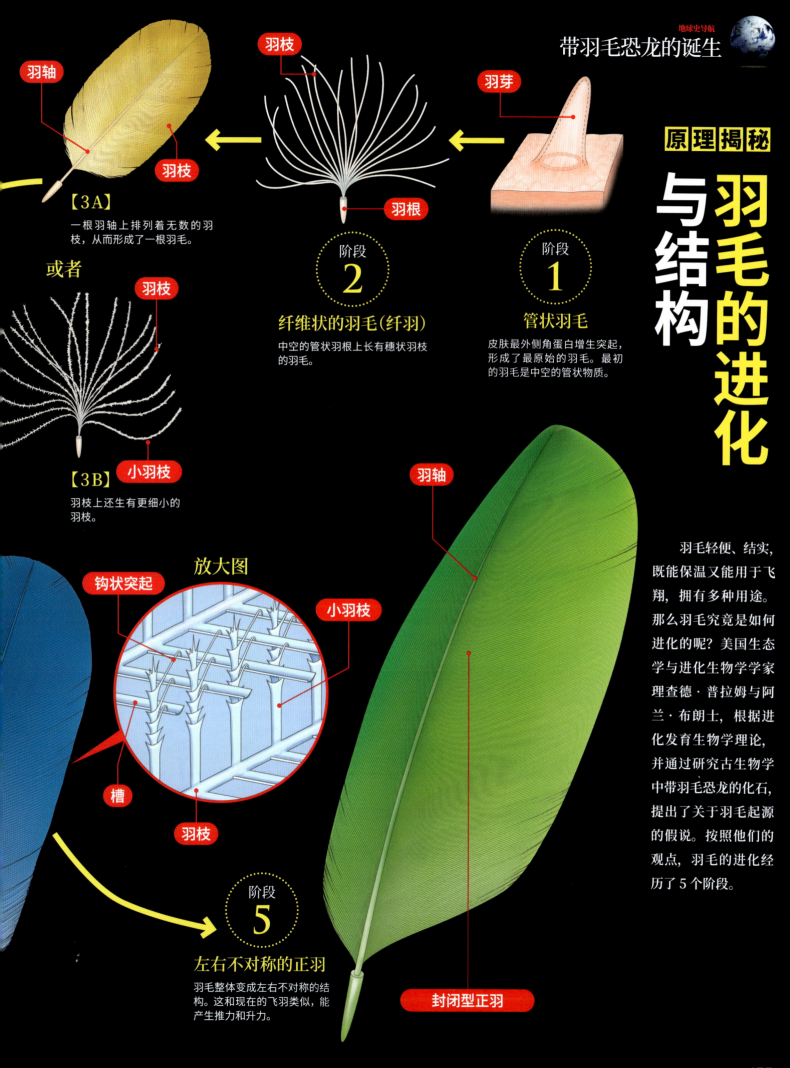

原理揭秘

羽毛的进化与结构

羽轴

羽枝

羽枝

【3A】
一根羽轴上排列着无数的羽枝，从而形成了一根羽毛。

羽芽

阶段 1

管状羽毛
皮肤最外侧角蛋白增生突起，形成了最原始的羽毛。最初的羽毛是中空的管状物质。

羽根

阶段 2

纤维状的羽毛(纤羽)
中空的管状羽根上长有穗状羽枝的羽毛。

或者

羽枝

小羽枝

【3B】
羽枝上还生有更细小的羽枝。

羽轴

羽毛轻便、结实，既能保温又能用于飞翔，拥有多种用途。那么羽毛究竟是如何进化的呢？美国生态学与进化生物学学家理查德·普拉姆与阿兰·布朗士，根据进化发育生物学理论，并通过研究古生物学中带羽毛恐龙的化石，提出了关于羽毛起源的假说。按照他们的观点，羽毛的进化经历了5个阶段。

放大图

钩状突起

小羽枝

槽

羽枝

阶段 5

左右不对称的正羽
羽毛整体变成左右不对称的结构。这和现在的飞羽类似，能产生推力和升力。

封闭型正羽

成为鸟类之路

人类现在总共发现的始祖鸟化石共10具。也就是说，还有更多的始祖鸟化石等待被发现。

始祖鸟与真鸟类出现，带羽毛恐龙征服天际

拥有了羽毛和翅膀并能飞翔的恐龙，将这些特征不断进化，鸟类因此出现。

更加原始的鸟类引起新争论

现生鸟类的直系祖先是白垩纪早期出现的真鸟类。最原始的鸟类是始祖鸟，其化石于1861年在德国巴伐利亚州索伦霍芬的侏罗纪晚期地层被发现。

那时达尔文的进化论刚发表了两年。与爬行类具有相似骨骼的始祖鸟，作为爬行类与鸟类的中间过渡生物引起了广泛的注意。就连达尔文自己也在与朋友的信中提到"这是支持进化论非常有力的证明"。

当时也有恐龙与鸟类都是从槽齿类（也就是现在所说的主龙类）进化而来和鸟类是从鳄鱼的同类进化而来的说法。此后，随着带羽毛恐龙的化石相继被发现，鸟类的"恐龙起源说"就变得更加明确。

然而，随着研究的深入，科学家发现带羽毛恐龙虽然有着"拥有羽毛、在空中飞翔"等鸟类独有的特征，却依然属于恐龙。于是，关于"始祖鸟究竟是不是鸟类"的争论就出现了。

始祖鸟复原图

前肢（翅膀）上的钩爪与颚上锐利的牙齿是现生鸟类所不具备的特征。而后肢能牢牢抓住树干的特征又与现生鸟类相似。

始祖鸟
| *Archaeopteryx* |

德国柏林洪堡大学的自然史博物馆
所藏的"柏林标本"化石。发现于
1876 年。化石保存状况良好，羽毛
细节清晰。不仅学术价值很高，美
学价值也令人叹为观止。

现在
我们知道！

在白垩纪，鸟类实现多样化，向天空「进发」

现在对鸟类[注1]主流的定义是"比始祖鸟进化得更加完善的恐龙"。那么始祖鸟与现生鸟类有什么不同呢？

现生鸟类拥有羽毛，能够利用气囊以提升呼吸的频率。喙上没有牙齿，拥有叉骨（左右锁骨愈合形成的骨骼）。前肢指骨为3根，后肢指骨为4根且第1根指骨方向朝后，这是为了牢固地抓住树枝。尾羽只有尾综骨。

始祖鸟前肢的尖利钩爪和颚上锋利的牙齿是现生鸟类所没有的。始祖鸟虽然没有尾综骨，但是有一条由骨骼构成的长长的尾巴。另外，始祖鸟也拥有羽毛和翅膀，并且可以利用气囊。

那么，始祖鸟会飞吗？根据始祖鸟的骨骼和羽毛的强度进行推断，始祖鸟似乎无法扇动翅膀。有一种说法称始祖鸟可以和飞机一样在地面上滑行一段时间后起飞，因此也可以称作"会飞"。但通过计算可以得出，要达到时速33千米的飞行速度需要滑行47米以上，这样看来并不现实。始祖鸟或许是用钩爪在树上攀缘，然后像滑翔机一样在树丛中滑行。

恐龙与鸟类的分界线变得模糊

那么，包含始祖鸟在内的鸟类与恐龙究竟是什么关系呢？实际上，随着带羽毛恐龙的化石的发现，鸟类与恐龙的分界线变得越来越模糊。

与鸟类最为接近的恐龙是包含驰龙类与伤齿龙类在内的恐爪龙类。以前，科学家们将恐爪龙类与包含始祖鸟在内的鸟类当作姐妹种群，正如左侧的分类图。然而，现在既有"鸟类是包含恐爪龙在内，由不同种群分别进化而来"的说法，也有"始祖鸟并非鸟类，而是恐爪龙类"的说法，众说纷纭。将来如果发现了比始祖鸟更古老的化石，那么关于这个问题的探讨也将更加深入。

孔子鸟
| *Confuciusornis* |

全长70厘米，是最早拥有角质喙的无齿鸟类。尾羽有长有短，由此推断雌性和雄性可能拥有不同的形态。目前已发现数千具化石，由此推断孔子鸟可能是群居动物。

白垩纪早期，现生鸟类的直系祖先出现了

侏罗纪时期的鸟类只有始祖鸟，然而在白垩纪却发现了更多不同种类的原始鸟类。

在中国1亿2000万年前的白

白垩纪时期的天空曾经盘旋着很多不同种类的鸟儿呢！

早期鸟类的分类图

鸟类从恐爪龙类分化后，渐渐进化出了始祖鸟与原始热河鸟。紧接着，白垩纪早期出现的真鸟类成了现生鸟类的直系祖先。

反鸟类
真鸟类
孔子鸟类
原始热河鸟
始祖鸟类
伤齿龙类
驰龙类
尾综骨类
鸟类
恐爪龙类

甘肃鸟 | *Gansus* |

全长25厘米，是与现生鸟类有关的目前已知最古老的真鸟类种群。化石中只有身体，头部尚未被发现。很可能是水鸟。

孔子鸟的生活图景

中国辽宁省白垩纪早期的想象图。左上为雄鸟，右上为雌鸟。位于图中部的河岸可以看到伤齿龙类中国猎龙的身影。右侧深处的红色飞鸟，是反鸟类原羽鸟。

垩纪地层中发掘的原始热河鸟化石，是仅次于始祖鸟的原始鸟类。虽然这种鸟类和始祖鸟有着相似之处，但胸骨与肩骨更为发达。同样是在中国白垩纪早期地层中发掘的孔子鸟化石没有牙齿，但有角质喙。

白垩纪早期，这些原始鸟类渐渐分化出水鸟等现生鸟类的直系祖先真鸟类。也正是从白垩纪开始，鸟类出现了多样的形态与丰富的生活方式。

但是，6600万年前的白垩纪末[注2]，恐龙时代突然宣告终结。唯一生存下来的，只有从兽脚类进化而来的鸟类（真鸟类）。

现在，地球上生存着大约10000种鸟，而我们哺乳类大约只有5500种。因此可以说，恐龙时代依然还在继续。

新闻聚焦

始祖鸟的羽毛是黑色的吗？

2011年，美国的进化生物学家瑞恩·卡尼及其团队从始祖鸟的飞羽化石中发现了含有黑色素[注3]的真黑素细胞的痕迹。通过与现生鸟类进行对比，推断出始祖鸟的羽毛很可能是黑色的。仅通过一根羽毛就研究出已经变为化石的古生物的颜色，这是非常稀有的案例。

被称作"The feather"的羽毛化石。这是全世界唯一一件保留了始祖鸟羽毛颜色的化石

科学笔记

【鸟类】 第180页 注1

鸟类被定义为"从始祖鸟到麻雀的共同祖先"。也就是说，鸟类是始祖鸟进一步进化了的恐龙。虽然文中也有提到，始祖鸟究竟是不是鸟类至今依然有争论，但本书是以"始祖鸟是最原始的鸟类"为前提展开论述的。

【6600万年前的白垩纪末】
第181页 注2

在这个时期，鸟类以外的恐龙、翼龙、长颈龙、菊石类等生物全部消失。世界上约70%的物种惨遭灭绝。科学家普遍认为当时陨石撞击地球，火灾产生的烟雾与大量席卷而上的粉尘遮挡了太阳光，导致地球温度过低，从而造成了物种灭绝。

【黑色素】 第181页 注3

体内生成的色素。有一种假说认为黑色素与构成鸟类羽毛的蛋白质结合，可以对羽根起到强化作用。此外，黑色可以吸收热量，从而起到调节体温的作用。

CT 扫描分析，始祖鸟果然可以飞翔！

伦敦自然历史博物馆的安吉拉·米尔纳团队在 2004 年发表了关于始祖鸟头骨的 CT 扫描报告。根据报告，始祖鸟的脑容量处于爬行类与鸟类之间，约为 1.6 毫升。此外，始祖鸟的视觉中枢与 3 个半规管都很发达，因此它们和现生鸟类一样具有对飞翔来说不可或缺的良好视力与平衡能力。这项研究结果表明，始祖鸟具备飞翔所需的基本条件。

始祖鸟的头骨与脑。红色部分为复原的大脑

随手词典

【气囊】

气囊是进入气管的空气在进肺之前和出肺之后的储存场所。虽然现在气囊是鸟类独有的器官，但蜥脚类恐龙也曾拥有过。蜥脚类恐龙有全长 30 米以上的种类，它们通过利用骨骼间的气囊系统形成"空洞"，从而减轻骨骼重量，并在身体中储存更多的氧气。

【现生鸟类的喙】

现生鸟类拥有角质喙，但没有牙齿。这也是为了降低骨骼重量，而将牙齿退化掉，从而更利于飞翔。

鸟类划时代的呼吸方法与气囊系统

鸟类拥有气囊系统。除肺与气管之外，作为袋状软组织（前气囊·后气囊）的气囊也能装有空气，空气可以在这里储存并流通，从而保证肺部始终可以呼吸到新鲜的空气。因此，鸟类能够吸入飞翔所需的大量氧气。

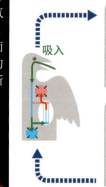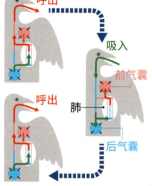

吸入　　呼出　　吸入

呼出

前气囊

肺

后气囊

➡ 新鲜的空气
➡ 二氧化碳含量较高的、不太新鲜的空气

叉骨

叉骨是翅膀张开时，起到像弹簧一样作用的骨骼，是现生鸟类所独有的一种骨骼。始祖鸟与一部分兽脚类生物也拥有这种骨骼。

长有牙齿的喙

始祖鸟上下颚分别拥有13颗与12颗锋利的牙齿。现生鸟类的喙上没有牙齿。

翅膀的组成

现生鸟类的代表性器官。根据种类的不同，飞羽的数量也有所不同。

小翼羽
靠近指骨附近的羽毛。飞翔过程中可以调整气流

中覆羽　大覆羽　小覆羽

初级覆羽

覆羽
控制翅膀的形状与气流。根据覆盖位置的不同名称也不同

次级飞羽
产生飞翔所需的升力

初级飞羽
通过扇动翅膀而产生推力

原理揭秘
彻底剖析
这就是始祖鸟！

**始祖鸟
拥有5只翅膀！**

白垩纪早期的兽脚类恐龙顾氏小盗龙的翅膀长在四肢上。2006年，有报告指出始祖鸟的翅膀也长在四肢上，加上尾翼一共有5只翅膀。根据美国古生物学家尼可拉斯·隆里奇的观点，后肢翅膀的形态是为了覆盖尾根未长有羽毛的部分，由此可以减少6%的失速速度，并缩小12%的转弯半径。始祖鸟一旦开始在空中滑行，即使以很慢的速度也可以持续飞翔很久，并擅长转弯，当时很可能在树丛间来回穿梭。

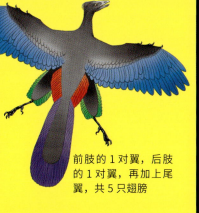

前肢的1对翼，后肢的1对翼，再加上尾翼，共5只翅膀

含气化的脊椎

鸟类能够利用气囊系统进行有效的呼吸（参考左上图）。气囊的一部分在骨骼中形成，因此称作含气骨。从始祖鸟的颈骨能观察到它的含气骨，由此可以推断始祖鸟也是利用气囊进行呼吸的。

拥有飞羽的翅膀

始祖鸟的翅膀有可以产生升力的飞羽，但是没有可以调整气流的小翼羽。此外，从肩关节的结构来看，翅膀也无法伸展到肩部之上，因此无法扑动翅膀，只能滑行。

朝后的耻骨

始祖鸟构成骨盆的耻骨与现生鸟类一样，是朝后生长的。原因尚不明确，但可以确定的是，耻骨的方向在兽脚类向鸟类进化的过程中发生了变化。

尾骨

现生鸟类的脊椎只到尾综骨，尾羽即便很长也仅仅只有羽毛，但始祖鸟的尾巴是由和身体同样长度的骨头构成的。

为抓住树枝而
不断进化的后肢

始祖鸟的4根指骨里，第1指与现生鸟类一样向后生长。此外，钩爪与现在的树栖鸟类一样弯曲，有助于在树枝上停留。

始祖鸟化石在侏罗纪晚期（1亿5000万年前）的地层中被发现。作为最原始的鸟类，始祖鸟究竟与现生鸟类有哪些不同呢？让我们通过分析始祖鸟的骨骼化石，来探索它们的生存奥秘吧！

爬行类的生存战略

选择『慢节奏生活』的爬行动物

在恐龙全盛时期的中生代，爬行类选择了与恐龙完全不同的生存道路。其中，龟类以甲壳防御与低代谢的独特生存方式扩大了它们的栖息地。

不成为恐龙也能生存下来的第三种选择

白垩纪给人们留下恐龙时代的印象。现在已知的恐龙约有 560 属，其中近 40% 出现在白垩纪晚期。

然而，漫步在白垩纪大地上的并不是只有恐龙。这片土地上不仅有我们的祖先哺乳类，还有龟、蜥蜴和蛇的身影。海洋中长达 4 米的巨型海龟与古巨龟在悠然游动着。

在 2 亿 5200 万年前的中生代初，陆地上的动物为了在残酷的生存战争中活下来，采取了三种战略。

恐龙采取了第一种战略，使体形变大。利用巨大的身躯碾压其他生物。这是蜥脚类动物采取的典型战略。

哺乳动物采取了第二种战略，使体形变小。小体形可以不间断地获取食物，从而持续进行能量补给。这种能量可以维持体温，并且保持行动的敏捷。

龟类采取了第三种战略。龟类行动迟缓，但相比同等大小的哺乳类生物来说，寿命更长。老鼠等小型哺乳类动物的寿命只有几年，却需要每天大量进食来维持生存。反观龟类，小型的龟类几乎能达到和人类相同的寿命，但只需每个月进食一次就可以维持生命特征。

龟类通过低代谢率而"节省能量"，从而适应地球的环境。包括新生代在内，目前已知的大约有 300 属龟类化石，是爬行类动物中化石被发现数量最多的。龟类选择了与恐龙完全不同的生存之道。

古海龟

龟甲长 2.2 米，全长 4 米，推算体重达 2 吨，是史上最大的龟类。生活在白垩纪晚期的海域（大约 7000 万年前），以捕食菊石类生物为生。

新闻聚焦

只有腹部有龟甲的最古老龟类？

2008 年在中国贵州省发现了距今 2 亿 2000 万年的龟化石。这只半甲齿龟只有腹部生有龟甲。学名是根据"牙齿"这一最大特征命名的，这也是唯一一种颚上长有牙齿的龟类。因为化石是在浅海地层中发现的，所以科学家认为这种龟是海洋生物，但根据四肢形态来看又像是陆生生物。这一点现在依然是个未解之谜。

半甲齿龟的化石。全长约 40 厘米。因"长有牙齿，生有一半龟甲"而得名

白垩纪除了恐龙之外，爬行类动物也是很繁盛的哦！

从沙漠到海洋，『节能』的生活方式在地球上传播

这种极度"节能"的生活方式，和我们这种必须不断进食的哺乳动物真是完全不一样啊！

古棱皮龟
| Mesodermochelys |

古棱皮龟生活在 8000 万年前—7000 万年前的白垩纪晚期海域，是世界珍稀动物棱皮龟的祖先。在日本的北海道、兵库县与香川县等地都发现了其化石。这种龟的显著特征是背甲与缘板内侧有波纹的形状。

赤道

当我们看到乌龟的时候，第一印象想必是龟甲。海龟在三叠纪进化出了这种独特防御系统。但是，原颚龟等三叠纪时期的龟类，头部关节的柔软性很差，无法缩进龟壳中。

拥有了防御系统的龟类在白垩纪实现了多样化

从侏罗纪到白垩纪，出现了头部关节柔软、可以将头部缩进龟壳注1之中的龟类。

同时变得更加发达的器官还有耳朵。这是因为当时龟类的天敌是会发出声响的恐龙与鳄。一旦听到它们的声音，即使没有看到它们的身影，龟类也可以进入防御状态。大多数龟类都是无法通过声音进行交流的。耳朵只是为了察觉外敌的

接近而进化出的防御器官。

就这样，拥有了应对捕食者的龟壳和耳朵等防御系统的龟类在白垩纪实现了多样化。为了让龟甲可以保护好头部，头骨重量也逐渐变轻，头部因而变得更加灵活。白垩纪出现了能够伸长头颈把游动的鱼类整个吞进肚子的龟类。海龟类也是在这个时期出现的。

关于白垩纪时期龟类的研究，在日本也有了划时代的发现。通过研究古棱皮龟的化石，发现古棱皮龟和现生棱皮龟相似，体现出了龟类的进化过程，因此这种化石十分珍稀。另外，在发现于北海道、被称作阿诺曼龟的大型陆生龟化石身上，能观察到其背甲上前倾的棘状突起，这可能是为了从侧面保护巨大的头部而进化出的。

现生棱皮龟

古棱皮龟会捕食包括鱼类在内的多种食物，而新生代的棱皮龟则以水母为食。棱皮龟作为从"全食"到"偏食"的典型例子，引起了科学家的广泛关注。

龟类的生活特征是低代谢和低能耗。成人每人每天需进食 3 千克左右的食物，而和人类体重相似的象龟每天只需进食几百克食物。因为可以通过节约能量维持生命特征，龟类只要在拥有进食机会的时候大量进食就行。科学家认为中生代时期的龟类都是如此。

节省能量的生存战略

蜥蜴类也是白垩纪时期出现的代表性生物。尤其是食虫类蜥蜴，更是当仁不让地成了中生代与新生代生态系统中的典型生物。需要一只一只地捕食像虫子这样的小型动物，耗费了它们大量的体力，得到的食物总量却很少。食虫类蜥蜴体形小，外出活动时通过日光浴使体

阿诺曼龟
| Anomalochelys |

全长约 70 厘米。陆生龟。发现于北海道距今 9500 万年的地层中。四肢与现生象龟十分相似。头部无法回缩，因此两侧有巨大的棘状突起，用来保护头部。

阿诺曼龟的复原图

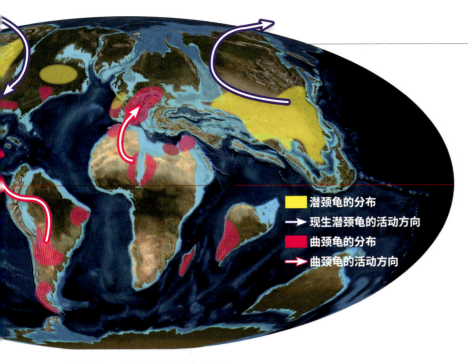

图例：
- 潜颈龟的分布
- → 现生潜颈龟的活动方向
- 曲颈龟的分布
- → 曲颈龟的活动方向

◎ 白垩纪时期龟类的分布

白垩纪早期（1亿4500万年前—1亿50万年前），与现生鳖类和陆龟相似的现生潜颈龟在包括日本在内的亚洲大陆上出现。白垩纪晚期（1亿50万年前—6600万年前），其栖息地扩大到北美地区。上图为白垩纪晚期的龟类分布图。

古巨龟 | Archelon |

古巨龟生活在约7000万年前的海域，全长达4米，是史上最大的海龟。自19世纪首次被发现以来，在美国南达科他州附近相继发现了5具同类化石，因此可以推测这类生物或许呈地区性分布。

温上升，休息时体温下降，这种变温的生存方式十分有利于减少能耗。因此蜥蜴类也可以称得上是一种节能的动物。

此外，白垩纪时期从蜥蜴进化而来的蛇类采用的是一次多吃、储存在肚子里的捕食方法。蛇可以让身体变形，从而将猎物整个吞下去。因为没有"手"和"足"，蛇类只能选择这样一种捕食方法，进食一次之后，便可以维持数月不进食。就这样，白垩纪时期恐龙之外的爬行动物采取了各种独特的生存战略。

6600万年前，这些动物面临了一场前所未有的考验。陨石撞击墨西哥的尤卡坦半岛，被人们称作白垩纪末大灭绝的时代开始了。恐龙（除鸟类外）的身影从地球上消失了，而这些爬行类却幸存了下来，尤其是龟类，几乎没有受到大灭绝的影响[注2]。

龟类"节能"的生活方式或许是成功避开这场灾祸的秘诀。它们看似迈着悠闲的步伐，实则比人类见证了更长的地球历史。

新闻聚焦

日本发现的划时代化石改写了蛇类的起源！

科学家从石川县白垩纪早期（1亿3000万年前）地层的桑岛化石壁中发现了蜥蜴的近亲长蜥，蛇类正是由该生物进化而来。2006年，该生物被命名为白山加贺蜥。此前学界一直以欧洲发现的化石为依据，将蛇类当作浅水巨蜥四肢退化而形成的生物。随着年代更加久远的化石相继被发现，蛇类的"陆地起源说"得到了更加有力的证明。

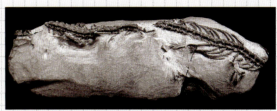

白山加贺蜥的学名意为"住在白山的加贺水妖"

白山加贺蜥的复原图。化石中呈现的是从肩到腰的部分，科学家推测这种生物全长为40～50厘米

科学笔记

【头部缩进龟壳】第186页注1

根据头部的回缩方式，龟类可以分为潜颈龟和曲颈龟两类。白垩纪时期，前者多出现于北半球，后者多出现于南半球。此外，鳖、陆龟和海龟中也有头部无法回缩的种类。

【大灭绝的影响】第187页注2

北美西部地区与被陨石撞击的尤卡坦半岛相距不过数千千米，但白垩纪时期9科15属的龟类生物中有8科13属幸存。正因如此，我们需要重新思考陨石撞击给地球带来的影响。

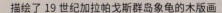

文明与地球 ｜ 大航海时代的受难者

因过度捕食而濒临灭绝的象龟

15—17世纪的大航海时代，对于象龟来说，无疑是一个命途多舛的时代。当时的船员们盯上了不进食也能长期存活的龟类。在那个没有冰箱的时代，能够活很久并在必要时提供新鲜肉类的象龟就成了珍贵的食材。当人们到达龟类生存的岛屿后，就会大量捕捉龟。印度洋上的马斯克林群岛原本生活着100万只以上的象龟，而到了19世纪，几乎再也没有野生象龟出没。以象龟闻名的加拉帕戈斯群岛中如今也有3个岛屿再也见不到象龟的踪影。然而，这也仅仅是因为加拉帕戈斯群岛并非主要航路，所以才能避免发生整个群岛象龟灭绝的悲剧。

描绘了19世纪加拉帕戈斯群岛象龟的木版画

地球博物志

带羽毛恐龙

| Feathered dinosaur |

恐龙宏大的进化轨迹

恐龙于三叠纪晚期（约2亿3000万年前）出现，不仅统治了中生代时期的陆地，还进化成鸟类，统治了天空。恐龙化石中残留的羽毛痕迹，为我们提供了恐龙进化过程中的关键线索。

带羽毛恐龙化石的代表性产地

因为羽毛构造独特，所以只能在地质状况良好的地层中保留。其中最具代表性的产地就是中国辽宁省的热河层。地图中指出的是发现过带羽毛恐龙化石的地区。

德国索伦霍芬（始祖鸟化石）
加拿大阿尔伯塔省
中国辽宁省
蒙古戈壁沙漠

【羽暴龙】

| Yutyrannus |

羽暴龙全身长着长达15厘米的纤维状原始羽毛，是最先被确认的大型带羽毛恐龙。因为此前发现的都是身长不足2米的小型带羽毛恐龙，所以人们一直认为恐龙的羽毛是用来为身体保温的，然而身体热量不易被带走的大型恐龙也长有羽毛，这就引发了人们对恐龙羽毛作用新的思考。

这类化石发现于1亿2500万年前的地层中，于2012年报告为新物种

数据	
分类	暴龙类
全长	约9米
年代	白垩纪早期
产地	中国辽宁省

【中华龙鸟】

| Sinosauropteryx |

人们在中华龙鸟的化石中第一次发现了羽毛的痕迹。中华龙鸟的背部到尾部均可见到原始的羽毛，因此成了鸟类"恐龙起源说"的决定性证据。在之后的研究中，科学家又发现了中华龙鸟的羽毛中含有黑色素，并推测中华龙鸟可能长有橙红色的羽毛。中华龙鸟长有尖细的吻，因此可以捕食昆虫与蜥蜴这样的小型动物。

数据	
分类	美颌龙类
全长	约1米
年代	白垩纪早期
产地	中国辽宁省

首次发现并具有里程碑式意义的带羽毛恐龙

近距直击 • • •

最早的恐龙已拥有与鸟类相似的骨骼结构

　　发现于阿根廷安第斯山脉约2亿3000万年前（三叠纪晚期）地层中最早的恐龙化石，与鸟类有着极为相似的特征。这种名叫曙奔龙的恐龙，头骨呈中空形态。此外，前肢指骨很长，自腰部向下延伸的耻骨前端突出。这些特征都与原始的兽脚类生物十分相似。头骨的空洞很有可能是具有呼吸作用的气囊。因此兽脚类生物常被当作恐龙向鸟类进化的重要依据。

【近鸟龙】

| Anchiornis |

近鸟龙发现于侏罗纪晚期的地层中，是比始祖鸟还要早 1000 万年的带羽毛恐龙。这种恐龙虽然拥有 4 只羽翼，但没有飞羽，因此并不擅长飞翔。2010 年通过分析其含有黑色素的细胞，推测出这种恐龙全身的颜色——前肢生有黑白两色羽毛，冠部呈红褐色。

近鸟龙作为首例分析出全身颜色的恐龙而被世界熟知

数据	
分类	伤齿龙类
全长	35厘米
年代	侏罗纪晚期
产地	中国辽宁省

【恐爪龙】

| Deinonychus |

恐爪龙名字的由来是"恐怖的趾爪"。虽然在其化石中没有发现有关羽毛的直接证据，但学界依然将其认定为是和近亲伶盗龙同样拥有羽毛的种类。恐爪龙由古生物学家约翰·奥斯特罗姆于 1964 年发现。奥斯特罗姆通过分析恐爪龙与鸟类的共同特征，主张鸟类的"恐龙起源说"。此外，因为恐爪龙好动的属性，奥斯特罗姆推测恐爪龙属于内温性动物。

在电影《侏罗纪公园》中登场的伶盗龙模型（当时人们认为伶盗龙与恐爪龙是同一种恐龙）

数据	
分类	驰龙类
全长	3米
年代	白垩纪早期
产地	美国

【驰龙】

| Dromaeosaurus |

驰龙是发现于美国与加拿大阿尔伯塔省的白垩纪晚期肉食性恐龙。驰龙不仅拥有极大的脑容量，还拥有敏锐的视觉和嗅觉。驰龙化石上没有发现羽毛的痕迹，但在同属于驰龙类的顾氏小盗龙的化石上发现了羽毛，因此可以推断驰龙也属于鸟类的近亲。

驰龙的意思是"疾驰的蜥蜴"

数据	
分类	驰龙类
全长	约1.8米
年代	白垩纪晚期
产地	美国、加拿大

新闻聚焦

所有的恐龙都拥有羽毛吗?!

2014 年 3 月，中科院古脊椎动物与古人类研究所的徐星教授在日本福井县举办的亚洲恐龙国际研讨会上发表了题为《关于亚洲地区恐龙与中生代的生物相》的报告。徐星教授在报告中指出，在恐龙最早出现的 2 亿 3000 万年前就带羽毛恐龙的存在，因此很有可能，羽毛的起源要追溯到比恐龙出现更遥远的年代。这份报告引起了学界极大的关注。近年来，随着带羽毛恐龙的化石不断被发现，不仅与鸟类相似的兽脚类动物可能拥有羽毛，鸟臀目动物与翼龙拥有羽毛的可能性也在逐渐增大。虽然徐星教授指出还需要大量的标本与研究来证实，但羽毛或许是所有恐龙与翼龙的一种更为广泛的生物特征。

徐星教授。他发现了以大型带羽毛恐龙羽暴龙为代表的多种新型恐龙

【尾羽龙】

| Caudipteryx |

尾羽龙的尾部拥有发达的扇形尾羽，短小的前肢同样拥有羽毛，属于原始的窃蛋龙类。尾羽龙的羽毛虽然拥有羽轴和羽枝，但没有利于飞翔的飞羽。根据其羽毛左右对称这一点，能够推断出尾羽龙无法在空中飞翔。然而尾羽龙拥有细长的后肢，可以快速地奔跑。

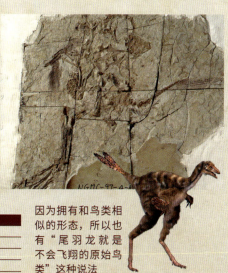
因为拥有和鸟类相似的形态，所以也有"尾羽龙就是不会飞翔的原始鸟类"这种说法

数据	
分类	窃蛋龙类
全长	约1米
年代	白垩纪早期
产地	中国辽宁省

被企鹅占领的岛屿

麦夸里岛

位于澳大利亚塔斯马尼亚州，1997 年被列入《世界遗产名录》。

麦夸里岛是位于塔斯马尼亚岛和南极大陆之间的海上孤岛，是一座由喷出地幔的海底岩浆露出海平面形成的岛屿。在这座岛上可以看到许多地壳变动的痕迹，同时，海岸线上还生活着数以百万计的企鹅，形成了一道令人惊叹的景观。

海岛之主：各种各样的企鹅

凤头黄眉企鹅

头部拥有黄色冠羽的企鹅，属于马卡罗尼企鹅。这种企鹅经常将两足并拢，蹦跳前行。

帝企鹅

这种企鹅又被称作大型企鹅之王，一般一年只能产卵一枚。

巴布亚企鹅

巴布亚企鹅的特征是橘色的吻与白色的眉毛。这种企鹅非常擅长游泳，是企鹅中游泳速度最快的。

皇家企鹅

皇家企鹅是麦夸里岛上的特有品种。和凤头黄眉企鹅同属于马卡罗尼企鹅，但是体形比凤头黄眉企鹅大，且面部为白色。

处于繁殖期的企鹅群
所有的企鹅都会在繁殖期登上海岛，
形成以繁殖为目的的大型"集群"。
在麦夸里岛上，除了企鹅，还生活着
南象海豹、海狗与短尾信天翁等生物。

191

水的记忆

在全世界引起了轰动。

发表这篇论文的科学家，会成为『现代的伽利略』吗？

1988 年 6 月，世界权威科学杂志《自然》上刊登的一篇论文

1984 年，法国巴黎国家健康医疗研究院，诺贝尔奖的有力竞争者、免疫学家雅克·邦弗尼斯特的研究室中，正在进行白细胞对过敏原反应的研究。一天，负责报告实验结果的实验员，遭到了邦弗尼斯特的强烈斥责。

"这种数据根本就是无稽之谈！"

原来是因为实验员将试剂过度稀释，导致溶液中几乎无法检测到抗原分子。在如此严重的错误都没有被发现的情况下还得出了研究结果，也难怪邦弗尼斯特会勃然大怒。

"你是在拿水做实验啊，赶紧重做！"

实验员一边反省自己的过失，一边产生了更大的疑问：为什么试剂变成了水，但依然存在反应现象呢？抱着这样的疑问，实验员将实验重做了一遍又一遍，结果竟然是相同的。基于这样的现象，邦弗尼斯特开始思考其中的原因。

从那以后，邦弗尼斯特开始对这种现象进行分析，并且整理出结果，但是……

水的记忆事件中连"魔术师"都登场了

英国杂志《自然》自 1869 年创刊以来，凭借刊登了许多诺贝尔奖级别的研究成果而被学界所熟知。世界各国的科学家都在不断投稿，并以自己的论文登上《自然》为荣，权威程度可见一斑。

1988 年 6 月 30 日出版的一期《自然》

法国免疫学家雅克·邦弗尼斯特 (1935—2004)，以"水的记忆"事件为契机，辞去了在法国国家健康医疗研究院的职务，转而进行独立研究。他还发表了题为《水记录的信息能通过"通信线路"向远方传递》的论文

刊登了邦弗尼斯特的一篇论文，标题是《极度稀释后的抗血清免疫球蛋白 E 抗体依然可以引起人体嗜碱性粒细胞脱粒》。

虽然罗列出了许多专有名词，但通俗来讲，球蛋白溶液经过多次稀释，根本无法检测到任何球蛋白因子，却依然能够引起免疫细胞反应。换句话说，水拥有对球蛋白溶液的记忆。

这个颠覆常理的研究结果，自然引得欧美媒体一片哗然。"水的记忆"不仅登上报刊，还引发了对科学毫无兴趣的人的关注，这与欧美地区信奉顺势疗法有极大的关系。

顺势疗法是指，将在健康的人中能引起相同症状的药物进行高度稀释，给患者服用。虽然顺势疗法因为没有副作用而受到广泛欢迎，但也有人称之为异端邪说，并认为邦弗尼斯特的论文是在证明顺势疗法的科学有效性。

法国病毒学家吕克·蒙塔尼（1932—　）。巴斯德研究院的常年在籍科学家。他于 1983 年发现了艾滋病病毒并因此获得了 2008 年的诺贝尔医学奖。现为上海交通大学教授

《自然》上的所有文章，都有着严格的刊登条件，那就是公开追加实验。由三人组成的调查委员会奔赴邦弗尼斯特所在的实验室。其中一人还是因经常揭露伪科学而出名的"魔术师"。

编委会始终对这项研究存有疑问，马上发表了"这是一场没有任何意义的妄想"的调查结果。

邦弗尼斯特曾经对此表达了严正抗议，希望编委会能够保持"无偏见的科学精神"。然而他却因此丧失了学界的地位，事业也一落千丈。自那之后，他便独自进行数字生物学的研究。他认为水可以将曾在水中溶解过的物质的信息通过电磁波的方式释放。他不断进行将那些信息通过数字化的方式发送与收集的实验，但还未证实自己的猜想就于 2004 年去世了。

邦弗尼斯特在世时因独立于主流科学之外，遭受了无数的中伤，但他的研究并没有随着他的去世而付之东流。

水的可能性能将科学的发展带入一个新的平台吗？

因发现艾滋病病毒而荣获诺贝尔医学奖的科学家吕克·蒙塔尼，在 2010 年接受《科学》（与《自然》齐名的美国著名科学刊物）采访时曾表示想要再次对邦弗尼斯特"水的记忆"事件进行检验。具体来说，就是对 DNA 在水中放出电磁波信号的现象进行研究。

地球，也是水之星球。水是生命的起源，人体中将近 60% 的成分都是水。

虽然蒙塔尼认为邦弗尼斯特是"现代的伽利略"，走在了时代的前面，但"水的记忆"理论，如今依然有正反两种评价。

或许有一天水的可能性会将科学的发展带入一个新的平台吧！

法国国家健康医疗研究院不仅是法国唯一的公立医学研究机构，还是法国研究癌症的权威机构

Q 为什么带羽毛恐龙的化石大多发现于中国？

A 现在被发现的带羽毛恐龙的化石，大多发现于中国辽宁省的热河生物群。白垩纪时期的辽宁省有许多活跃的活火山，附近有许多火山湖，湖底堆积着大量细小的火山灰。恐龙的尸体正是因为被掩埋在这种特殊的物质下面，才能留下类似羽毛这样细小组织的化石。拥有羽毛的恐龙，也许在世界各地都有分布。如果其他大陆上也有类似热河生物群这样优良的地质，或许同样会有新的发现。

Q 为什么恐龙的化石大多呈后仰的姿态呢？

A 恐龙化石中呈后仰姿态的非常多，这是因为恐龙死后，肌肉会不断收缩。通过用鸡来做实验，我们可以发现鸟类脊椎上用来连接头部与尾部的韧带会发生激烈收缩。在恐龙化石的发掘现场，若先发现头部与尾部的化石，通过韧带收缩这一特性，就能发现剩余部位的化石。这种情况时有发生。

呈用力向后仰的姿态的带羽毛恐龙化石，为中国鸟龙的化石

Q 为什么带羽毛恐龙有着华丽的羽毛呢？

A 通过化石来推测古生物的颜色是一件非常困难的事情。因此我们需要参考一些与古生物属种相近的现生生物的颜色。以前推测恐龙颜色时就曾参考过蜥蜴与鳄的颜色。随着带羽毛恐龙的发现，推测恐龙颜色时也开始参考鸟类的颜色。而鸟类羽毛的"求偶说"也越来越令人信服，因此带羽毛恐龙很可能有着类似雄性孔雀与火鸡这样艳丽的颜色。正因为如此，也出现了越来越多色彩大胆而又华丽的恐龙复原图。

展示自己羽毛的火鸡

Q 象龟是游到加拉帕戈斯群岛的吗？

A 加拉帕戈斯群岛在历史上从未与其他大陆接壤。在这样的孤岛上，为什么会有加拉帕戈斯象龟这样的陆生龟呢？而且，它不是从海生龟进化来的。科学家认为陆生龟起源于亚洲，在约4000万年前到达了非洲，随后在2300万年前到达了南美洲。这样看来，陆生龟似乎是随着洪水流入大西洋，在大西洋上漂流，最终从非洲到了南美洲。这些陆生龟的子孙就沿着厄瓜多尔河漂流到了加拉帕戈斯群岛。陆生龟的游泳能力几乎为零，但肺容量很大，拥有十分优秀的漂浮能力。此外，陆生龟还可以长时间耐饥耐渴。正因为如此，加拉帕戈斯象龟的祖先才能适应长达数千米的长途跋涉。

加拉帕戈斯象龟通过惊人的长途旅行最终抵达加拉帕戈斯群岛

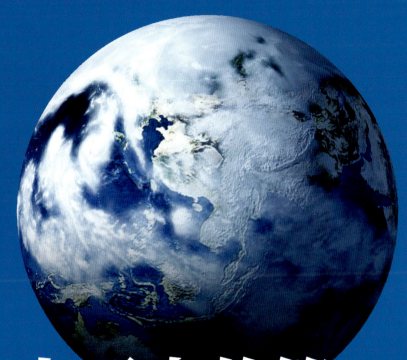

大地上开出的第一朵花

1 亿 4500 万年前—6600 万年前

—顾问寄语—

中央大学教授　西田治文

7.　　　据说尼安德特人也会用花来祭奠逝者。

开花的植物，即被子植物，极大程度地丰富了我们的身心。

然而，在被子植物登场的白垩纪之前出现的动物，却无法沐浴在花海之中。

自白垩纪以来，随着被子植物的分布范围逐渐扩大，生态系统也在急速变化并与动物共同演化。

我们的祖先——猿类，也是在被子植物成片生长的新生代森林中诞生的。

让我们一起通过被子植物来反观一下我们人类自身吧！

多彩的星球

被子植物绽放着五颜六色的花朵，为大地增添了无数色彩，有的如阳光一般的黄，有的如天空一般的蓝，有的如夕阳一般的橙。从地球46亿年的历史来看，如今我们已经习以为常的植物出现在距今不过1亿4000万年的白垩纪时期，属于离现代比较近的时期。通过开花吸引昆虫，从而让昆虫授粉，被子植物的这种生存战略十分成功。地球上从此盛开了五颜六色的花朵，变成了一个多彩的星球。

蒙蒂·西比里尼国家公园

西比里尼国家公园是位于意大利中部马立凯地区与翁布里亚地区之间的国家公园，面积达 700 平方千米。在这里，海拔2000 米以上的山脉连绵不绝。山鹰和狼等野生动物在这里栖居。每年的 5—7 月，公园中的罂粟与郁金香都如同地毯一样向四周铺散开来。

捕食恐龙的 哺乳动物

距今约1亿2500万年的白垩纪早期，在中国东北地区出现了捕猎者的身影。这种捕猎者全长约80厘米，与郊狼身形相似的身躯上长满了密集的绒毛。这种捕猎者叫作强壮爬兽，是中生代最大的哺乳动物。图中为了分散捕猎者的注意力而四散逃跑的是鹦鹉嘴龙。最后一只落单的鹦鹉嘴龙因体力不支，不敌强壮爬兽强有力的颚，被一口吞下。中生代的哺乳动物一直活在恐龙的阴影之下，毫无疑问是弱者。但我们的祖先哺乳类中，也有与恐龙开展生存竞赛的"勇敢者"。

强壮爬兽

鹦鹉嘴龙

花的诞生

被子植物开花之时，大地变成了彩色的世界

白垩纪时期的裸子植物森林，是通过种子传播这种高效率的繁殖方式形成的。随后，出现了拥有更先进繁殖方式的另一类植物——拥有花朵的被子植物。

以昆虫为媒介进行授粉，地球上从此遍布花朵

泥盆纪晚期，把种子作为繁殖媒介的种子植物登上了历史的舞台。随后，与其相似的裸子植物在二叠纪晚期有了惊人的进化。进入白垩纪之后，在苏铁科与银杏科等植物生长的森林里，也出现了许多新的植物。那时植物裸露的种子开始被雌蕊包裹，渐渐出现了现今世界上种类最为繁多的植物——被子植物。

被子植物自出现以来，就以令人惊艳的方式吸引其他生物为其授粉，也正是因为这种独特的吸引方式令被子植物迅速地席卷全世界。这种吸引方式就是——开花。与主要依靠风媒传播的裸子植物不同，被子植物进一步进化了。被子植物让昆虫食用花粉与花蜜，在这一过程中完成授粉，并为了向昆虫展示花粉所在的位置，形成了花瓣。

被子植物所采取的生物之间的共生战略，随后扩散到了整个地球，也就有了现在花朵随着四季更迭争相绽放的景色。这种传播方式与生存战略究竟是怎样实现的呢？让我们一起去看看为我们的生活增添色彩的花朵的进化历程吧！

在水边绽放的最初的花 中华古果

| *Archaefructus sinensis* |

中华古果大约在 1 亿 2500 万年前开花，是早期的被子植物之一。这种植物没有花瓣，通过形状推测其为水生植物。

最初的花朵是没有花瓣的哦！

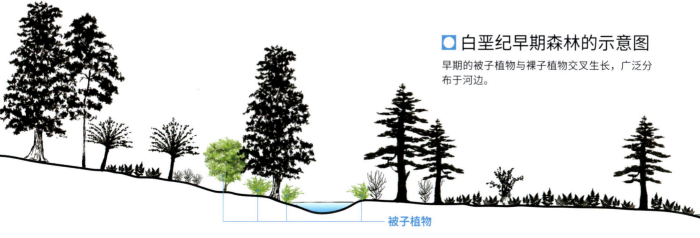

白垩纪早期森林的示意图

早期的被子植物与裸子植物交叉生长，广泛分布于河边。

被子植物

中华古果的化石复原模型

中华古果的化石发现于中国辽宁省距今1亿2500万年的地层中。植物本体保留完整，是十分珍贵的化石样本。中华古果生有雌蕊和雄蕊，具备早期的花朵形态。

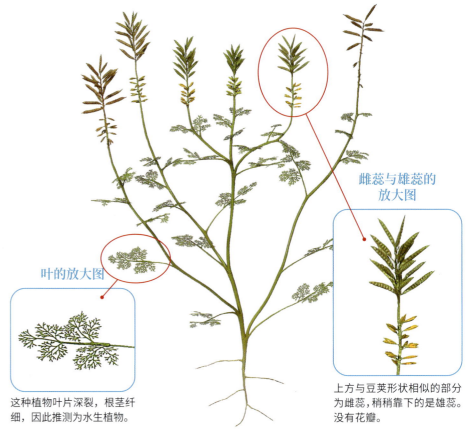

雌蕊与雄蕊的放大图

叶的放大图

这种植物叶片深裂，根茎纤细，因此推测为水生植物。

上方与豆荚形状相似的部分为雌蕊，稍稍靠下的是雄蕊。没有花瓣。

现在我们知道！

植物的繁衍离不开高效率的繁殖方法与共生关系

"讨厌之谜"。《物种起源》的作者达尔文曾因被子植物的起源问题之复杂而喟叹不已。在现今地球的植物中占到90%以上的被子植物，究竟是在何时何地，又是从哪些植物进化而来的呢？现在我们还能找到解决这个谜题的线索吗？

与许多古生物一样，古植物也能通过化石确定其出现年代。以被子植物为例，2003年在以色列发现了最古老的花粉化石[注1]。科学家推测该化石大约距今1亿4000万年，因此被子植物最晚应于白垩纪早期出现。

随后，有多种1亿3000万年前～1亿2500万年前的花[注2]的化石被发现。其中一种被命名为中华古果的化石，保存状况良好，为科学家提供了弄清被子植物"真正开花"前的模样的珍贵线索。被子植物在这个时期还没有进化出花瓣，从叶片和根茎的形状可以推测出这种植物是水生植物。

被子植物最大的特征是其种子被雌蕊所保护，科学家推测这一点与水有关。

从侏罗纪到白垩纪，气候温暖，

白垩纪早期的花粉化石

瓦伦蒂尼是早期的被子植物之一，属于木兰纲林仙科。2013年，其化石在以色列南部内盖夫被发现。图为瓦伦蒂尼的花粉化石。

8μm

被子植物与裸子植物种子的异同

被子植物以后会形成种子的胚珠[注3]被雌蕊的子房[注4]包裹，而裸子植物的胚珠则裸露在外。

被子植物	裸子植物
	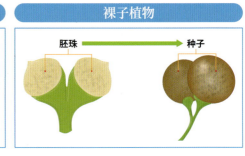

被子植物：胚珠 → 种子；子房 → 果实

裸子植物：胚珠 → 种子

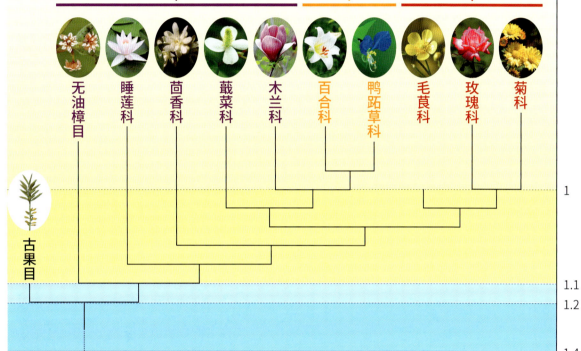

原始的双子叶类植物
最早的双子叶植物，发芽后最早长出的叶片为2枚。

单子叶类植物
被子植物，子叶（发芽后最先形成的叶片）只有1枚。

真正的双子叶类植物
从原始的双子叶植物派生出来，与单子叶植物是姊妹群的一种植物类型。子叶维持2枚。

被子植物的系统树

白垩纪最先出现的是双子叶植物，到了白垩纪中期达到了现在的规模。最近，正在利用化石与分子生物学研究来推测被子植物的出现，有学者认为，花的基因的形成可能是在侏罗纪时期。

无油樟目　睡莲科　茴香科　蕺菜科　木兰科　百合科　鸭跖草科　毛茛科　玫瑰科　菊科

古果目

1
1.1
1.2
1.4
（亿年前）

大约在1亿年前，现在我们认知中的花朵已经绽放了哦！

雨量充足。因此，多种植物都被迫在淡水水域生长。但是，作为被子植物祖先的裸子植物，形成种子的胚珠是裸露在外的，因此在水中很难授粉[注5]。为了克服不能在水中授粉这一难题，裸子植物进化成了被子植物。被子植物拥有可以包裹胚珠的子房，从而顺利授粉。因此科学家认为被子植物"胚珠被子房包裹"这一特点，其实是一种"防水策略"。

为了让昆虫知晓花粉的位置而进化出花瓣

那么，现在的花是如何形成的呢？这里就要轮到昆虫登场了。

最初裸子植物都是依靠风媒[注6]完成授粉的。这样的话，大量的花粉想要到达雌花完成授粉只能靠风的力量。此外，从授粉到受精完成，前后需要花费半年到一年

科学笔记

【花粉化石】 第204页注1

花粉与孢子有着抗微生物分解与抗酸碱的特性，因此即使被泥土掩埋，只要不受到大规模地壳变动的影响，一般都能以化石的形式保存下来。大量的植物遗体在堆积物较多的泥炭与泥岩中被保存了下来，据此可推测生成堆积物时的环境。

【花】 第204页注2

一般来说，花指的是被子植物的生殖器官，基本上由花萼、花瓣、雄蕊和雌蕊4个部分组成。有一种花同时生有雌蕊和雄蕊，这种花叫作"两性花"。还有一种只有雄蕊或只有雌蕊的花，我们称其为"单性花"。

【胚珠】 第204页注3

形成种子植物种子的部分。其中藏有卵细胞，授粉时花粉中的精细胞与胚珠内部的卵细胞结合受精。不同的植物，子房内胚珠的数量也会有所不同。

近距直击

开花的裸子植物

在白垩纪的裸子植物中，也有会开花的"异类"。这个"异类"叫作苏铁，出现于三叠纪，随后在世界各地广泛分布，最终在白垩纪末灭绝。苏铁的生殖器官呈两性，与被子植物的雌蕊、雄蕊构造相似。科学家认为裸子植物的多样化为被子植物的进化提供了可能。

苏铁的复原图。科学家认为其授粉的方式或许与甲虫类有关

花的诞生

🔵 形成花瓣的过程
从以花粉为食的昆虫的一次偶然授粉开始，被子植物与昆虫就开始共同演化了。

1. 以风作为媒介的花粉运输

裸子植物本来是利用风将花粉在同类之间传送，从而实现授粉的。

2. 昆虫开始送粉

利用营养价值极高的花粉作为食物来吸引甲虫等昆虫，从而开始偶然的花粉运输。

3. 形成了展示花粉所在位置的花瓣

为了让昆虫更容易找到花的位置，进化出了花瓣。

的时间。

　　而被子植物开始以花粉作为诱饵，吸引昆虫来完成授粉。昆虫食用花粉，与此同时，它们也将身上沾着的花粉带到其他雌蕊上，授粉的方式从此进化。此外，这种授粉方式可将从授粉到雌花受精的时间缩短至一天以内，大大提升了繁殖的效率。因此，为了尽可能多地让昆虫带走花粉，最初并不怎么引人注目的花便进化出了更加鲜艳夺目且容易

识别的"装饰品"，也就是花瓣。并且为了让昆虫更加"尽心尽力"地协助授粉，花还进化出了香味与花蜜。

动物与果实的共生关系

　　被子植物的繁殖效率之高，还体现在花的形态上。被子植物进化出了雌蕊和雄蕊共存、易于授粉的两性花。不仅如此，雌蕊位于柱头和花柱内部，由此可以防止因基因劣化而导致自花授粉。

　　促使被子植物不断繁荣且分布范围逐渐扩大的另一个原因是被子植物与动物的共生关系。雌蕊的子房在生长过程中成熟，逐渐进化成可供动物食用的果实。被子植物为了更好地利用动物散布自己的种子，进一步将果实的形状改良成方便动物食用的

大小。

　　被子植物利用这些令人惊叹的繁殖手段得以实现多样化。白垩纪早期至中期，以赤道附近的低纬度地区为界限，被子植物迅速朝南北两极的方向不断地扩展。到了白垩纪晚期，被子植物已扩展到了全世界，变成了现在的样子。被子植物的登场，为后来出现的诸多生物乃至生态系统带来了巨大的影响。就连活在当下的我们也被多彩的花朵治愈了。

多样化的雌蕊与果实

在北海道发现的白垩纪晚期果实。艾莎玛利亚（左）的雌蕊由10个子房室形成，康特斯（右）有数不清的雌蕊且呈螺旋状。

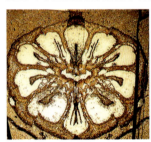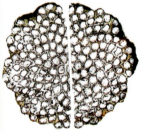

科学笔记

【子房】 第204页 注4

子房是被子植物的一个器官，呈袋状，位于雌蕊下部。子房中有胚珠，胚珠可以发育为种子。这里发育成熟后，就形成了植物的果实。胚珠位于被子房壁包裹着的子房室内，与外界隔绝，这种构造也能有效地避免胚珠受到病虫害的破坏。一般我们称作果实的，有时也包含了除子房之外的一些构造。

【授粉】 第205页 注5

以被子植物来说，是指花粉附着到雌蕊前端柱头上的过程。授粉的类型可以分为向同一朵花授粉的自花授粉与向其他花授粉的异花授粉两种。对于植物来说，异花授粉更有利于植物遗传基因的多样性发展。

【风媒】 第205页 注6

以风为媒介传播花粉的花被称作风媒花，这是一种非常原始的授粉方式。这种授粉方式的传播范围不定，但可以乘着气流，进行大范围的传播。

 近距直击

花的化石提供了巨型陨石撞击时间的证据

白垩纪末，巨型陨石冲撞地球，导致大量生物灭绝。这一事件被称作"K-Pg事件"，也被称作"六月撞击"。科学家能够准确推断出该事件发生在6月，花的化石功不可没。在北美洲含有陨石堆积物的地层中发现了荷花与睡莲的化石。从花朵与花苞的形状可以推断出陨石撞击发生在6月左右。

探索日本被子植物的起源

在第一朵花绽放之前，日本的环境与植被

科学家推测被子植物大约于距今1亿4000万年前的白垩纪早期在冈瓦纳大陆北部的低纬度地区出现，并迅速朝两极的方向扩展。从截至目前的研究来看，日本最早的被子植物于1亿1300万年前出现，与整个亚洲大陆相比，大约晚了2000万年。但随着我们对花粉化石的研究，原始被子植物的花粉化石陆续被发现，植物入侵时期与早期植物多样化的过程也渐渐变得明朗了起来。

日本以中央构造线为界，可以分为内带与外带两个区域。在中央构造线出现"断层运动"、内带与外带合二为一变成现在的日本列岛之前，两个区域的纬度与环境都不一样。内带气候湿润且冬季多雨，生长着银杏科等叶片较大的裸子植物与蕨类植物种类丰富的手取型植物群。而外带气候寒冷干燥，生长着叶片较小的裸子植物与包含蕨类植物在内的一些领石型植

■ 白垩纪时期日本早期被子植物的化石

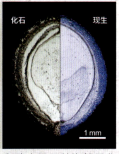

化石　现生

5μm　1mm

左图为电子显微镜下的和歌山网面单沟粉属化石。右图为北海道1亿1300万年前的苞被木科阿瓦那塔索菲亚的种子化石与现生苞被木科莫雷特米娜的种子在光学显微镜下进行对比的照片。随着显微镜技术的革新，花粉研究也有了长足的进步。

■ 关于内带·外带中生代被子植物化石的最早记录

科学家认为手取型植物群分布在日本内带、西伯利亚与中国北方地区。领石型植物群分布在日本外带、俄罗斯南部沿海地区、中国南方地区与东南亚地区。

— 中央构造线
— 亚洲大陆
— 深海地区
— 现在的日本列岛
— 浅海地区

约1亿3000万年前的日本列岛

手取型植物区
混合型植物区
领石型植物区

日本内带
花粉、叶片化石
约7210万年前
足羽层群大道谷层（石川县）

木材、种子化石
约1亿1300万年前
虾夷层群（北海道）

花、果实化石
约8980万年前
双叶层群足泽层（福岛县）

花粉化石
约1亿2700万年前
物部川层群西广层（和歌山县）

日本外带

物。两个区域之间存在着混合型植物群。

日本最早的被子植物记录

花的化石是世界上一种极为稀有的化石种类。被子植物的出现时间就是通过研究分析包括花的化石在内的各种各样的化石推测出来的。日本最早的被子植物记录是北海道白垩纪早期阿尔布阶（约1亿1300万年前）地层出产的双子叶植物的木材化石，与西南太平洋地区分布的木兰藤目苞被木科的种子化石。在福岛县广野町白垩纪晚期康尼亚克阶（约8980万年前）双叶层群足泽层中发现了诸如番荔枝科、楠木科、木莲科、使君子科和山茱萸科等小型花的化石。此外，在白垩纪晚期康尼亚克阶到圣通阶（约8630万年前）虾夷层群与双叶层群的地层中，还发现了许多果实的化石。

2013年，我们在和歌山县广川町附近的物部川层群西广层，发现了原始被子植物网面单沟粉属的花粉化石。西广层是海岸堆积与海洋堆积形成的堆积层。通过与动物化石的对比，可以推测出该花粉化石大约处于白垩纪早期巴雷姆阶（约1亿2700万年前）。这一时间与被子植

物在亚洲大陆东部首次出现的时间基本相同。网面单沟粉属的花粉是典型的早期被子植物花粉，与现在的花粉形态不同。这种植物外壁有着单子叶植物的特点，却是在白垩纪早期到中期地层中双子叶植物的花化石中被发现的。被子植物的花粉在阿普特阶（约1亿2500万年前）到阿尔布阶种类变得丰富，到白垩纪晚期开始了多样化的进程。

上述的化石，实际上都是在外带被发现的。内带最早的被子植物化石是在福井县与石川县马斯特里赫特阶（约7210万年前）的足羽层群大道谷层中被发现的。其中包括花粉、荷花和阔叶植物的叶片化石等。在这一时期之前，内带是否已出现了被子植物，将成为我今后的研究课题。

朱利安·卢格朗，1982年生于法国。巴黎第六大学理学博士。现为中央大学理学院助教。从古花粉学来分析日本中生代的环境，主要研究被子植物的出现时期、多样化进程和生态变迁。

利用花的形状发出回声，吸引蝙蝠的花朵

不仅昆虫，蝙蝠也可以帮助被子植物进行授粉。热带地区生长着为了让蝙蝠方便携带花粉会改变形态的被子植物。慕古那就是一种为了让蝙蝠可以用超声波感知到花的位置来吸食花蜜，从而改变了花朵形状的植物。热带地区繁殖与生存竞争十分激烈，因此有了这样的进化。

火露慕古那，热带地区吸引蝙蝠的慕古那中的一种。深凹的花瓣可以非常清晰地反射声波

随手词典

【受精】
受精时，共有两个精细胞。其中一个与卵细胞结合，另一个在胚囊中与两个极核受精，形成胚乳核。这两次受精被称作"重复受精"。胚乳核在细胞分裂之后，会生成含有淀粉与蛋白质的胚乳，用来给胚提供营养。

【减数分裂】
减数分裂是动物在形成精子与卵子时，植物在形成孢子时发生的特殊细胞分裂。种子植物的花粉与胚囊细胞就相当于蕨类植物的孢子。体细胞中的两组染色体合二为一，形成配子。雌雄配子合体后，又再一次变回拥有两组染色体的体细胞。

【八核胚囊】
胚囊中的八个核，有六个都会逐渐细胞化。其中一个形成"卵细胞"，两个形成在花粉管内促进精细胞生成的"助细胞"；三个形成给幼胚提供营养的"反足细胞"。剩下的两个形成中间的"极核"。

蜜蜂送粉的样子。蜜蜂将花粉弄成团状，然后用腿搬运

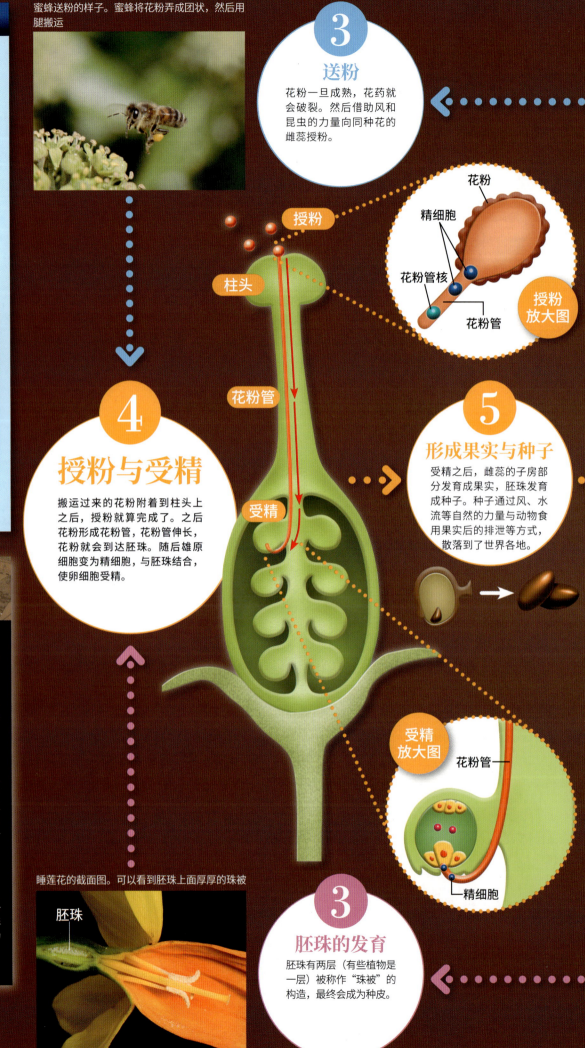

3
送粉
花粉一旦成熟，花药就会破裂。然后借助风和昆虫的力量向同种花的雌蕊授粉。

授粉

花粉
精细胞
花粉管核
花粉管
授粉放大图

柱头

花粉管

4
授粉与受精
搬运过来的花粉附着到柱头上之后，授粉就算完成了。之后花粉形成花粉管，花粉管伸长，花粉就会到达胚珠。随后雄原细胞变为精细胞，与胚珠结合，使卵细胞受精。

受精

5
形成果实与种子
受精之后，雌蕊的子房部分发育成果实，胚珠发育成种子。种子通过风、水流等自然的力量与动物食用果实后的排泄等方式，散落到了世界各地。

受精放大图
花粉管
精细胞

睡莲花的截面图。可以看到胚珠上面厚厚的珠被

胚珠

3
胚珠的发育
胚珠有两层（有些植物是一层）被称作"珠被"的构造，最终会成为种皮。

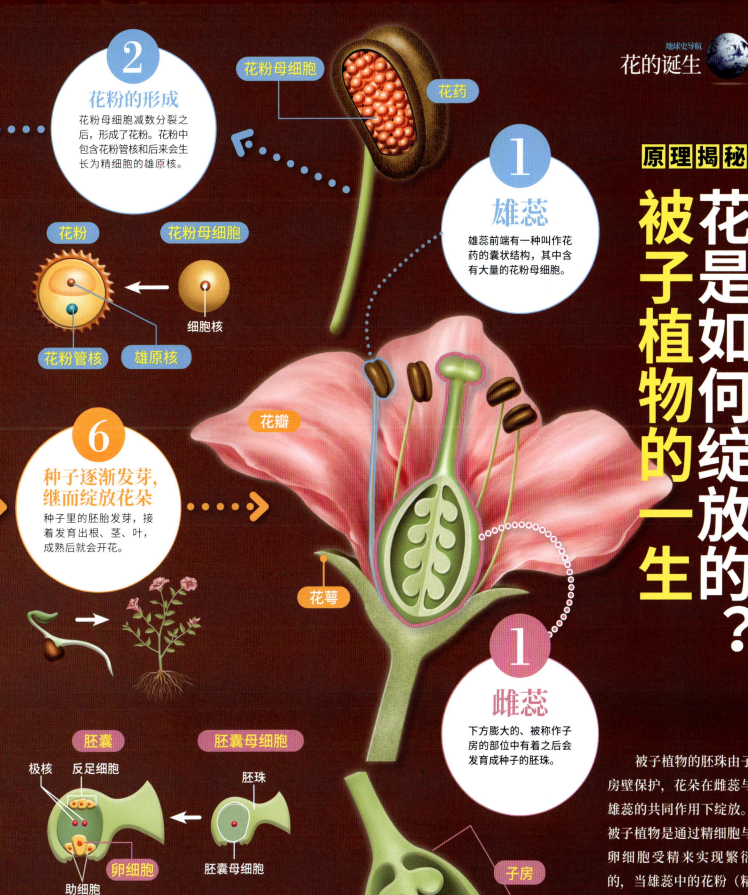

原理揭秘

花是如何绽放的？被子植物的一生

2 花粉的形成
花粉母细胞减数分裂之后，形成了花粉。花粉中包含花粉管核和后来会生长为精细胞的雄原核。

花粉母细胞

花药

1 雄蕊
雄蕊前端有一种叫作花药的囊状结构，其中含有大量的花粉母细胞。

花粉　花粉母细胞

细胞核

花粉管核　雄原核

花瓣

6 种子逐渐发芽，继而绽放花朵
种子里的胚胎发芽，接着发育出根、茎、叶，成熟后就会开花。

花萼

1 雌蕊
下方膨大的、被称作子房的部位中有着之后会发育成种子的胚珠。

胚囊　　胚囊母细胞

极核　反足细胞

胚珠

卵细胞

助细胞

胚囊母细胞

子房

2 卵细胞的形成
胚珠中会形成胚囊母细胞，减数分裂后细胞核分裂，最终形成具有八个细胞核的胚囊。在这些细胞核中，有一个是卵细胞。

胚珠

被子植物的胚珠由子房壁保护，花朵在雌蕊与雄蕊的共同作用下绽放。被子植物是通过精细胞与卵细胞受精来实现繁衍的，当雄蕊中的花粉（精细胞）与同种植物雌蕊胚珠中的卵细胞结合，就完成了授粉与受精。然而实际上，花朵是如何繁衍后代的呢？就让我们来一起探究被子植物繁殖与成长的过程吧。

昆虫的进化

与植物的共生，促进了昆虫的多样化

在被子植物进化出美丽花朵的同时，也促进了与之共生的昆虫的进化。随着植物的进化与环境的演变，昆虫也逐渐掌握了各种各样的生存技能。

有花有昆虫有恐龙的白垩纪森林可真是太热闹啦！

花与昆虫的"蜜月期"，从白垩纪开始

熬过古生代末的物种大灭绝，在三叠纪适应辐射、物种形成，活到侏罗纪且现今也依然存在的生物，几乎只有昆虫。昆虫能很快适应环境变化并实现物种多样化。因此，被子植物登场的白垩纪对昆虫来说是一个能进一步进化的时代。

从化石来看，在被子植物登场之前，昆虫与植物的关系并没有如此密切。被子植物的花朵，很大程度上缩短了植物与昆虫之间的距离。两者之间通过食性和花粉，形成了极强的"伙伴关系"。被子植物适应辐射的同时，甲虫目、鳞翅目、双翅目和膜翅目等作为访花昆虫也随之实现了物种多样化。

随着时间的流逝，不仅有进化出了集体行动等社会属性的昆虫，还有可以根据环境的变化而"拟态"的昆虫。

那么昆虫是如何进化出这种适应或应对环境的能力的呢？就让我们继续往下看吧！

211

昆虫的进化

花与传粉昆虫出现时期的比较
下图为白垩纪时期花的多样化与昆虫出现时期的比较图表。图表中体现了白垩纪新增的各类花朵与昆虫。

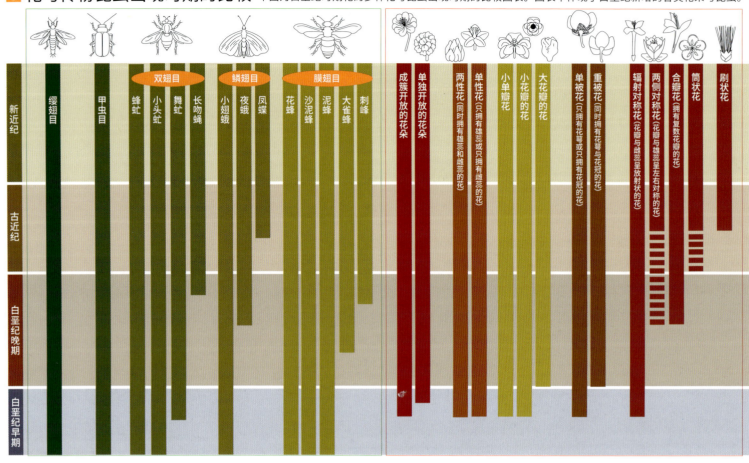

新近纪／古近纪／白垩纪晚期／白垩纪早期

缨翅目／甲虫目／双翅目（蜂虻・小头虻・舞虻・长吻蝇）／鳞翅目（小翅蛾・夜蛾・凤蝶）／膜翅目（花蜂・沙泥蜂・泥蜂・大雀蜂・刺蜂）

成簇开放的花朵／单独开放的花朵／两性花（同时拥有雄蕊和雌蕊的花）／单性花（只拥有雄蕊或只拥有雌蕊的花）／小单瓣花／小花瓣花／大花瓣的花／单被花（只拥有花萼或只拥有花冠的花）／重被花（同时拥有花萼与花冠的花）／辐射对称花（花瓣与雄蕊呈放射状的花）／两侧对称花（花瓣与雄蕊呈左右对称的花）／合瓣花（拥有复数花瓣的花）／筒状花／刷状花

现在我们知道！

与花朵共生，拥有多种生存能力的昆虫

自身无法行动的花朵，为了扩大繁殖范围，必须借助某种力量来传播花粉。其中有借助风传递的风媒、借助水运输的水媒[注1]，以及借助动物传播的动物媒等方法。此外，还有专门依靠昆虫传播花粉的虫媒[注2]。最早依靠虫媒的植物，可以追溯到石炭纪的蕨类植物。侏罗纪时期也有依靠虫媒传播花粉的植物。当时的植物大多依靠甲虫类送粉，因此，在白垩纪之前，植物与昆虫之间的距离正在慢慢地拉近。那么，又有哪些昆虫与在白垩纪登场的被子植物有关呢？

帮助植物走向繁荣的"小小搬运工"

距今约1亿7000万年前依靠虫媒的花朵实现多样化，这些送粉的昆虫也大多进化出了食用花粉的食性，如甲虫目、膜翅目和双翅目。

到了8600万年前，原始的蔷薇目开始在地球扩散，出现了很多能够分泌花蜜的花。同一时期，不仅出现了黄边胡蜂、泥蜂，还出现了拥有发达口吻[注3]的蝴蝶与蛾。当然也出现了只在花间穿梭、食用花粉、吸食花蜜，却不参与送粉的昆虫。而对于植物来说，则更加盼望能够出现一些"值得信赖"的送粉者。这其中的代表就是花蜂。

花蜂在白垩纪早期就已出现，是由原本以蜘蛛和蛾的幼虫为食的泥蜂改变食性转而食用花粉进化来的。它们为了更有效地采集花粉从而生长出了体毛，并且形成了和现生昆虫几乎一样的传粉模式。例如用后腿将花粉聚成团状的搬运方式。这些技能的掌握，使花蜂成了重要的"传粉者"。

就这样，在花蜂与白垩纪早期植物建立起了信赖之后，到白垩纪晚期，又进化出了群体生活的蜜蜂。蜜蜂生活在同一个巢穴之中，但分工各有不同。有负责生育的蜂后和雄蜂，还有负责采集花粉花蜜、承

白垩纪时期的花蜂化石
在巴西白垩纪中期地层中发现的花蜂化石。与现在的种类几乎没有差别。

社会性

蚂蚁和蜂类在生活中维持着群体的协调沟通，建立了高度的社会性。这种特性的最大特征是"分工"，同一巢穴之中存在着不同的工作阶层，从而极大程度地提高了群体的生产效率。

拟态

昆虫假装成树枝或树叶、通过与环境融为一体的方式来避免被敌人发现的"伪装"，无毒的昆虫通过伪装有毒的昆虫的颜色或形态来保护自己的"模仿"等能力都属于拟态。

昆虫从白垩纪时期开始进化出的各种能力

随着时间的流逝与环境的变化，昆虫通过与植物的共生获得了多种能力。特别是出现了以鸟类为代表的捕猎者之后，与防御相关的能力有了明显的提升。

与蜚蠊拥有共同祖先的白蚁，不论是生殖、劳动，还是作战防御，都由雌雄白蚁共同参与，体现了拥有阶层的社会属性

左图是与自然融为一体、颜色酷像树皮的褐纹大尺蛾。蛾类大多都有着与树皮和枯叶相似的外观

昆虫进化的速度之快非常惊人！

毒性

为了御敌，有些昆虫会自产毒素，或采取通过食用带有毒素的植物并将其积蓄在体内的方式。同时也会通过将身体进化成鲜艳的颜色来警示天敌。

昆虫之间的共生

不仅是被子植物与昆虫，就连不同种类的昆虫之间也存在着共生的例子。它们互相交换利益，形成了一种互帮互助的关系。

体表可以分泌毒液的后白斑蛾幼虫。成虫会长出带有白色条纹的黑色翅膀

蚂蚁在摄取蚜虫分泌的蜜糖时，会帮蚜虫清除掉他们的天敌——瓢虫。这是共生关系的典型代表

新生代古近纪

担育儿重任的工蜂（雌）。特别是工蜂利用对花朵的侦查能力[注4]提高了采食的效率。这样的方式也为蜜蜂进化成具有高度社会性的物种提供了可能。

昆虫有极强的适应能力，到现在依旧十分繁盛

昆虫因为与白垩纪时期出现的被子植物共生而繁盛。在白垩纪之后的新生代，昆虫依旧可以根据生态环境的变化而变化。例如捕食昆虫的鸟类出现，导致昆虫迫于生存的压力，进化出了各种各样的能力。为了不被捕食者发现，它们在体内积蓄毒素，还进化出了与周围环境融为一体的"拟态"能力。不论何时，昆虫都会利用自己极强的适应能力，来应对环境的变化。

科学笔记

【水媒】 第212页 注1
以水为媒介传播花粉的水媒花主要分为在水草多的水中开花的植物和在水面上开花的植物。

【虫媒】 第212页 注2
以昆虫为媒介授粉的花我们称其为虫媒花。这种花一般都有着夺目的外观、强烈的香气与发达的蜜腺。此外，大多数虫媒花还有为了方便让昆虫携带花粉而产生的黏液和突起。

【口吻】 第212页 注3
指蜂和蝶等昆虫为了吸食花蜜而进化出的特殊口器。蜜蜂不仅有作为口器的上颚，还有具有吸食作用的口器。平时收起，在采集食物的时候伸长，来吸食液体状的食物。

【对花朵的侦查能力】
第213页 注4
蜜蜂中的侦查蜂，在侦查到蜜源之后回到巢里，会向采集蜂跳一种8字形的舞蹈。以此来通知蜜源所在的位置。这样的信息传递方法，让蜜蜂家族得以延续。

 新闻聚焦

竹节虫是在鸟类登场之时开始拟态的吗？

竹节虫因为擅长伪装成小树枝的形态而被人们所熟知。2014年3月，科学家在蒙古发现了其最早的化石，并猜测竹节虫在白垩纪就已经开始拟态了。通过对1亿2000万年前的化石进行研究，发现竹节虫的翅膀走向与当时的银杏叶形状相似，从而推测竹节虫或许是在鸟类开始学会飞行的时候就已经习得了拟态的技能。

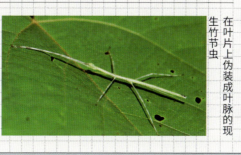

在叶片上伪装成叶脉的现生竹节虫

哺乳动物的多样化

哺乳动物终于出现啦!

在母体中孕育胎儿的哺乳动物登场

三叠纪晚期出现了真正意义上的哺乳动物。进入白垩纪后,更是出现了八个分支,足以见其多样性,其中也出现了许多现生哺乳动物的祖先。在母体中孕育胎儿的哺乳动物就此登场。

从卵生进化为胎生的哺乳纲有胎盘类

在我们人类诞生之前,首先要以胎儿的形态在妈妈肚子里生活一段时间。在这段时间,有一个不可或缺的器官,就是胎盘。胎儿通过胎盘吸收母体输送的营养,从而逐渐发育。而哺乳动物开始拥有这个重要的器官的时间,则要追溯到1亿2500万年前的白垩纪时期了。

在侏罗纪时期,一些动物的颚骨出现了变化,而进化得更为彻底的哺乳动物在进入白垩纪之后,数量与种类都显著增加。虽然这些哺乳动物都是和老鼠差不多大的小型动物,但其中已经出现了拥有胎盘的哺乳纲有胎盘类[※]。

我们通过现生哺乳动物去设想当时的场景可能比较困难,早期的哺乳动物都是通过卵生的方式来孵化后代的。随后才逐渐进化出了和我们人类现在所属的有胎盘类一样,通过胎生,即以胎盘来进行母体与胎儿之间的物质交换的方式来生育后代。

白垩纪时期还诞生了另一个重要的种群,即没有胎盘,只好将初生但尚未长大的幼崽装进母体袋中的进行养育的有袋类,也就是现在袋鼠的祖先。不论是有胎盘类还是有袋类,实际上都是一种为了物种延续而进化出的繁育方式,这些繁育方式都在白垩纪时期出现了多样化的趋势,并与现在的哺乳动物有密切联系。

※有胎盘类也被称为真兽类,有袋类也被称为后兽类。

早期的有胎盘类始祖兽
| *Eomaia scansoria* |

始祖兽出现于白垩纪早期，图为被
称作有胎盘类祖先的始祖兽的复原
图。始祖兽全长 10 厘米左右，根
据化石的形态能推测出它们过去曾
栖息在树上。

保留了大量身体细节的始祖兽化石

2002 年，在中国辽宁省距今 1 亿 2500 万年的地层中被发现。因为化石保存得很完整，所以对有胎盘类的解读有着十分重大的影响。

从头到尾都保存得如此完整，真的是太令人震惊啦！

在中国辽宁省，颠覆历史的化石不断被发现

近年来有很多报告显示最早的有胎盘类诞生于侏罗纪。上图为在辽宁省大西山村发掘调查"中华侏罗兽"的罗博士团队。

现在我们知道！

哺乳动物胎盘的起源是通过分析臼齿的形状得知的

现在的哺乳动物，除了单孔类[注1]的鸭嘴兽之外，大多数都属于有胎盘类。生活在白垩纪时期的 8 个种群里，有胎盘类和有袋类能够得以延续，与它们的繁育方式密不可分。

为了更加安全地繁育胎儿，进化出了胎盘

早期的卵生哺乳动物通常会一次性产下多枚卵。然而，这些卵却经常遭到捕食者的破坏，能够安然无恙孵化[注2]出来的卵少之又少。

于是，便进化出了有袋类。这类动物往往在胎儿尚未完全成熟的状态下将其产出，然后在母体的育儿袋[注3]中养育。不久，进化出了在最安全的场所——母体中养育胎儿的有胎盘类。

为了让胎儿不离开子宫也能在母体内健康成长，营养与氧气是不可或缺的。母亲无法直接用手接触到胎儿，因此一个在胎儿发育阶段必不可少的器官——胎盘，就形成了。胎盘经由受精卵的反复细胞分裂后在子宫内形成，通过"脐带"与胎儿相连。母子之间营养、氧气，乃至二氧化碳等废弃物的交换都是通过胎盘和脐带进行的，也正是因为有了胎盘，才保证了胎儿能在母体内安全地发育和出生。

杰出人物

思路缜密地解开早期哺乳动物之谜

白垩纪时期哺乳动物之谜的解开，大部分都要归功于哺乳动物早期进化研究第一人、芝加哥大学教授——罗哲西。罗哲西在美国卡耐基自然历史博物馆从事研究工作时，发现了始祖兽，推进有胎盘类出现的历史。目前早期哺乳动物谱系与白齿的系统分类都与罗哲西教授的研究成果有关。凭借着缜密的思维逻辑，罗哲西教授称得上是世界古生物研究界的翘楚了。

古生物学家
罗哲西
（1958— ）

白垩纪时期哺乳纲的谱系与臼齿特征

存活到新生代的只有单孔类（南楔齿兽类）、多丘齿类、有袋类和有胎盘类。有袋类和有胎盘类在白垩纪晚期实现多样化，在新生代种类急剧增加。

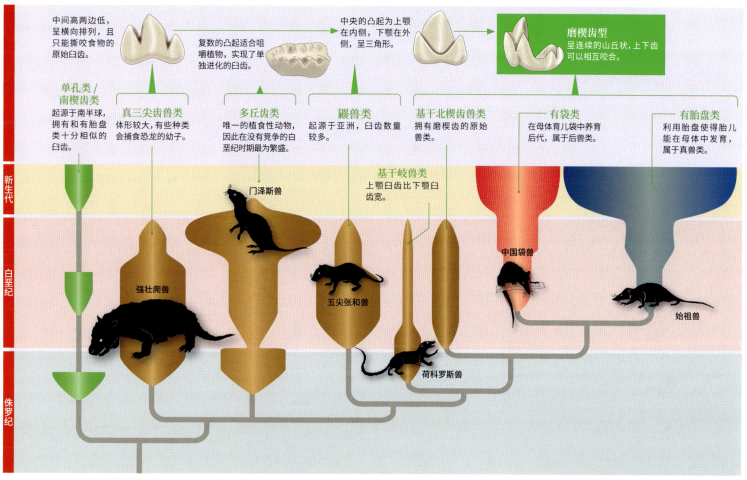

中间高两边低，呈横向排列，且只能撕咬食物的原始臼齿。

复数的凸起适合咀嚼植物，实现了单独进化的臼齿。

中央的凸起为上颚在内侧，下颚在外侧，呈三角形。

磨楔齿型
呈连续的山丘状，上下齿可以相互咬合。

单孔类/南楔齿类
起源于南半球，拥有和有胎盘类十分相似的臼齿。

真三尖齿兽类
体形较大，有些种类会捕食恐龙的幼子。

多丘齿类
唯一的植食性动物，因此在没有竞争的白垩纪时期最为繁盛。

鼹兽类
起源于亚洲，臼齿数量较多。

基干北楔齿兽类
拥有磨楔齿的原始兽类。

有袋类
在母体育儿袋中养育后代，属于后兽类。

有胎盘类
利用胎盘使得胎儿能在母体中发育，属于真兽类。

基干岐兽类
上颚臼齿比下颚臼齿宽。

门泽斯兽

强杜爬兽

五尖张和兽

荷科罗斯兽

中国袋兽

始祖兽

新生代 | 白垩纪 | 侏罗纪

获得了"咬合性"臼齿的早期有胎盘类

但是，胎盘与育儿袋都没能通过化石的形式保存下来。那为什么科学家还能推测出有胎盘类与有袋类起源于白垩纪早期呢？

贡献这项科研成果的，是2002年在辽宁省白垩纪地层中发现并命名始祖兽化石的古生物学家罗哲西。面对保存得极其完整且精细的化石样本，罗教授的着眼点放在了臼齿上。自始祖兽起，直到现生有袋类与有胎盘类的臼齿，都属于"磨楔式齿"，这是一种具有咬合功能的发达臼齿。而且，始祖兽的臼齿数量与现生有胎盘类十分接近，但和有袋类却有着明显的差异。从这一点可以推测有胎盘类或许是在1亿2500万年前出现的。在辽宁省的地层中同样也发现了有袋类的化石，因其牙齿数量与现生有袋类接近，推测有袋类在白垩纪早期出现。

臼齿的形态，讲述了从侏罗纪到白垩纪时期哺乳动物多样化的故事。

例如侏罗纪晚期出现的真三尖齿目的上下臼齿有着三个山字形的凸起，并且像鳄鱼一样呈直线排列。随后登场的鼹兽科的臼齿，则呈现出上下臼齿稍微有点错位但能咬合的特征。这意味着臼齿是在朝着相互咬合的特征逐渐进化的。再后来，就出现了可以被称为完全进化体的"磨楔式齿"。这种臼齿的上下齿如同"杵"和"臼"一样严丝合缝地咬合在一起，同时拥有"切割"与"研磨"的作用，大幅度提升了动物的咀嚼能力。

有胎盘类与有袋类生存至今，除了优越的繁育方法，还得益于在生存中起到了重要作用的臼齿。

科学笔记

【单孔类】 第216页注1

单孔类是卵生哺乳动物，以鸭嘴兽和针鼹为代表，现在生活在以澳大利亚为中心的区域里。这类动物因为肛门与泌尿生殖系统为同一个排出孔，因此被称为"单孔类"。单孔类动物为卵生，卵孵化后再进行母乳哺育。科学家推测侏罗纪时期拥有与磨楔齿型相似臼齿的南楔齿类是它们的祖先。

【孵化】 第216页注2

大多数情况指胚胎从卵中发育出来的过程。胚胎在卵中发育，然后从卵膜或卵壳中破壳而出。

【育儿袋】 第216页注3

育儿袋是雌性有袋类动物哺育幼子的囊袋。胎儿在发育早期便移入育儿袋中，其内部有乳头，胎儿可以在袋内口含乳头继续发育。根据种类的不同，育儿袋的形态也有所不同。

盘状胎盘

这种胎盘类型常见于人类、鼠、猴与兔。这种胎盘在子宫内会形成一个扁盘状。虽然不论哪种胎盘都可以输送氧气、营养物质，并且排出二氧化碳和代谢产物，但只有盘状胎盘可以向胎儿体内输送抗体。

子宫动脉

运输从母体输送来的氧气与营养物质。

脐带

连接胎盘与胎儿肚脐的纽带状器官。脐带表面覆有一层羊膜，两条脐动脉与一条脐静脉从中穿过。成熟状态下，脐带一般长50～60厘米，直径约2厘米，在羊水中漂荡。

脐动脉

脐动脉有两条，里面流淌着静脉血，胎儿就是通过这里将产生的二氧化碳与代谢产物输送到母体中的。

羊膜

羊膜是用来包裹胎儿并且分泌羊水的半透明薄膜。四足动物在获得了羊膜卵的时代就继承了这种器官。胎儿通过脐尿管排出尿液，羊膜还是处理该尿液的重要器官。

胎儿一侧

胎儿体内延伸出脐静脉与脐动脉，从母体吸收营养物质与氧气，同时排出二氧化碳与代谢产物。

羊水

充斥在羊膜腔内，即羊膜与胎儿之间的弱碱性液体。对胎儿起着缓冲垫一样的作用，可以均匀地分散来自子宫的压力。胎儿逐渐成长，通过吞咽羊水进行呼吸练习。

母体一侧

从子宫延伸出的动脉与静脉给胎儿提供营养物质与氧气，同时也帮助胎儿排出二氧化碳与代谢产物。

原理揭秘

胎盘的结构

「生命的摇篮」

子宫静脉

接收胎儿体内的二氧化碳与代谢产物。

绒毛腔

绒毛腔中充满着从子宫动脉运输来的血液。母体血液中的营养物质与氧气在这里通过绒毛的毛细血管进入胎儿体内。而胎儿一侧的二氧化碳与代谢产物也同样在这里排出。

绒毛

绒毛是拥有无数毛细血管的树状器官。在胎盘内部通过脐动脉和脐静脉，从母体获取营养物质与氧气，同时排出胎儿产生的二氧化碳与代谢产物。

脐静脉

脐静脉只有一条，里面流淌着动脉血，向胎儿输送母体中的氧气与营养物质。

其他有胎盘类动物的胎盘

子叶型胎盘

多见于牛、羊和鹿等反刍动物体内。一般在子宫内呈小型胎盘复数分布的形式。即使其中一个胎盘出现剥离，其他胎盘也可以作为补充继续使用，因此降低了胎盘早剥的风险。

弥散型胎盘

这种胎盘多见于马、猪等动物。胎盘完整地在子宫内形成。其特征是母体与胎儿极易分离，可以在分娩时将对母子的身体伤害都降到最低。

环带型胎盘

环带型胎盘多见于猫、狗、熊等肉食性动物。一般是在胎膜中央形成一圈环带状的胎盘，这种胎盘可以将胎儿非常稳固地附着在子宫壁上，用以避免因捕食而激烈运动导致的流产。

有胎盘类是指胎儿在母体内这样安全的场所中发育的动物。其中不可或缺的器官"胎盘"，承担着母体与胎儿之间营养物质与氧气的供给，以及排出代谢产物与二氧化碳的重要作用。这种器官出现于距今 1 亿 2500 万年的白垩纪时期，之后随着哺乳动物的进化与适应辐射，现在共有 4 种不同的胎盘。

在这里，就以离我们最近的人类胎盘为例，了解一下胎盘的作用与结构吧！

219

被子植物的化石

| *Angiosperm Fossils* |

植物的踪迹遍布全球

相比于动物细胞，植物细胞不容易被分解，因此也更容易以化石的形态保存下来。被子植物的树叶、枝干和种子本就不容易被破坏，很多都以化石的形态保存了下来。在条件良好的状态下，像花朵这样柔软的部分也可以以化石的形态保存下来。

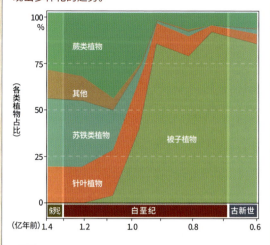

年代种类分布表

从白垩纪到古近纪古新世陆生植物的变迁示意图。通过图表我们可以看出，被子植物在白垩纪末激增，呈现出多样化的趋势。

【沙巴榈】

| *Sabalites sp.* |

在日本，沙巴榈有着"熊手椰子"这样的别称，顾名思义，这种植物有着巨大的叶片。其叶片的化石也在世界各地被发现。现在大多生长在美国、拉丁美洲的哥伦比亚与墨西哥等地。沙巴榈的特征是叶片前端呈掌状散开，耐寒性很好。

数据	
分类	棕榈目棕榈科
年代	古近纪始新世
大小	全长约1.8米
产地	意大利

【本州鹅掌楸】

| *Liriodendron honshuensis Endo* |

本州鹅掌楸在日本已经绝迹，但在2303万年前—533万3000年前中新世的化石中十分常见。鹅掌楸属植物目前分布于北美和东亚地区，在目前已发现的化石中，有的种类与北美的品种有相似之处。

数据	
分类	木莲目木莲科
年代	新近纪中新世晚期
大小	长13.5厘米×宽14.5厘米
产地	日本鸟取县鸟取市佐治町辰巳峠

实物大小

文明与地球 · 药与植物

知名止痛药的祖先

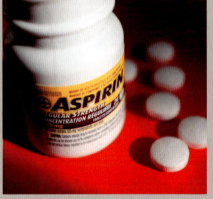

目前世界上广泛使用的止痛药阿司匹林其实起源于西洋白柳。公元前5世纪—公元前4世纪的古希腊时代，欧洲人利用西洋白柳的树皮来镇痛去热。19世纪，科学家分析出了该成分的有机化合物。德国的一家制药公司成功将其合成并推向市场，也就是现在的阿司匹林。

阿司匹林最初是以粉末状发售的，在发售的第二年，也就是1900年制成了片剂

【钱耐】

| *Chaneya tenuis* |

左图为约 5000 万年前的双子叶植物芸香科的化石。五枚花瓣呈放射状完整地保存了下来，还能够清晰地分辨出相当于叶脉的部分（即维管束）。花朵的中间两个圆形物体为果实。这件化石保留了花朵完整的形态，因此是非常珍贵的化石样品。

数据	
分类	无患子目芸香科
年代	古近纪始新世
大小	直径约2.5厘米（花朵部分）
产地	北美西部

【山樱】

| *Prunus jamasakura* |

右图是日本最具代表性的野生樱花品种、自古以来被人们所熟知的山樱的化石。山樱的新叶颜色十分多变，有红紫色、褐色、黄绿色、绿色等。花瓣为 5 枚，花朵多为白色或淡红色。

数据	
分类	蔷薇目蔷薇科
年代	第四纪更新世中期
大小	长11.7厘米×宽7.5厘米
产地	日本栃木县盐原町（现那须盐原市）

【日本厚朴】

| *Magnolia obovata* |

右图为 30 万年前的日本厚朴叶片的化石。作为一种以叶片大为特征的植物，现在的日本厚朴叶片已经可以达到 40 厘米左右了。现生厚朴的花形也很大，白色的花瓣呈螺旋状排列，继承了木莲科植物最原始的形态。

数据	
分类	木莲目木莲科
年代	第四纪更新世中期
大小	长12.5厘米×宽9.5厘米
产地	日本栃木县盐原町（现那须盐原市）

近距直击

世界上最小的花朵

开着白色小花、簇拥在水面上的无根萍

世界上有直径在 0.1～0.2 毫米之间的花朵，这种花名叫"无根萍"，作为世界上最小的开花植物被人们所熟知。这种植物大多浮在池塘与水田中，用肉眼几乎无法识别到它们的花。无根萍是雌雄异株花，雄花和雌花分别生长。分布于亚洲各地。

【东国三叶杜鹃】

| *Rhododendron wadanum* |

多生长在日本关东地区，因此取名为"东国"。一般生长在海拔 1000 米以上的地方。在枝梢长出 3 片尖叶。杜鹃科的代表三叶杜鹃拥有 5 个雄蕊，而东国三叶杜鹃拥有 10 个雄蕊且雌蕊的花柱上长有纤毛。

数据	
分类	杜鹃花科杜鹃花属
年代	第四纪更新世中期
大小	长9厘米×宽6.5厘米
产地	日本栃木县盐原町（现那须盐原市）

阳光灿烂的花王国
开普植物保护区

位于南非的西开普省与东开普省，2004 年被列入《世界遗产名录》。

非洲大陆最南端的好望角地区，植物之丰富多样世界罕见。这里有大约 9000 种维管束植物，其中 69% 的品种为当地特有。当地被称作弗因博斯的天然灌木林地区，在 8—10 月，也就是南半球的春天，繁花盛开，是名副其实的地上乐园。

开普植物保护区绽放的花朵

帝王花
一种又名"国王海神花"的常绿灌木。花的直径最大可达 30 厘米，是南非的国花。

鹤望兰
又名"天堂鸟"，最大的特征是花的形状如同鸟喙。

木立芦荟
芦荟属，多年生草本植物，高达 2～3 米。芦荟属植物大多原产于非洲南部，自古以来就被用作药材。

木百合
开普植物保护区的特有品种，常绿灌木。高约 2.6 米，前端的花直径约 2～3 厘米。

装点桌山国家公园的繁花
根据植物的分布状况地球有六大植物区。开普敦一带属于六大植物区之一，植物种类占非洲大陆的20%。包括桌山国家公园在内，共有8个自然保护区被列入《世界遗产名录》。

蝴蝶效应

蝴蝶*扇动翅膀*真的会引发龙卷风吗？

在这个世人都认为科学可以预测一切的时代里，有一位气象学家发出了极大的质疑：

『巴西的蝴蝶扇动翅膀，会让得克萨斯州刮起龙卷风吗？』

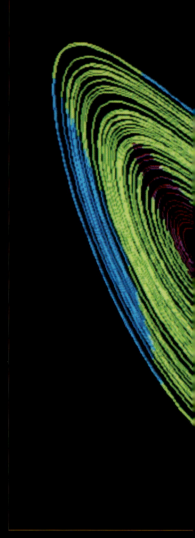

故事发生在 1961 年冬季的麻省理工学院。气象学家爱德华·洛伦兹使用当时已经普及的计算机进行气象变动建模。

用方程式描述气温与气压、气压与风向之间的关系，通过输入各项数值，将问题简化，通过形成的图表来反映每天大气变化的情况。气象变动建模的原理就是这样。

有一次洛伦兹为了验算其中一部分结果，就重新在方程式中输入了数值。因为是在同一方程式中再次输入，和最初的结果理应完全相同才对。然而，奇怪的事情发生了。随着计算的不断进行，结果渐渐出现了偏差。推算到几个月之后的天气时，已经和之前的结果大相径庭。

这其中，到底出了什么问题呢？

天气预报出现偏差的原因

如果洛伦兹将这一切归咎于电脑出了问题的话，或许科学也就不会拉开崭新的一幕了。

他开始寻找原因。最初输入的数值是精确到小数点后六位的，而验算时为了省事就只输入到了小数点的后三位。他以为如此小的误差不会导致太大的问题。然而，最初的一点微小的差异，随着时间的推移却导致了截然不同的结果……这样看来，一周后的天气肯定无法准确预测了。

在那个时代，科学技术的发展是十分迅速的。1957 年，人类史上第一颗人造卫星成功发射，1961 年，载人航天飞船试验成功。计算机科技的发展日新月异。

人们对于气象学的期待也很高。既然可以准确预测日食与潮汐的时间，还能计算出哈雷彗星的出现周期是 76 年，那么不论多么复杂的难题，只要借助计算机的力量就可以解决，预测长期的天气状况也一定可以实现。以气象数据为蓝本，人类可以实现人工降雨，也可以随心所欲地控制天气。有许多人对此深信不疑。

科学家为了弄清自然规律也在不断奋斗。身为其中一员的洛伦兹，却发现了"不可预测性"这一事实。

通过不断实验，他于 1963 年在气象学学刊上发表了论文《确定性非周期流》，但在当时并没有受到学界的认可，也没有在其他领域的学者中间引起话题。大约过了 10 年，洛伦兹的论文才引起了人们的关注。

一位流体力学的学者偶然发现了这篇论文，大为感动。于是给同僚看了这篇论文，其中，数学家詹姆士·约克对

爱德华·洛伦兹（1917—2008）
通过儿时和父亲玩的数学拼图学到了"有时证明一件事情没有答案也是一种回答"

如同蝴蝶翅膀一样的"洛伦兹吸引子"。吸引子是力学体系的专有名词。这种图像需要用三维系统生成。洛伦兹用 x、y、z 三个变量来表示大气的状态。这些点的轨迹连起来，就形成了和蝴蝶一样的形状

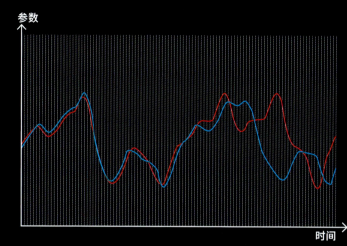

出自 1961 年罗伦兹的资料。纵轴是通过气温与气压关系的方程得出的参数，横轴是时间。可以看出微小的误差随着时间的变化渐渐出现了巨大的偏差

这项理论十分着迷，表示"这种思考方式会拉开科学崭新的一幕"。约克也将这篇论文发给了其他科学家，并对洛伦兹赞不绝口。

新科学"混沌学"的存在意义

1972 年，洛伦兹在美国科学促进会发表了题为《可预测性：巴西的蝴蝶扇动翅膀，会让得克萨斯州刮起龙卷风吗？》的演讲。

洛伦兹用了这样一个生动的比喻：蝴蝶扇动翅膀带动微小的大气运动，最终引发了一场巨大的龙卷风。

洛伦兹从天气预报为什么总是会出现误差这一疑问出发，围绕"因为无法得到精确的初始数值，所以在经过一系列复杂的变动之后，就无法预测出准确的结果"这一点进行论述。

1975 年，上文提到的约克教授将这一现象在论文中命名为"混沌学"。流体力学、野生动物种群数量的变动、生命体的心跳、脑电波、传染病的流行与经济波动等方方面面都有涉及混沌学。

20 世纪物理学的三大发展，第一是相对论，第二是量子力学，第三可以说就是混沌学了。混沌学最为显著的表现，就是"蝴蝶效应"。

话说回来，为什么会产生这种现象呢？洛伦兹是这样回答的：

"自然为了创造出千变万化且别具一格的复杂现象，就必然要利用微小的偏差来制造巨大的效果，这也正是'蝴蝶效应'之所以存在的原因。"

小小的蝴蝶扇动翅膀，或许能在遥远的土地引起一场巨大的龙卷风。也有『北京的蝴蝶扇动翅膀就能在纽约引起一场风暴』这样一种说法

Q 昆虫对花有偏好吗？

A 不同品种的花有着不同的形状与颜色。那么昆虫会对花有独特的偏好吗？例如，长吻蝇与甲虫类的昆虫因为吻部较短，所以非常喜欢春飞蓬这种花粉与花蜜外露的盘状花。而将花蜜藏在花瓣深处的杜鹃花就非常受吻部很长的蝴蝶欢迎。此外，颜色也是决定花是否受欢迎的重要因素。所有的昆虫都非常喜欢黄色的花朵。但凤蝶是个例外，它是昆虫中为数不多能识别红色的种类，因此非常喜欢红色的卷丹和木槿。天香百合与蔷薇会散发出极强的香气，因此受到天蛾等不依靠视觉信息的夜行性昆虫的欢迎。

Q 为什么澳大利亚的有袋类这么多？

A 袋鼠、考拉、袋熊等代表性的现生有袋类大多生活在澳大利亚大陆，其他大陆的话只有美洲大陆上生活着有袋类的负鼠。科学家认为有袋类和有胎盘类进行的生存竞争导致了其生存地区受限。曾经有袋类和有胎盘类一样繁盛，但进化得更为完善的有胎盘类势力逐渐变强，有袋类逐渐被淘汰。澳大利亚大陆在始新世（5600万年前—3390万年前）从南极大陆分离出来。因为早期就与其他大陆相分离，所以澳大利亚大陆上的有袋类得以避免和有胎盘类竞争，从而存活下来。另一方面，南美大陆曾经生存着肉食的袋剑虎等有袋类，大约300万年前南北美大陆连接到了一起，有胎盘类侵入南美大陆，致使南美大陆上的有袋类几乎全部灭绝。

澳大利亚还设有提醒车辆警惕袋鼠突然跳出的路标

Q 袋鼠宝宝是如何进入袋中的？

A 袋鼠最大的特征就是雌性袋鼠的腹部有着一个能装胎儿的"口袋"。这个器官叫作"育儿袋"，袋中有可以喂奶的乳头，袋鼠宝宝会在育儿袋中度过大约半年的成长期。但是，用来生产的器官在育儿袋的外面，袋鼠宝宝按理说没办法一开始就进到育儿袋里。袋鼠的妊娠期大约一个月，最大的袋鼠赤大袋鼠成年后体长超过1.5米，但其刚出生的幼崽体长也不过2厘米，体重只有1克。刚出生的小袋鼠用前肢的力量紧紧地抓住母亲的体毛，然后顺着母亲的身体爬入育儿袋中。

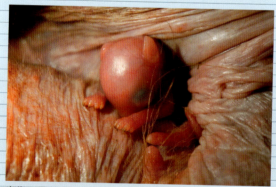

出生一周后在母亲袋中的小袋鼠宝宝

Q 为什么食虫植物会捕食昆虫？

A 食虫植物虽然是植物，但会捕食昆虫、小动物和浮游生物。在植物当中拥有独特生态特征的食虫植物，并不是只依靠捕食昆虫来摄取能量的。它们的营养来源和其他植物一样，都是通过光合作用来获得的。实际上圆叶茅膏菜即使不捕食昆虫，也一样能生长开花，但捕食昆虫可以让花和种子长得更多。因为它们生长的环境里缺乏氮磷等必要的养分，所以需要通过捕食昆虫来获取。

捕食蜻蜓的圆叶茅膏菜。这种植物分布在日本的湿润地带与北半球的高山地区，可以用叶片分泌的黏液来捕食昆虫

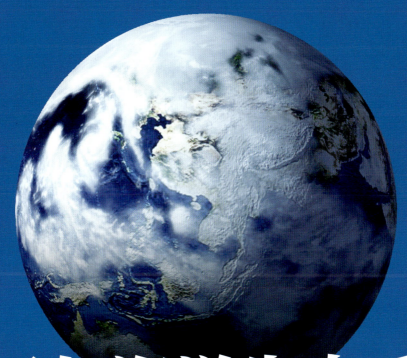

菊石与海洋生态系统

1 亿 4500 万年前—6600 万年前

第 229 页　图片 / PPS
第 230 页　图片 / PPS
第 235 页　插画 / 月本佳代美
　　　　　插画 / 齐藤志乃
第 237 页　插画 / PPS
第 238 页　图片 / 堪萨斯海洋古生物馆
　　　　　图片 / 福塞思图书馆
第 239 页　插画 / 三好南里
　　　　　图片 / PPS
　　　　　图片 / 福塞思图书馆
第 241 页　插画 / 三好南里
　　　　　插画 / 服部雅人
　　　　　图片 / 海洋生物环境研究所
　　　　　本页其他图片均由 PPS 提供
第 243 页　插画 / 月本佳代美
　　　　　图片 / 美国自然历史博物馆
第 244 页　插画 / 三好南里
第 245 页　插画 / 服部雅人
　　　　　图片 / 南达科他州博物馆
　　　　　图片 / 约翰·林肯
　　　　　插画 / 三好南里
第 246 页　插画 / 三好南里
　　　　　图片 / PPS
　　　　　图片 / PPS
第 247 页　插画 / 菊谷诗子
　　　　　图片 / 三笠市立博物馆
第 249 页　插画 / 服部雅人
　　　　　插画 / 三好南里
　　　　　图片 / 劳伦斯·堪萨斯
　　　　　本页其他图片均由 PPS 提供
第 251 页　插画 / 小堀文彦
第 252 页　插画 / 冈本隆
　　　　　图片 / PPS
　　　　　插画 / 冈本隆
第 253 页　图片 / 日本国立科学博物馆
　　　　　插画 / 冈本隆
　　　　　图片 / PPS
　　　　　图片 / 中川町自然志博物馆
　　　　　图片 / 中川町自然志博物馆
　　　　　图片 / 日本东北大学
第 254 页　图片 / 日本国立科学博物馆
　　　　　插画 / 真壁晓夫
　　　　　图片 / 阿玛纳图片社
　　　　　图片 / 朝日新闻社
　　　　　图片 / 日本千叶县自然历史博物馆
第 255 页　图片 / PPS
　　　　　图片 / 联合图片社
　　　　　图片 / PPS
　　　　　图片 / 日本千叶县自然历史博物馆
　　　　　插画 / 三好南里
　　　　　图片 / 联合图片社
第 256 页　图片 / PPS
　　　　　图片 / Aflo
　　　　　图片 / Aflo
　　　　　图片 / 阿拉米图库
第 257 页　图片 / Aflo
第 258 页　图片 / 阿玛纳图片社
第 259 页　图片 / PPS
　　　　　图片 / 乔克卜·乔纳森
　　　　　图片 / 奄美海洋站
第 260 页　图片 / 阿拉米图库
　　　　　本页其他图片均由 PPS 提供

—顾问寄语—

北海道大学综合博物馆研究员　富田武照

白垩纪的陆地上恐龙发生了多样性进化，白垩纪的海洋中也别有一番天地。
硬骨鱼类在当时温暖的海洋中空前繁盛。
它们在白垩纪末的生物大灭绝中幸存了下来，直到现在人们还可以在地球上看到它们多姿多彩的样子。
硬骨鱼类为何会发生如此多样的进化？研究人员为解开这一谜团正在不懈努力。
让我们去中生代最温暖的海洋中开启一场冒险之旅吧！

布满 石灰岩 的海洋

马斯特里赫特是荷兰南部的一座古都，默兹河流经该城市，而位
于默兹河畔的一个石灰岩采石场，是古生物学史上一个具有里程
碑意义的地方。18 世纪中叶，在此处发现的未知动物的部分头骨
化石，成为人们了解 1 亿年前海洋世界的重要契机。被发现的是
白垩纪大型海洋爬行动物——沧龙（默兹河的蜥蜴）的化石。现
在这一动物，依然可以把人们的想象力带回遥远的白垩纪海洋。

各种海洋生物的 激烈搏斗

沧龙张开巨颚，一口咬住蛇颈龙类，它们尖锐巨大的牙齿会紧紧咬住猎物。对巨大的"海洋蜥蜴"而言，尖锐的牙齿和强有力的下颚是它们在捕食与被捕食这一激烈的生存竞争中存活下来的重要武器。在白垩纪晚期，海洋生存竞争激烈，沧龙作为霸主统治着生活在其中的各种海洋爬行类、大型鱼类和许多无脊椎动物。但是，这一霸主在白垩纪末也灭绝了。

马斯特里赫特南部、
圣彼得山麓的采石场

18 世纪 60 年代，人们在此处的石灰岩采石场
中发现了海洋爬行动物——沧龙的第一具头骨
化石。此外，在马斯特里赫特也出产了很多白
垩纪晚期的化石。

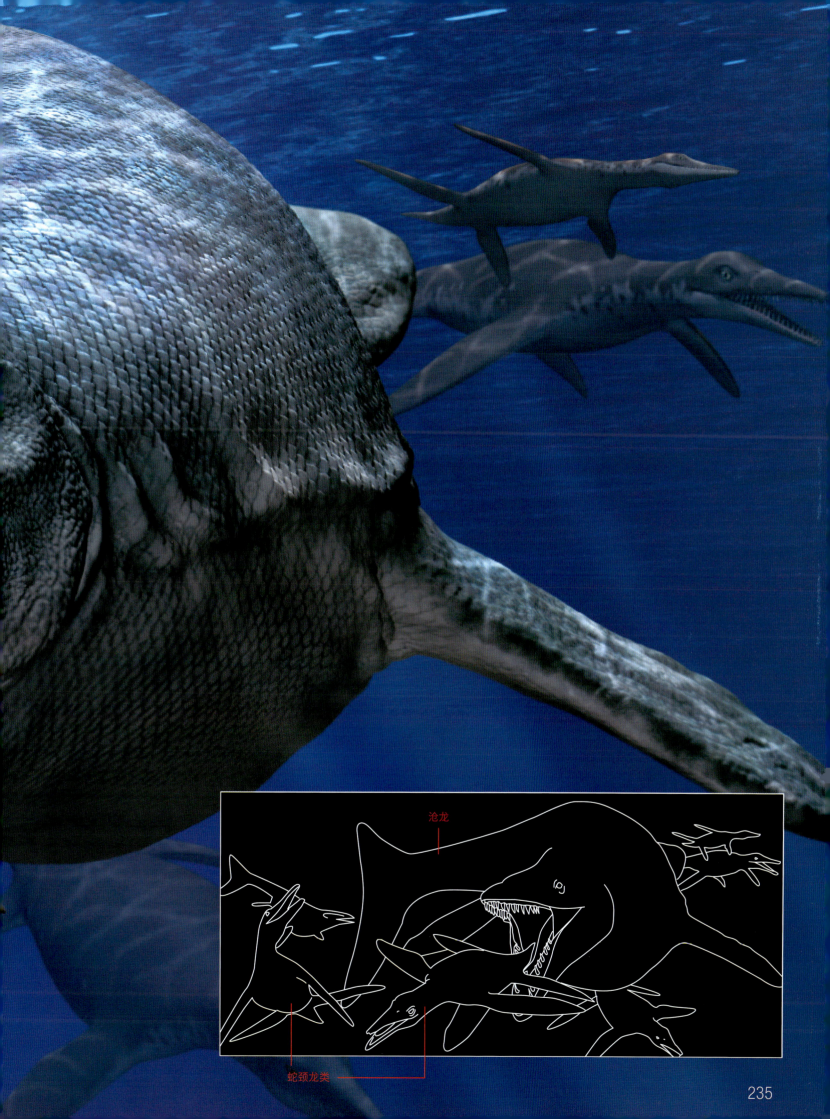

沧龙

蛇颈龙类

真骨鱼类的繁荣

想不到海底竟然有这么可怕的鱼!

现代海洋霸主**真骨鱼类**不断扩大势力范围

现在我们熟悉的大多数鱼类,如金枪鱼、鲷鱼、竹荚鱼、鲈鱼、鲑鱼等,都属于真骨鱼类。在1亿4000万年前的白垩纪时期,它们开始发展壮大。

历经数亿年实现"骨骼硬化"的鱼类

白垩纪时期,海洋爬行动物成为"海洋统治者",称霸海洋。鱼类夺得海洋生态系统"主角"之位,在这之中,出现了一种发生突破性进化的鱼类,即真骨鱼类。

这些鱼类进化的关键在于骨骼从软骨变为含有大量钙的硬骨。直至4亿多年前,出现了骨骼部分硬化的鱼类。自那以后,这个不断发生"骨骼硬化"的群体,历经数亿年,到了侏罗纪时期,终于出现了骨骼完全进化为硬骨的鱼类,即真骨鱼类。

自白垩纪起,具有坚硬骨骼的真骨鱼类迎来了大繁荣时期。它们凭借强壮的肌肉提高了自身的游泳能力,与此同时,大型鱼类也开始出现。其中,因体形大而著称的剑射鱼是当时最大的鱼,全长可达6米,是白垩纪时期真骨鱼类的代表。

在白垩纪末,曾经海洋中的"霸主"海洋爬行动物几乎全部灭绝,但真骨鱼类却幸存下来并不断繁盛。到底是什么促使真骨鱼类不断繁盛的呢?让我们来一探究竟吧!

凶猛的真骨鱼类——剑射鱼

Xiphactinus

剑射鱼是生活在北美、欧洲、澳大利亚浅海区域的真骨鱼类。俗称"斗牛犬鱼",是凶猛的乞丐鱼属中体形最大的鱼,一般被认为是白垩纪繁盛的真骨鱼类中的最强捕食者,全长可达6米。

全身骨骼硬化与『鱼鳔』成为繁盛的关键因素！

现存的鱼类共分为两大类，一类是骨骼为软骨的软骨鱼类，如鲨鱼、鲟鱼等，一类为包括真骨鱼类在内的硬骨鱼类。硬骨鱼类又可进一步分为具有肉状偶鳍的肉鳍类[注1]和由辐状骨支撑鳍部的辐鳍类。其中，真骨鱼类便是从辐鳍类进化而来的一种鱼类。

辐鳍类出现于距今4亿2000万年的志留纪晚期，并不断进行"骨骼硬化"。那么，这一类鱼为何一定要实现骨骼硬化？科学家认为，其中一个原因是它们为了"进入淡水区域生活"。

志留纪晚期，部分鱼类为了避开鲨鱼等凶猛的捕食者，进入河流和湖泊等的淡水区域生活。而这些进入淡水区域生活的部分鱼类，不久便将向辐鳍类进化。

因淡水不同于海水，几乎不含矿物质成分，所以有科学家认为这些鱼类的硬骨已发展成为储存钙和磷等矿物质成分的储藏库。此外，也有科学家认为，淡水中的浮力小于海水，更易受重力影响，为此，这些鱼类必须靠硬骨来支撑身体。但真相究竟如何，至今仍是未解之谜。

进化至真骨鱼类的漫长之路

不管真相如何，鱼类的骨骼硬化是从进入淡水区域生活的辐鳍类开始的。但是，最初它们仅是身体

美国堪萨斯州西部的斯莫基希尔

1952年，剑射鱼化石在斯莫基希尔被发现。此外，许多白垩纪晚期的动物，如蛇颈龙等海洋爬行动物和翼龙的化石也相继在此处被发现。

的部分骨骼硬化，其余绝大部分还是软骨。

在现在的分类中，有一种鱼类为"软骨硬鳞类"[注2]，它是较为原始的辐鳍类，从4亿年前的志留纪晚期开始，共延续了2亿多年。除了可以在淡水中生活之外，它也可以在海水和其他各种水生环境中生活。在二叠纪时期，现在的弓鳍鱼类和雀鳝类的祖先，以及其他种类的辐鳍类开始出现。但这些鱼类，在白垩纪中期急剧衰退，数量锐减。

取而代之的是在白垩纪海洋中不断扩大势力范围，实现骨骼全身硬化的真骨鱼类。

新闻聚焦

硬骨鱼类要比鲨鱼等软骨鱼类更原始？

一般认为，像现在的鲨鱼和鲟鱼等软骨鱼类，属于保留了远古形态的"活化石"。但在2014年4月，有研究推翻了这一定论。美国自然历史博物馆的研究小组通过CT扫描，三维重建了在美国阿肯色州发现的3亿2500万年前的软骨鱼类的头部化石，结果发现这一动物的鳃部骨骼构造，与其说接近现存的鲨鱼和鲟鱼等软骨鱼类，不如说更接近硬骨鱼类。这表明，具有（由鳃弓发展而来的）颌的鱼类（有颌类）的祖先，可能与硬骨鱼类含有相似的特征。随着原始软骨鱼类的面纱被揭开，或许可以发现硬骨鱼类要比软骨鱼类更多地保留了远古的特征。

剑射鱼化石

剑射鱼是白垩纪体形最大的真骨鱼类。发现时，其胃内还有一条完整的与其属于同一亚科的小型鱼类腮腺鱼。我们称之为"鱼中鱼"化石。

◘ 硬骨鱼类的进化

硬骨鱼类的进化，从志留纪晚期开始一直持续至今。在这一时期里，虽然也曾出现过多鳍类[注3]和软骨硬鳞类，但是真骨鱼类的出现，彻底击败了其他类群。

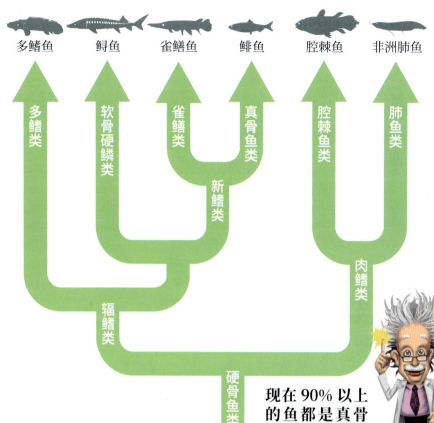

多鳍鱼　鲟鱼　雀鳝鱼　鲱鱼　腔棘鱼　非洲肺鱼

多鳍类　软骨硬鳞类　雀鳝类　真骨鱼类　腔棘鱼类　肺鱼类

新鳍类　　肉鳍类

辐鳍类

硬骨鱼类

现在 90% 以上的鱼都是真骨鱼类！

真骨鱼类的多样体形令人震惊

骨骼全身硬化，对真骨鱼类有何好处呢？答案是可以使硬骨周围的肌肉变得更为强壮，同时也能提高游泳能力。关于提高游泳能力这一点，一般认为在"软骨硬鳞类"时期就已显现，鱼类进化为真骨鱼类之后，游泳能力必然也会进一步提高。

此外，伴随着全身骨骼硬化，真骨鱼类实现了另一种进化——鱼鳔的形成。

人们认为，由于原始的辐鳍类生活在淡水和浅海区域，所以"肺的原型"这一器官不断发达，使得它们能同时借助鳃和肺呼吸。其中，一些再度回归海洋生活的辐鳍类，已不必再用肺呼吸，"肺的原型"逐渐转化为有助于控制浮力的器官。而真骨鱼类最先将这种器官进化为了"鱼鳔"。

如果可以调节浮力，真骨鱼类便能更自由地在水中控制身体。依靠"坚硬结实的骨骼""强壮的肌肉"以及"鱼鳔"，真骨鱼类在水中世界不断进化，从白垩纪时期一直繁盛至今。

现存的真骨鱼类大约有2万多种，占总鱼类的90%以上，其中包括扁平形的鲷鱼、像绳索般细长形的鳗鱼以及纺锤形的金枪鱼等，体形可谓富于变化，多种多样。

游泳方式和食物种类也会因体形多样而各不相同。正因为真骨鱼类在多样性方面占据压倒性优势，所以它们才能适应地球上多样的水域环境，在复杂多变的环境中生存下来。

科学笔记

【肉鳍类】 第238页注1

肉鳍类是志留纪晚期出现的一种硬骨鱼类，其中腔棘鱼和肺鱼幸存至今。科学家普遍认为，部分肉鳍类进化为现今的哺乳类等四足动物。

现生肉鳍类的代表——腔棘鱼

【软骨硬鳞类】 第238页注2

软骨硬鳞类是在辐鳍类早期出现的原始鱼类。但在白垩纪晚期几乎灭绝，仅有鲟鱼幸存至今。

【多鳍类】 第239页注3

多鳍类是现生辐鳍类中最古老的一个类群。现分布在热带非洲地区的淡水鱼——多鳍鱼目，便属于这一类。多鳍类背部有10个左右的背鳍，一直延伸到尾鳍。自泥盆纪出现以来，它们因体形几乎未变而被称为"活化石"。

随手词典

【叶状鳞】
叶状鳞也称"骨鳞"，是真骨鱼类的一种鱼鳞。象牙质和珐琅质退化，鳞片变得又薄又软。

【圆鳞】
圆鳞由一层骨胶原纤维层以及其上的骨质层构成，鳞片重叠。沙丁鱼、鲤鱼和三文鱼等真骨鱼类的鳞片都是这一类型。

【栉鳞】
栉鳞外侧具有一层齿状的棘突。鲈鱼和真鲷鱼等鱼的鳞片为栉鳞。

优势 4　嘴的张合度的变大

真骨鱼类的下颚骨与脸颊分开，进化后的类群的下颚骨变为棒状骨头。因此，它们的整张嘴便能张开，更易于捕食。

鳕形目银鳕鱼的一种——太平洋白鳕张大嘴的样子

鲱鱼
【原始的真骨鱼类】
| *Clupea* |

鲱鱼类从原始的辐鳍类进化而来。具有圆鳞等原始特征，背鳍无棘突。

优势 5　全身的"骨骼硬化"

真骨鱼类的内骨骼全部由软骨变为硬骨，它们凭借强壮的肌肉提高了自身的游泳能力。同时，实现了"体形多样性进化"以适应生存环境。从右图软骨硬鳞类鲱鱼的骨架可发现，它们的背部骨骼等尚未硬化。

三叠纪的软骨硬鳞类鲱鱼的骨架

地球进行时！

凭借体形多样化生活在地球各处！

在脊椎动物中，仅有真骨鱼类体形富于变化，种类丰富。它们根据生活环境和捕食方法，积极改变自己的体形，才造就了如今真骨鱼类的大繁荣。

从左到右依次是鮟鱇、翻车鱼、海马，右上角为海鳗，右下角为比目鱼

真骨鱼类的五大优势

优势 1

轻软的鳞片

比腔棘鱼和多鳍鱼等真骨鱼类更加原始的硬骨鱼类，"硬鳞"又硬又厚。而真骨鱼类的鳞片进化成又薄又软的"叶状鳞"，形成了游动方便的"高性能铠甲"。

硬鳞

栉鳞　　**圆鳞**

真骨鱼类

硬鳞。骨质结构，表面覆一层闪光质和齿鳞质。鳞片随鱼体的生长而生长（图为辐鳍纲多鳍目恩氏多鳍鱼的鳞片）

真骨鱼类的鳞片。骨质结构，根据种类不同可分为圆鳞和栉鳞（图为金鱼的圆鳞）

促使真骨鱼类实现大繁荣的"优势"，除全身骨骼硬化外，还有鳞片、鱼鳔、嘴以及下颚等结构都比之前的辐鳍类有了很大的进步。

真骨鱼类出现的这些形态结构上的"创新"，使得它们能够灵活适应淡水、海水、浅海和深海等各种水生环境，促进了体形多样的鱼类的出现。

优势 3

鱼鳔的形成

辐鳍类形成了可在淡水区域呼吸空气的"肺的原型"，当它们再度回归海洋生活后，这一器官进化为"鱼鳔"，具备了可控制身体沉浮的功能，使得鱼类不必游动也能维持中性浮力（既不上浮也不下沉的浮力）。

优势 2

上下对称的尾鳍

鱼鳔的形成使得真骨鱼类可借助鱼鳔控制身体的沉浮，由于游动时鱼鳔可收缩膨胀，因而尾鳍进化为可以更轻松地调节水力方向（如推力）的"上下对称的正尾"。

鱼鳔

鲈形目鲈亚目"石首鱼"的解剖图

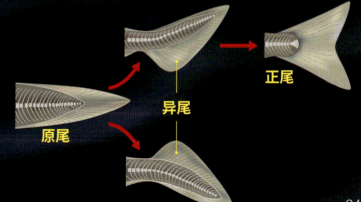

正尾

异尾

原尾

史上最强的
海洋爬行动物

沧龙类

白垩纪的海洋霸主——

巨大的鲨鱼和凶猛的大型鱼类等多种生物在白垩纪的海洋中展开生存竞争。其中，在生态系统中处于统治地位的是从『蜥蜴』进化而来的海洋爬行类和沧龙类。

"蜥蜴"进入海洋生活，成为史上最强的海洋爬行动物

约2亿年前的侏罗纪时期，有两大势力统治着海洋，分别是蛇颈龙和鱼龙。它们都属于海洋爬行动物。

但鱼龙在白垩纪中期就已灭绝。大约在9300万年前的白垩纪晚期，在多样的海洋爬行类中，一个突然出现的类群——沧龙类，统治了海洋生态系统。

沧龙究竟是怎样一种动物呢？18世纪中叶，第一具沧龙化石在荷兰南部被发现。肉食性动物所具备的尖锐的牙齿以及长达1米多强壮的下颚，使得它们在发现之初被误认为是古代的鲸鱼，或是巨型鳄鱼。但之后，人们渐渐发现，这一动物在分类上和蜥蜴同属爬行类。

在白垩纪中期至晚期，沧龙类的种类和数量急剧增加，在世界各地的海洋中快速繁盛起来。其中，一些大家熟知的沧龙类动物，如海王龙、浮龙、硬椎龙，据说都是凶猛的捕食者。

它们到底为何能够称霸白垩纪晚期的海洋世界呢？让我们一起展开探秘之旅吧！

海洋中竟有这么大的"蜥蜴"！

袭击蛇颈龙的沧龙类

9300万年前—6600万年前，沧龙类广泛分布于世界各地的海洋中，除乌贼、鱼类、贝类之外，它们也会捕食蛇颈龙和鲨鱼。人们从众多伤痕累累的化石中推测，沧龙类一直处在无休止的战斗之中。

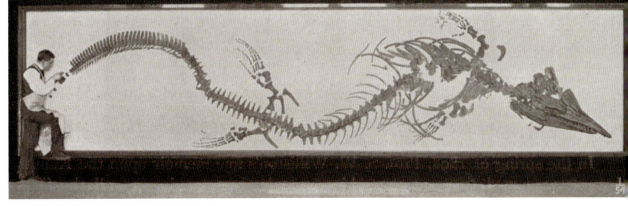

海王龙的全身骨架
| *Tylosaurus*

海王龙是沧龙类的一种。这一全身骨架存放于宽约7.6米的展示板内。与左侧人物相比，其巨大的体形一目了然。

现在我们知道！

为何沧龙类能够称霸竞争激烈的白垩纪海洋呢？

白垩纪中期，在现今南太平洋地区的海底发生了剧烈的火山喷发，彻底改变了当时的海洋状况。海洋生物锐减，以此为食的海洋爬行动物遭受了重大打击。另外，之前一直处于大繁荣的鱼龙也惨遭灭绝，这一切都与这场火山喷发紧密相关。

鱼龙灭绝后，沧龙类填补了"空缺"的生态位[注1]，不断增强自身力量。沧龙类为何能够迅速实现繁盛呢？让我们一起来看看其中的一些关键特征。

在爬行动物中，沧龙类和蜥蜴、蛇同属有鳞目。不同于蛇颈龙和鱼龙，沧龙类是为了在水中生活而发生进化的爬行动物。

沧龙类的一个共同特征是下颚骨头之间具有关节，这使得许多沧龙类在吞进食物的同时，也能控制嘴的张合度。科学家推测，沧龙类的牙齿大而锐利，撕咬能力极强，具有一张将大型猎物整只吞下的"捕食能嘴"。正是这一能力，使得它们能够在海洋生态系统中存活下来。

背鳍和体形的"进化型"变化

沧龙类还具有极强的游泳能力。它们的"游泳方式"到底是怎样的呢？

沧龙类的四肢已演化成鳍状肢。虽然这十分利于拨水，但许多沧龙类都把这一鳍状肢作为在水中改变方向的舵。那么，它们游进时的推力是如何获得的呢？

科学家推测，许多相对早期的原始沧龙类会像鳗鱼和海蛇一样，通过弯曲上下有一定宽度的尾鳍以及蜥蜴般细长的身体来游动前行。

但不久后，在沧龙类中也出现了一些种类，它们的身体由蜥蜴般的细长形转变为现生海豚般的流线

◻沧龙类取代鱼龙实现大繁盛

在白垩纪中期的生物大灭绝中，除了鱼龙，部分蛇颈龙、海生鳄类等肉食性海洋爬行动物也灭绝了。沧龙类取代这些"海洋捕食者"，填补了空白。

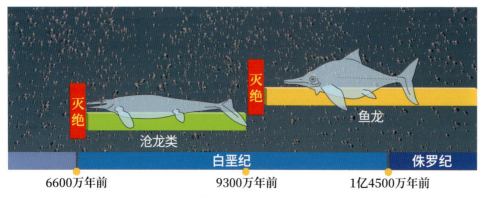

灭绝　沧龙类

灭绝　鱼龙

白垩纪　　　　侏罗纪

6600万年前　　　9300万年前　　　1亿4500万年前

从尾鳍便可看出沧龙类的进化水平。

古巨龟
（海龟类）

神河龙
（蛇颈龙类）

剑射鱼
（硬骨鱼类）

海王龙
（沧龙类）

角鳞鲨
（鲨鱼类）

⬤ 海王龙胃的化石

在美国南达科他州发现的海王龙胃的化石内，找到了海鸟、硬骨鱼类、鲨鱼（极小的碎片）以及小型沧龙类的化石。

■ 海王龙
（主体部分）

■ 鸟类
黄昏鸟

■ 沧龙类
板踝龙

■ 鱼类
班纳博格米努斯鱼

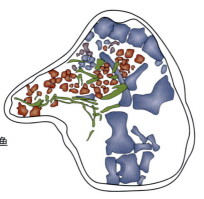

型，几乎消失的尾鳍也逐渐变成鲨鱼的"新月形"。

这一"进化型"沧龙类的游泳方式，类似于现生的旗鱼类和金枪鱼。它们通过躯体后半部分的肌肉运动来强力摆动尾鳍，从而获得推力，使得高效的远距离游泳成为可能。

有鳞目的一个特征是体表被覆着"鳞片"，这有助于降低水对它们形成的阻力。此外，它们的鼻孔位置后退到头骨后上方，以便能够露出水面进行呼吸。

这些变化使得沧龙类的身体高度适应水中生活，它们的栖息地从沿海扩展到海面、浅海、深海，乃至世界各地的海洋。它们的物种多种多样，其中也出现了一些硕大无比的生物，比如，生活在约 8500 万年前—7800 万年前的海王龙，有的体长可达 15 米。

沧龙类的"趋同进化"

沧龙类本来属于爬行动物，形态酷似现在的巨蜥。但在适应水中生活的过程中，沧龙类的形态变得越来越像现生哺乳动物中的海豚、鱼类中的旗鱼类以及金枪鱼。

像这样，在分类上亲缘关系相距甚远的动物，

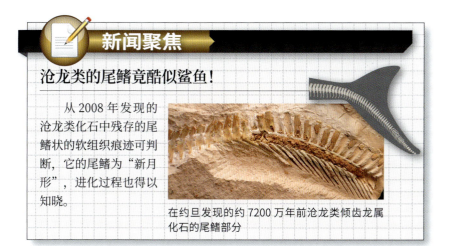

新闻聚焦

沧龙类的尾鳍竟酷似鲨鱼！

从 2008 年发现的沧龙类化石中残存的尾鳍状的软组织痕迹可判断，它的尾鳍为"新月形"，进化过程也得以知晓。

在约旦发现的约 7200 万年前沧龙类倾齿龙属化石的尾鳍部分

史上最强的海洋爬行动物

◻ 功能需求决定生物的形态！

像鸟（鸟类）和蝙蝠（哺乳类）、鼹鼠（哺乳类）的前肢和蝼蛄（昆虫）的前脚等具有同样功能需求的生物一样，不管其所属生态系统如何，我们都把这种形态和器官相似的现象称为趋同进化。

沧龙类型
体形趋同进化成适合长躯干卷曲游泳的形态。不适合长时间的远距离游泳。之后，沧龙的体形逐渐向鱼龙类型趋同进化。

鱼龙类型
趋同进化成更为高效的游泳形态，即不摆动头部，单靠摆动可以降低水中阻力的流线型身体的后半身肌肉，便能够实现远距离游泳。

爬行类

沧龙 | *Mosasaurus* |
生活年代：白垩纪晚期　全长：12～15 米

鱼龙 | *Ichthyosaurus* |　生活年代：侏罗纪早期　全长：约2米

哺乳类

龙王鲸 | *Basilosaurus* |
生活年代：新生代古近纪（约 6600 万年前—2300 万年前）
全长：15～18 米

真海豚 | *Delphinus* |　生活年代：现在　全长：约2米

不同起源的动物为适应环境进化成了同一体形。

鱼类

旗鱼类 | *Xiphioidei* |
生活年代：现在　全长：最大可达 4 米以上

在适应同一生存环境（这里指水中）的过程中，形态和器官变得相似的现象称为趋同进化。沧龙类在趋同进化这一点上也备受科学家的关注。

此外，沧龙类在白垩纪末灭绝，它们也是地球上最后一批称霸海洋世界的爬行动物。

之后，巨大的"海洋哺乳类"龙王鲸[注2]填补了沧龙类的空白。龙王鲸作为原始的鲸类，其骨架与沧龙类中海王龙的骨架惊人地相似。由此也能看出趋同进化现象。

沧龙类虽已灭绝，但它们的"形态"说不定通过其他动物留存至今。

科学笔记

【生态位】 第244页 注1
生态位又称生态龛。龛原本指在建造房屋时，在墙壁上凿出的一个地方。后来也指每个生物种群在生态系统中所处的位置以及发挥的作用。

【龙王鲸】 第246页 注2
龙王鲸生活在4000万年前—3400万年前，是新生代古近纪始新世晚期的海洋哺乳动物。身体细长，雄性平均体长可达18米。属于原始鲸类。

在埃及发现的龙王鲸化石

【蛇蜥】 第246页 注3
蛇蜥属于有鳞目蜥蜴亚目巨蜥下目蛇蜥科的蜥蜴类动物。四肢退化，外形似蛇，但具有"眼睑和耳孔""自动断尾"等蜥蜴特有的特征。

🔍 近距直击

・ ・ ・

沧龙类竟是蛇的祖先？

1869 年，研究人员从两者都能弯曲身体移动（游泳）这一共同特征判断，蛇是由沧龙类进化而来的。20 世纪 70 年代，海生的"有脚蛇"化石在以色列被发现，20 世纪 90 年代经过再次讨论，沧龙类和蛇是近亲的假说变得更有说服力。但在 21 世纪初，蛇的祖先更接近蛇蜥[注3]的假说被认为更有说服力。时至今日，讨论仍在继续。

盲蛇蜥。蛇蜥科，无四肢（脚），外观似蛇

日本的海洋爬行动物研究令世界瞩目

了解海洋爬行动物变迁的重要信息来源

北海道的虾夷层群、岩手县的久慈层群、福岛县的双叶层群、大阪府·和歌山县·兵库县·香川县的和泉层群以及鹿儿岛县的御所浦层群是日本主要出产白垩纪海洋爬行动物化石的地层。众所周知，蛇颈龙类、龟类、沧龙类都出产自这些地层。

大型脊椎动物的骨架在石化过程中往往会分离，特别是像日本白垩纪的海洋爬行动物化石，含有该化石的岩石破裂，落至悬崖下、河流中。因为化石常发现于远离原始地层的"落石"内，所以仅凭部分骨骼难以确定动物的属种以及年代。但是，日本的白垩纪地层是基于菊石和微化石而划分的生物地层顺序（基于化石的地层测年法），十分精确，其中一个优点是可以准确地确定爬行动物化石的年代。

此外，在1亿年前至6600万年前的漫长时期里，整个北太平洋地区，仅在日本发现了海洋爬行动物化石，这成为当时

■ 双叶铃木龙 | *Futabasaurus suzukii* | 的复原图

初步了解爬行动物变迁的重要信息来源。

日本不断推进的海洋爬行动物研究

关于日本白垩纪海洋爬行动物的学术性报告，可追溯到20世纪20年代。当时，日本缺少相关的从岩石中分离化石的设备、技术以及分类学研究所需的文献和比较标本等资料，研究难以进行。如果要对爬行动物等大型脊椎动物的化石展开研究，详细记载解剖学·地质学特征、大型脊椎动物与其他动物之间的差异性的记载性论文必不可少。特别是只有发表（出版）符合"国际动物命名法规"的记载性论文，"新物种"才能获得认可。因此即便发现了生活在日本的海洋爬行动物的化石，化石研究所需的记载性论文依然难以出版。

然而，经过管理化石标本的博物馆和相关人员的不懈努力以及日本古脊椎动物学的不断发展，从20世纪80年代

开始，日本陆续出版了很多与白垩纪海洋爬行动物有关的记载性论文，其中几篇还记载了新物种。

记载于1985年的沧龙属平齿蜥是日本最早记载的白垩纪海洋爬行动物的新物种，1996年又记载了革龟类的新属新物种——波纹中棱皮龟。此外，像2006年的蛇颈龙类中的双叶铃木龙、2008年沧龙类中的虾夷龙（学名为三笠海怪龙），它们相关的记载性论文都是在发现化石后30多年才得以出版。这些论文的出版是进行应用型研究的第一步，我们希望今后的研究会取得新进展。

佐藤玉树，东京大学理学部毕业，美国辛辛那提大学硕士，加拿大卡尔加里大学博士。曾作为博士后研究员供职于加拿大皇家蒂勒尔博物馆、北海道大学综合博物馆、加拿大自然博物馆和日本国立科学博物馆。曾任东京学艺大学助教，现为该校教育学部副教授。专业是古脊椎动物学，专攻鳍龙类的物种记述和谱系学研究。凭借对鳍龙类等中生代爬行动物的研究，于2010年获日本古生物学会的论文奖，于2011年获该学会颁发的学术奖。

■ 虾夷龙 | *Taniwhasaurus mikasaensis* | 的复原图

沧龙类海怪龙属的新物种——虾夷龙的头骨化石（现藏于三笠市立博物馆）。1976年6月21日，发现于北海道三笠市，次年7月指定为国家天然纪念物。

紧紧咬住猎物的颚

沧龙类的颚同蛇一样，关节疏松，可以张大嘴巴。此外，由于下颚间也有关节，这使得它们能够从垂直方向上强有力地咬住猎物。

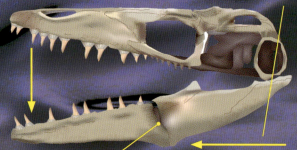

下颚间的关节　　下颚稍向前移动

可强有力地咬住猎物

下颚间的关节　　下颚稍向后移动

固定不动的两排牙齿

沧龙类同蛇一样，牙齿上颚内部还有两排内齿。这使得它们在吞食猎物时，即便张大嘴巴，猎物也难以逃跑。

沧龙类的牙齿化石

蛇的上颚内部

强壮的胸鳍

与趾骨之间狭窄的蛇颈龙鳍肢（右图）不同，沧龙类鳍肢的五个趾骨分开，并能够像扇子一样展开。鳍肢的作用类似舵，能够在水中改变方向，高速游泳。

拨水的尾鳍

为了不断适应水生环境，沧龙类的尾鳍逐渐进化为"新月形"，可像鱼龙般快速游动。下图所示长长的尾鳍，有助于沧龙类在深海潜行。

达拉斯蜥蜴 | *Dallasaurus*

沧龙 | *Mosasaurus*

浮龙 | *Plotosaurus*

沧龙类为何能成为霸主？

沧龙类出现于白垩纪晚期，那时，巨大的海洋爬行动物鱼龙虽已灭绝，但蛇颈龙仍继续存在。蛇颈龙体形偏大，是凶猛的捕食者。那么，为何沧龙类能够凌驾于蛇颈龙之上，成为生态系统中的最强者呢？原因在于沧龙类特有的两大优势，即爬行动物的特征和"高度适应水生环境的体形"。

沧龙
Mosasaurus

降低水中阻力的鳞片

沧龙的鳞片表面，有一层类似蛇鳞的小龙骨。龙骨的作用是防止游动时体表发生旋涡，以降低水中阻力。

近距直击

沧龙类化石的发现要早于恐龙！

1764 年，人们在荷兰的一个采石场中发现了沧龙的部分头骨，这比恐龙化石（禽龙）的发现早了 50 多年。1808 年，法国生物学家乔治·居维叶发现了第二具标本，并由此确认沧龙与巨蜥有较近的亲缘关系。

发现之初，人们并不认为沧龙的头骨化石属于远古时期的已灭绝生物。

异常卷曲的菊石

在白垩纪出现许多异形菊石

菊石从泥盆纪早期的鹦鹉螺类进化而来。之后，它们在几次生物大灭绝中幸存下来并不断繁荣，进化成令人惊讶的形状。

大自然真是鬼斧神工。

菊石经过多样化变得"异常卷曲"

从侏罗纪至白垩纪，超级大陆泛大陆不断分裂，形成现今大陆的位置。在这一时期，大陆间形成新的海洋，多种生物聚集生活在浅水区域。由于三叠纪末大灭绝[注1]，菊石类的种类和数量都发生锐减。但随着新的海洋不断出现，菊石类再次走上了繁荣之路。

菊石广泛分布于世界各地的海洋中，由于海洋环境不同，菊石的壳体形状和壳表装饰也是多种多样。其中，除传统的平面螺旋状的壳体之外，菊石中也出现了其他异常卷曲的形状，我们称之为"异常卷曲"壳体。总之，在白垩纪晚期，我们可以看到像弹簧般立体的螺旋状以及棒状等多种形状的菊石。这些化石大多产于日本北海道、俄罗斯远东地区、美国西海岸等地。

但是，由于海平面的下降，这些形态多样、一度繁荣的菊石数量不断减少，最终在白垩纪晚期，和恐龙一起在地球上消失了。

白垩纪晚期的海洋想象图
壳体为平面螺旋状的菊石和异常卷曲状的菊石一同生活在浅海的海底附近。图片中左前方为多褶菊石，右前方为日本菊石。蛇颈龙等大型海洋爬行动物是它们共同的天敌。

**现在
我们知道！**

**异常卷曲的菊石
并不『异常』**

在异常卷曲的菊石中，日本菊石又凭借卷曲方式的"怪异性"显得尤为突出。顾名思义，日本菊石是最早在日本发现的菊石化石，它们大量出产自北海道白垩纪晚期的地层中。

在发现之初，有的研究人员将日本菊石视为突变[注2]产生的异形生物，之后，随着同一形状的化石不断被发现，研究人员才确认日本菊石与菊石为同一"属"。但是，一眼看去日本菊石形状虽复杂怪异，实际上它们是遵循一定的规律形成的，日本爱媛大学的冈本隆副教授已在他的研究中对此做出了解释。

切换 3 种旋卷方式
进行生长

日本菊石外壳共有右旋卷的立体螺旋状、左旋卷的立体螺旋状和平面螺旋状 3 种旋卷方式，每种旋卷方式可互相切换。切换方式如同它们改变生长方向一般，当形状过于向上生长时，便开

日本菊石的卷曲方式

日本菊石共有左旋卷的立体螺旋状、平面螺旋状和右旋卷的立体螺旋状3 种旋卷方式，在壳体生长过程中，每种旋卷方式可互相切换。

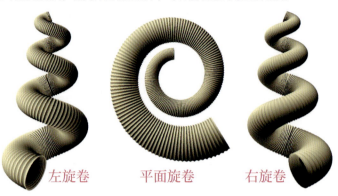

左旋卷　　　平面旋卷　　　右旋卷

始朝下生长，反之，则朝上生长。正因如此，日本菊石似乎总与海底保持一定的角度。按照这一设定，便可以在计算机上模拟再现日本菊石的怪异形态。

在模拟实验中，如果将壳体的卷曲程度设为最小或最大，那么壳体的卷曲方式则变为普通的立体螺旋状或平面螺旋状，而不再像日本菊石那样扭曲。此外，与日本菊石一样出产自白垩纪地层的还有呈普通立体螺旋状卷曲的菊石和真螺旋菊石。异常旋卷的菊石与日本菊石的壳表装饰以及生长初期的形状十分相似，一般认为它们可能是日本菊石的祖先。

白垩纪也出现了先呈直线状生长后又改变方向的菊石、呈蚊香状的菊石等各种各样异常卷曲的菊石。这些菊石都是遵循各自的物种规则卷曲而成的，并不属于异形生物。

为何会出现异常旋卷的菊石？

那么，这一时代，为何会出现如此多异常卷曲的菊石呢？过去，有说法认为异形物种是随着菊石的衰退而出现的，但现在越来越多的人开始否定这一说法。虽然事实尚未弄清，但冈本教授提出了一种新的可能性。他

日本菊石 | *Nipponites mirabilis* |

日本菊石生活在白垩纪晚期，在拉丁语中意为"日本之石"，它们是异常卷曲的菊石中旋卷方式最为复杂的一个物种。壳体呈现出一层层的U字形构造，壳口部分直径为 1～2 厘米。

日本菊石的生长方式模拟

下图是利用计算机模拟的日本菊石生长图。只要遵循让壳体与水平方向保持在0 度～40 度的角度进行生长的规则，便可形成日本菊石的形状。

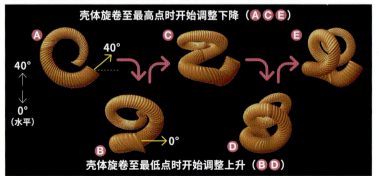

壳体旋卷至最高点时开始调整下降（A C E）

40°

40°

0°
（水平）

A　　C　　E

B　　D

壳体旋卷至最低点时开始调整上升（B D）

还有更多异常卷曲的菊石

以下将介绍壳体呈不同形状异常卷曲的菊石，如呈疏松螺旋状，或中途改变旋卷方式，或呈 U 字形等。

塔菊石
| *Hypoturrilites komotai* |

塔菊石生活在白垩纪晚期，外壳呈立体螺旋状旋卷，是一种外观似螺的菊石。该标本高 20 厘米。

> 壳体外侧并排有疣状突起

> 生长时不断改变方向

多褶菊石
| *Polyptychoceras obstrictum* |

多褶菊石生活在白垩纪晚期，外壳径直生长，生长到一定位置后改变方向。该标本高 14 厘米。

这些外壳都是遵循规则正常旋卷的。

> 外形像疏松的弹簧

真螺旋菊石
| *Eubostrychoceras japonicum* |

真螺旋菊石生活在白垩纪晚期，外壳呈立体螺旋状，一般认为是日本菊石的祖先。该标本高 10 厘米。

> 像蚊香般的旋卷方式

梯纹菊石
| *Scalarites scalaris* |

梯纹菊石生活在白垩纪晚期，外壳呈展开般的疏松平面螺旋状。该标本的壳口部分直径为 2 厘米。

念珠菊石
| *Nostoceras hyatti* |

念珠菊石生活在白垩纪晚期，外壳起初呈立体螺旋状旋卷，后变为鱼钩状。该标本高 9 厘米。

> 外壳变为鱼钩状旋卷

认为，菊石在白垩纪迎来了鼎盛时期的同时，也要面对严峻的生存竞争。在形状方面，为保持身体上所受的重力与浮力[注3]相等，传统正常旋卷的菊石[注4]的壳口部分形状几乎直接朝上，异常卷曲的菊石可能壳口部分形状多是朝下。这表明，多数异常卷曲的菊石可能以海底生物和腐烂的肉为食。也就是说，由于菊石游速缓慢，所以异常卷曲的形状会更利于它们捕食海底生物。不管这一假说正确与否，至少已证明菊石多样化的形态对它们的生活方式具有重要意义。

科学笔记

【三叠纪末大灭绝】 第250页 注1
指三叠纪末（2亿130万年前）发生的生物大灭绝事件。当时，由于大规模的火山爆发导致气候突变，地球上约76%的物种灭绝。其中，许多种菊石类也惨遭灭绝。

【突变】 第252页 注2
突变指由于某种原因使得生物基因发生改变。当体细胞发生变异时，可能会导致疾病或畸形，但并不会遗传给后代。但如果生殖细胞发生突变，便会遗传给后代。

【浮力】 第253页 注3
浮力指在液体中的物体各表面所承受的力。当物体悬浮在液体中处于静止不动状态时，表明该物体所受的浮力与重力相等。

【正常旋卷的菊石】 第253页 注4
由于菊石呈平面螺旋状旋卷，所以如果外壳的螺旋状疏松则为松卷，螺旋状紧密则为密卷，这两种情况都属于正常旋卷的菊石。但如果卷是展开的并留有间隙，即便它的外壳呈平面螺旋状，我们也称之为异常卷曲的菊石。

杰出人物

地质学家
矢部长克
（1878—1969）

最早研究异常卷曲菊石的学者

1904 年，矢部长克发现了日本菊石，提出它们是新属、新物种，但当时世界上的其他研究人员仅把它们视为突变产生的异形生物。虽然矢部发现了菊石旋卷方式中存在的规律并做了详细描述，但一直不被学界认可。直至近些年利用计算机进行研究，才得以证实他的观点是正确的。矢部长克曾任日本东北大学教授，致力于研究地质学和古生物学，1953 年获日本文化勋章。

地球博物志

白垩纪的无脊椎动物

| Invertebrates of The Cretaceous age |

维系海洋爬行类的无脊椎动物

在白垩纪的海洋中，除繁盛的鱼类和海洋爬行类外，无脊椎动物作为它们的食物，种类也是多种多样。以下将介绍几种在中生代中维系鱼龙和沧龙类繁荣的无脊椎动物。

白垩纪主要的无脊椎动物种类

【头足类】
除菊石之外，头足类动物还包括看起来像现生乌贼的箭石类和鹦鹉螺类。在白垩纪时期，这些物种都发生了进化，实现了多样性。

【双壳类】
从寒武纪出现到现在这一漫长的历史中，双壳类在白垩纪时期最具多样性。当时，出现了直径从数厘米到1米的巨大的双壳类物种。

【腹足类】
腹足类出现于寒武纪时期，生存至今。贝壳呈螺旋形旋卷，白垩纪时期出现了许多新的种类，腹足类是软体动物中种类最多的一种动物。

【海胆类】
海胆类是中生代棘皮动物中最为繁荣的物种之一。侏罗纪以后，栖息地扩大到了海底。到了白垩纪，物种进一步繁盛。

【鹅掌螺】

| Aporrhais |

鹅掌螺是从白垩纪早期生存至今的一种螺类，多出产自白垩纪地层。壳表多棘突，起到维持壳体稳定和防御的作用。虽然现生物种仅生活在大西洋之中，但在世界各地都发现了它们的化石。

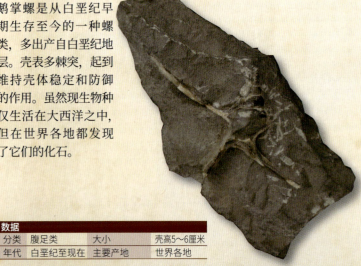

数据			
分类	腹足类	大小	壳高5~6厘米
年代	白垩纪至现在	主要产地	世界各地

【杆菊石】

| Baculites |

杆菊石是属于菊石目的一种头足类动物，随着生长，外壳会由螺旋状变为笔直的棒状，是一种较为罕见的物种。在生长初期，它们的头部呈细小的螺旋状，但迄今为止几乎没有发现这部分的化石。杆菊石出现于白垩纪晚期，属"异常卷曲"的菊石。

数据			
分类	头足类	大小	壳长最大2米
年代	白垩纪晚期	主要产地	世界各地

地球进行时！

生活在海水、淡水、陆地上的现生腹足类

腹足类在5亿多年里，实现了其他物种无可比拟的多样性。虽然许多腹足类都是生活在海中的螺类，但有很多物种已经失去了贝壳，如裸海蝶等。还有一些物种的生活区域已经从海水转移到了淡水或陆地，如蜗牛和蛞蝓就是陆生腹足类的代表。物种如此丰富的腹足类，就像是了解生物多样性的样本。

节庆多彩海麒麟是一种在成年后会失去贝壳的腹足类动物。现存的腹足类约10.3万种。

【达科蒂巨蟹】

| Dakoticancer australis |

达科蒂巨蟹是白垩纪末仅在现北美和中美地区繁荣的一种螃蟹。图片为出产自密西西比州的一种达科蒂巨蟹化石。甲壳类是一种节肢动物，多发现于世界各地的白垩纪地层中，许多海洋爬行动物都以它们为食。

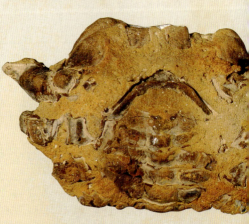

数据			
分类	甲壳类	大小	(图中化石)宽约6厘米
年代	白垩纪晚期	主要产地	北美

【箭石】

| Belemnites |

箭石是繁荣于三叠纪至白垩纪时期的一种头足类动物，在白垩纪末灭绝。由于在鱼龙等鱼龙类动物腹中发现了大量箭石的化石，所以科学家认为许多海洋爬行动物都以箭石为食。箭石和菊石、鱿鱼、章鱼都是头足类动物。一般认为箭石是与现生墨鱼最接近的一个物种。

数据	
分类	头足类
年代	三叠纪至白垩纪末
大小	长约60毫米（左图化石）
主要产地	世界各地

左图是残存的箭石"内壳"的部分鞘。上图是侏罗纪时期的箭石化石，整个身体的轮廓线都完整地保存了下来。科学家认为它们与同为头足类的乌贼比较相似

近距直击

箭石的壳体构造

箭石化石多出产自欧洲、北美以及日本国内等地。由于大部分箭石呈圆锥状，外形似箭头，故称为"箭石"。其中，箭石内壳前端的"鞘"多作为化石保存了下来，有些呈棒状的"前甲"也变成了化石得以保存。除上述部位之外的壳体部分很少作为化石保存下来，但在英国和德国发现了能确认箭石壳体轮廓线的化石。

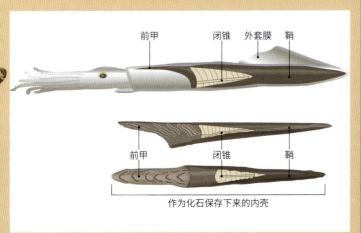

前甲　闭锥　外套膜　鞘

前甲　闭锥　鞘

前甲　闭锥　鞘

作为化石保存下来的内壳

与乌贼相同，箭石的壳体表面覆盖了一层"外套膜"，内部也有一层壳。因为内壳的鞘是碳酸钙，所以易作为化石保存下来

【马尾蛤】

| Hippurites |

马尾蛤是一种双壳类动物，属固着蛤，出现于白垩纪中期，繁荣至白垩纪晚期，在白垩纪末灭绝。壳分为上下两部分，上壳呈盖状，下壳呈杯状，像扎进海底一般保持直立状，形成生物礁。固着蛤取代了生活在特提斯海等热带海域的珊瑚类，成为一种巨大的造礁生物。

数据			
分类	双壳类	大小	高5～25厘米
年代	侏罗纪晚期至白垩纪末	主要产地	欧洲、中东、美国、日本

【翼三角蛤】

| Pterotrigonia pocilliformis |

三角蛤也称三角贝，是三叠纪至白垩纪时期中生代具有代表性的双壳类动物。其中，翼三角蛤是生活在白垩纪早期至中期的一个物种，多出产自浅海区域的地层，是人们了解当时环境的一个线索。"翼"，顾名思义，翼三角蛤的两面壳一打开，便可看到一对翅膀的形状。

数据			
分类	双壳类	大小	（图中岩石宽度）约21厘米
年代	白垩纪早期至白垩纪中期	主要产地	世界各地

【小蛸枕海胆】

| Micraster |

许多海胆类动物都生活在海底，但在白垩纪晚期繁盛的这一物种却生活在海底的软泥之中。主要特征是碳酸钙的心形外壳和壳体表面清晰可见的5个花瓣状凹槽，壳体表面似乎还有细小的棘突，上面覆盖着小疣。

数据			
分类	海胆类	大小	长轴4.5～6.5厘米
年代	白垩纪晚期至古近纪古新世	主要产地	欧洲、西亚

波光粼粼的蓝色海洋天堂

阿尔达布拉环礁

位于塞舌尔共和国，1982 年被列入《世界遗产名录》。

塞舌尔群岛位于印度洋，靠近非洲大陆东海岸。其中的阿尔达布拉环礁作为塞舌尔群岛的一部分，由珊瑚礁隆起而成的 4 个岛屿组成。在享有"珍珠"美称的塞舌尔群岛之中，阿尔达布拉环礁保留着格外美丽的自然风光，是阿尔达布拉象龟等众多濒危物种的宝贵栖息地。

生活在阿尔达布拉环礁的珍贵生物

阿尔达布拉象龟

阿尔达布拉象龟与加拉帕戈斯象龟同为体形较大的陆龟。背甲长约1米，最大的体重超过 200 千克，最长寿命达 152 年。

绿海龟

最大的绿海龟全长 1.5米，体重达 320 千克。阿尔达布拉环礁是绿海龟的重要产卵地之一。

椰子蟹

椰子蟹是一种寄居蟹。全长约 30 厘米，体重可达 2 千克。据说它们能够用强有力的双螯剪下椰子，并凿壳吃椰肉。

白喉秧鸡

顾名思义，白喉秧鸡的特点是喉咙处生长着白色羽毛。它们是印度洋海域中残存的唯一一种没有飞行能力的鸟类，其他物种都已灭绝。

**距非洲大陆东海岸
约 640 千米的一座岛屿**
因为阿尔达布拉环礁是一座远海的岛
屿，所以保留了许多未被人类破坏的
自然景观。岛的内侧是一个由海水形
成的浅潟湖，陆地上长有茂密的红树
林，是阿尔达布拉象龟和鸟类的天堂。

地球之谜

仙女环

波罗的海的麦田圈

2008年，人们在丹麦海岸附近的海底发现了一个怪圈。难以想象这会是人类的恶作剧，因此有人猜测这是『不明飞行物着陆的痕迹』。那么，海洋生物学家小组在2014年初调查报告的结果到底是什么呢？

丹麦首都哥本哈根往南约100千米的默恩岛，是一座位于波罗的海的岛屿，以其丰富的绿色植被和雪白的碳酸钙悬崖而闻名，也是一个备受欢迎的度假胜地。

2008年，有游客在白垩悬崖附近的海域用相机拍到了"海洋麦田圈"的照片，从照片可看到在海底的大叶藻群落附近有几个圆圈，其中，有的圆圈有网球场一般大。

这些圈究竟是如何形成的呢？在有人提出"这可能是在第二次世界大战中掉落的炸弹遗留的痕迹"后，各种推测便层出不穷。其中，也有人信誓旦旦地认为"这一定是不明飞行物着陆的痕迹""这是海中的仙女弄的痕迹"等。

英语中有一种现象为"仙女环"，日语中称之为菌环，指蘑菇呈环状生长，常见于森林和草地上。在默恩岛大叶藻群落出现的几个圆圈，也称为"仙女环"。

关于蘑菇现象，原因早已弄清。由于地下的蘑菇菌丝向四周辐射生长，中间部分的菌丝相继死去，到了一定的季节，蘑菇的顶端部分会因为繁殖破土而出，因此，蘑菇最终会出现呈环状生长的现象。

那么，海中的"仙女环"是什么原理呢？

白垩悬崖与大叶藻的关系

科学家刚准备着手调查原因，圆圈便消失了，人们以为这会成为一个未解之谜。但3年后，即2011年，"仙女环"再次出现了。南丹麦大学和哥本哈根大学的海洋生物学家小组联手展开了调查。

蘑菇的『仙女环』。不少菌轮的直径在10米以上

其实，大叶藻就是指生长在世界各地浅滩泥沙底部的被子植物。叶子呈细长状，长约20～100厘米，宽约3～5毫米。常在海底生长茂盛。繁殖方式有种子繁殖和根茎繁殖2种。与蘑菇孢子相同，大叶藻的种子落到海底发芽，之后，随着生长，根茎形成分支，植株不断扩展。

那么，默恩岛的圆圈和蘑菇圈属于同一种现象吗？

调查小组对大叶藻和大叶藻中沉积的淤泥进行了采样和分析，这些样本来自5个圆圈，直径从2米到15米不等。最后，他们发现了一个有趣的事实。

他们发现，圆圈内侧的大叶藻生

2011年，在默恩岛海底出现的几个麦田圈，直径最大可达 15 米。圆圈内部几乎没有大叶藻生长

大叶藻在水深数米的泥沙底部自然生长，汉字可写作"甘藻"。它并不是通过孢子繁殖的藻类植物，而是被子植物中的一种海草。一年生的大叶藻通过种子繁殖，多年生的大叶藻可通过种子繁殖和根茎繁殖

奄美大岛附近海底的麦田圈。这其实是河豚为产卵而建的

长密度大，生长在内侧的大叶藻的根和叶都要短于外侧，看起来很孱弱。此外，内侧的淤泥沉积中含有硫化物，这对大叶藻而言是有毒物质。

硫化物为何会沉积呢？一般情况下，硫化物与海水中的铁结合后，会变得无毒。但是，以白垩悬崖为特点的默恩岛的地质是碳酸钙，含铁量很少。

调查小组的代表是这样解释的："硫化物通常会被海流冲到海面上，但是，大叶藻群落会阻碍硫化物的流动，致使毒素集中在一起。"

大叶藻的根茎与菌丝相同，会从中心向四周辐射生长，使得群落不断扩张。也就是说，圆圈外侧生长茂盛的大叶藻不会

受毒素影响，但中间部分老化的大叶藻大多会变得枯萎。最后，生长茂盛的大叶藻仅剩一个环状，由此形成了"仙女环"。

海中"仙女环"是一种警告

大叶藻很容易受硫化物这一毒素的影响。这究竟意味着什么呢？"世界上的大叶藻正处于锐减当中。"这让研究小组陷入了担心。

众所周知，氧气浓度较低的海水中含有硫化物，而氧气浓度之所以不断降低，是因为排入海洋中的水含有工厂废水和化学肥料等。

本来，大叶藻可以极大地净化水质

它们的群落不仅是鱼类的产卵地，还是幼鱼和小型动物的重要栖息地。此外，以幼鱼和小型动物为食的大型生物也因觅食而聚集在了这里。

微生物可以将枯萎的大叶藻分解成含有不同微生物的有机物，使它们成为贝类和甲壳类等动物的饵料。可以说大叶藻的群落是海洋食物链的一个重要环节。

这些麦田圈，可能是"仙女"发出的一条警告人类破坏环境的信息。

Q 菊石一直被沧龙类捕食？

A 科学家在北美白垩纪地层中出产的大型菊石中发现，大多数菊石都有很多孔。其中，也有并排呈 V 字形的孔，经确认，这其实是"沧龙类的咬痕"，因此科学家推测菊石一直被沧龙类捕食。但近几年，科学家从与带孔状菊石同期出产的化石中判断，这些孔极有可能是盖笠螺栖息的痕迹，这对沧龙类的"咬痕说"提出了很大的质疑。虽然沧龙类是否捕食菊石这一点尚未明确，但科学家在与沧龙类同为海洋爬行动物——蛇颈龙类化石的胃中，发现了部分菊石化石。

保留了许多圆形小孔的菊石化石。科学家曾经认为这是沧龙类的咬痕。该化石发现于加拿大阿尔伯塔省

Q 鱼鳞除"保护自身"外还有哪些作用？

A 鱼鳞除"保护自身免受外敌和寄生虫侵害"外，还有许多其他作用，比如，鱼鳞可以减少水流干扰，降低水的阻力。鱼侧线上的鳞片（侧线鳞）位于鱼身体的中心位置，从头部直达尾鳍，可将水吸入侧线（管）中，然后鱼可以通过吸入的水流感受水压、水速和水温。鳞片形状也是多种多样。密斑刺鲀与河豚同属，但鳞片已进化得像铠甲一般。此外，也有没有鳞片的鱼，如剑鱼、白带鱼、石鲽、鲛鳒、鲶鱼、七鳃鳗等。鱼鳞对人类而言也有很多益处。鱼鳞的成分是羟基磷灰石和骨胶原，羟基磷灰石是骨骼和牙齿的主要组成成分，骨胶原是美容健康食品的主要成分，因此，近年来不断出现以鱼鳞为原料的各种商品。

密斑刺鲀的全身鳞片进化成棘刺状。平时棘刺并无特别之处，但当它们察觉到危险时，会吸入海水使身体鼓胀并竖起棘刺保护自身免受敌人攻击

Q 现生真骨鱼类动物中，最原始的动物是？

A 科学家认为是长期以来作为一种食物在日本备受欢迎的鲱鱼。鲱鱼所属的鲱形目，是真骨鱼类动物中最原始的一个类群。从化石的形态学研究结果可以发现，鲱形目中鲱鱼是保留最多祖先形态的原始物种。此外，DNA 分析研究也使得这一假说变得更加有说服力。

鲱形目鲱科的海水鱼——"鲱鱼"。由于鲱鱼在春季产卵时会在北海道沿岸大量聚集，因此也被称作"春告鱼"

Q 现在地球上生活着哪些海洋爬行动物？

A 现在地球上生活的海洋爬行动物仅有海龟类和海蛇类两种。海龟类动物以热带和亚热带为中心，分布在世界各地的海洋中，而海蛇类主要生活在热带到亚热带的海域中。为了能够在水平方向上弯曲全身游动，海蛇类的尾部在垂直方向上变成更能有效拨水的扁平状。海蛇类含有作用于神经细胞的神经毒素，一旦被它们咬到，可能会有溺死的风险。此外，现存的"半海生"爬行动物主要有栖息在厄瓜多尔加拉戈斯群岛的海鬣蜥和栖息在亚洲和澳大利亚半咸水域的湾鳄。

现存的海洋爬行动物有海蛇（右图）、半海生的湾鳄（右下图）、海鬣蜥（左下图）

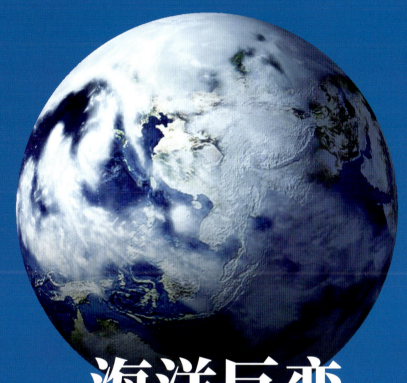

海洋巨变

1 亿 2000 万年前—8000 万年前

第 263 页　图片 / PPS
第 264 页　图片 / 盖蒂图片社
第 266 页　插画 / 小林稔　描摹 / 斋藤志乃
第 269 页　图片 / PPS
第 270 页　地图 / PPS
　　　　　图表 / 三好南里
　　　　　图表 / 黑田润一郎
第 271 页　图片 / 石川晃
　　　　　图片 / 黑田润一郎
　　　　　图片 / PPS
第 272 页　图片 / 黑田润一郎
　　　　　插画 / 飞田敏
第 273 页　图表 / 布赖恩·泰勒
第 275 页　图片 / 白尾元理
第 276 页　地图 / 三好南里
　　　　　图片 / 黑田润一郎
　　　　　图片 / 日本东北大学博物馆
　　　　　图片 / 山口博物馆
第 277 页　图表 / 三好南里（参考高岛零子等人的《温室世界和中世纪海洋》等资料绘制）
　　　　　图片 / Aflo
第 278 页　图表 / 真壁晓夫
　　　　　图片 / 照片图书馆
第 279 页　图片 / 安藤寿男
　　　　　图片 / 詹姆斯·克兰普顿和长谷川卓
第 281 页　插画 / 真壁晓夫
第 282 页　图片 / 水上知行，金泽大学
　　　　　图表 / 三好南里
第 283 页　地图 / C-Map
　　　　　图片 / PPS
　　　　　图表 / 三好南里
第 284 页　图片 / PPS
　　　　　插画 / 飞田敏
第 286 页　图片 / 法新社 - 时事社 / HO / 力拓
　　　　　图片 / 盖蒂图片社
　　　　　图片 / 康斯坦丁·库利科夫 / 123RF.COM
　　　　　图片 / PPS
第 287 页　图片 / 帕朗·热里
　　　　　图片 / 盖蒂图片社
　　　　　图片 / PPS
　　　　　图片 / 法新社 - 时事社 / 彼得拉钻石公司
　　　　　图片 / 阿玛纳图片社
第 288 页　图片 / 阿玛纳图片社
　　　　　图片 / Aflo
第 289 页　图片 / Aflo
第 290 页　图片 / 联合图片社
第 291 页　图片 / 萨默塞特野生动植物信托基金协会 / 联合图片社
　　　　　图片 / PPS
第 292 页　图片 / 阿玛纳图片社
　　　　　图片 / PPS
　　　　　图片 / 松原聪

—顾问寄语—

茨城大学教授　安藤寿男

地球在以往的 5 亿 4100 万年间, 每过 3 亿年左右就在温室期和冰川期之间循环一次。

白垩纪是地球史上第二次温室期, 是气候最为温暖的一个时期。

因为地球内部的能量增加, 火山活动频繁, 释放出大量具有温室效应的气体。

气候变动引发海洋环境变化, 海底多次发生缺氧事件, 使古地中海和大西洋流域沉积了大量黑色有机泥。

下面我们就来看看白垩纪时期的大海究竟发生了怎样的巨变。

巨大海台上出现环礁

翁通爪哇环礁位于所罗门群岛中部的圣伊萨贝尔岛以北约 250 千米处。所谓环礁指的是在火山岛周围形成的珊瑚礁，火山岛下沉后，它们就成了一圈环形的礁石。翁通爪哇环礁便成形于翁通爪哇海台之上，是在距今 1 亿 2000 万年前的海底出现的一个巨大海台。尽管巨大海台的诞生在地球史上举足轻重，可我们却很难看到它存在于海底的全貌。美丽的珊瑚礁成了白垩纪海底变化留给我们的珍贵痕迹。

翁通爪哇环礁

翁通爪哇环礁是位于所罗门群岛中部的圣伊萨贝尔岛以北约 250 千米处的环礁，总面积为 1400 平方千米，但它所包含的 120 多个小岛的陆地总面积只有 12 平方千米，其余均为礁湖。

荒芜的大海

这是距今约1亿2000万年的白垩纪的大海。海里生活着鱼类、蛇颈龙类、菊石类等多种生物。而在阳光照射不到的水下200米处，则完全是另一番景象。那里没有生命活动，四周一片死寂。岩浆从海底的无数条裂缝中静静地流淌出来，大量的火山气体被释放到大海和空气中，海底堆满了浮游生物及其他许多生物的遗骸。人类探察不到引发这种巨变的罪魁祸首，那就是海域中氧气减少所造成的缺氧状态。科学家们发现在白垩纪的海洋里，此类缺氧事件曾爆发过十次以上。作为生命起源的大海突然没有了氧气，这样的巨变在古老的地球上竟频频发生。

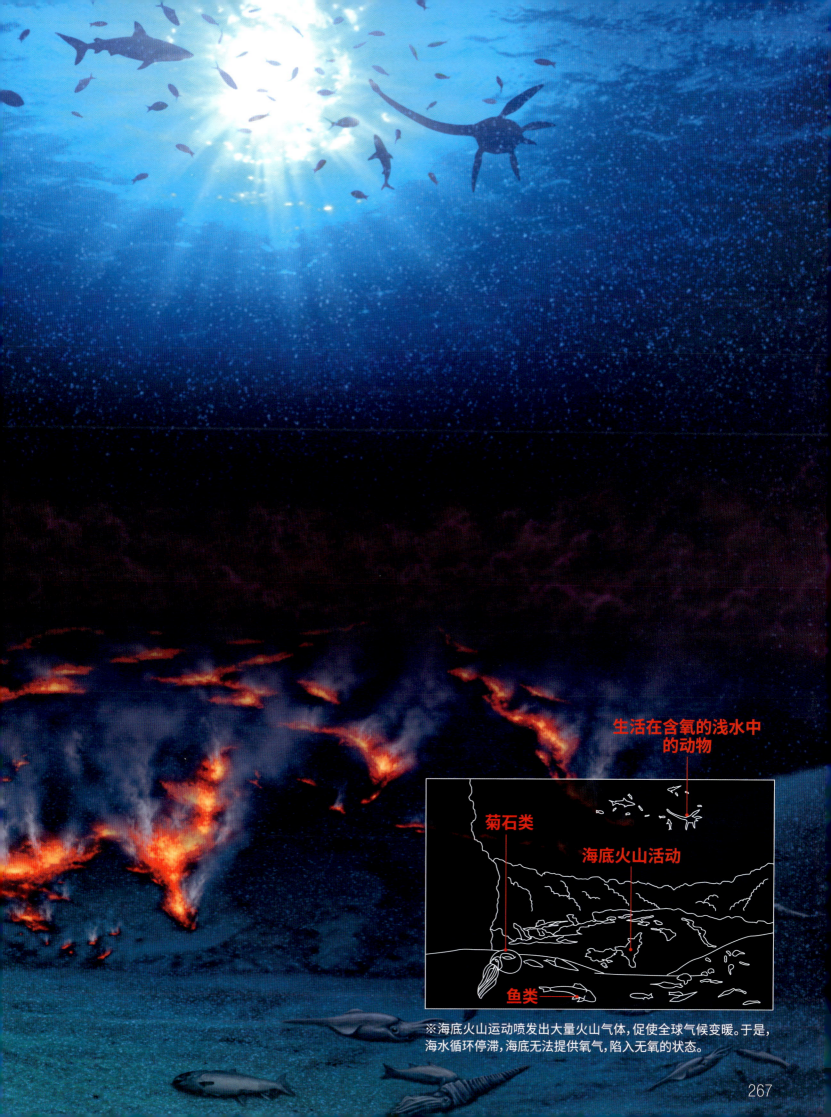

生活在含氧的浅水中
的动物

菊石类

海底火山活动

鱼类

※海底火山运动喷发出大量火山气体，促使全球气候变暖。于是，
海水循环停滞，海底无法提供氧气，陷入无氧的状态。

翁通爪哇海台

有史以来最大规模的火山爆发 形成了海底的巨大高原

在恐龙和菊石最为繁盛的白垩纪早期，地球上发生了有史以来最大级别的火山爆发，于是，海底出现了巨大的高原，即海台。

由于火山爆发形成了海底熔岩高原

距今约1亿2000万年的白垩纪早期，是以恐龙为代表的动物的繁盛期，地球上充满了前所未有的"生机"。然而，在这期间海底却开始发生新的变化。在太平洋底发生了有史以来最大级别的火山爆发，其痕迹至今仍残留在所罗门群岛北部。

历史上，泛大陆的断裂曾在二叠纪末引发火山活动，造成动物大量灭绝。之后，可与之匹敌的火山活动再次发生，这场持续了约100万到120万年的火山活动，最先影响了海底的地形。海底出现了由熔岩组成的大小约为地球表面积0.4%的巨大高原。被称作翁通爪哇海台的海底高原面积约为200万平方千米，相当于日本国土面积的5倍，它的厚度约为35～40千米。

如此巨大的翁通爪哇海台的形成，无疑对地球环境造成了很大的影响，包含生物在内的整个地球的历史从此揭开了崭新的一幕。

海台就像是海底长出来的一块大疙瘩。

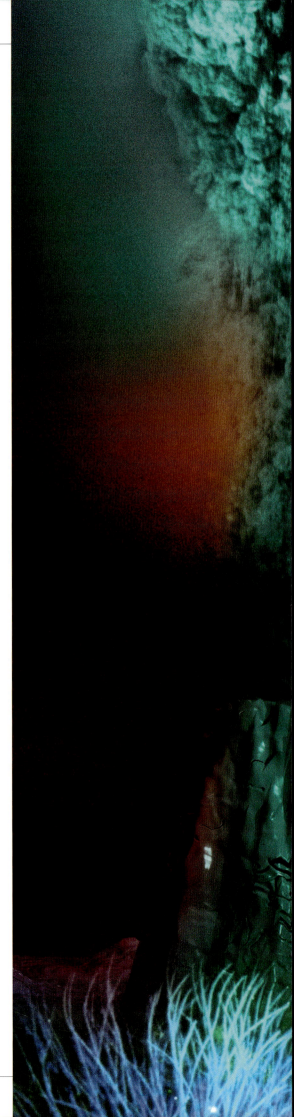

由海底火山运动而引起热流喷发的模拟图

海底火山运动使海水接触到岩浆，滚烫的海水从海底的裂缝中喷射出来。翁通爪哇海台的火山运动除在大约 1 亿 2000 万年前发生过之外，在大约 9000 万年前也曾有过第二次爆发。

翁通爪哇海台

◉ 白垩纪时期形成的海台分布图

白垩纪时期，地球上形成了许多海台，其位置分布如下图。其中，翁通爪哇海台是最大的一个，面积至少是沙茨基隆起的 4 倍。

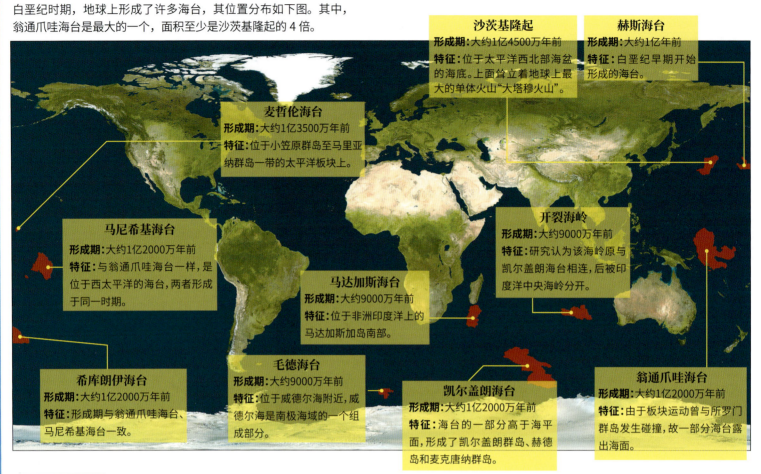

沙茨基隆起
形成期：大约1亿4500万年前
特征：位于太平洋西北部海盆的海底。上面耸立着地球上最大的单体火山"大塔穆火山"。

赫斯海台
形成期：大约1亿年前
特征：白垩纪早期开始形成的海台。

麦哲伦海台
形成期：大约1亿3500万年前
特征：位于小笠原群岛至马里亚纳群岛一带的太平洋板块上。

马尼希基海台
形成期：大约1亿2000万年前
特征：与翁通爪哇海台一样，是位于西太平洋的海台，两者形成于同一时期。

开裂海岭
形成期：大约9000万年前
特征：研究认为该海岭原与凯尔盖朗海台相连，后被印度洋中央海岭分开。

马达加斯海台
形成期：大约9000万年前
特征：位于非洲印度洋上的马达加斯加岛南部。

希库朗伊海台
形成期：大约1亿2000万年前
特征：形成期与翁通爪哇海台、马尼希基海台一致。

毛德海台
形成期：大约9000万年前
特征：位于威德尔海附近，威德尔海是南极海域的一个组成部分。

凯尔盖朗海台
形成期：大约1亿2000万年前
特征：海台的一部分高于海平面，形成了凯尔盖朗群岛、赫德岛和麦克唐纳群岛。

翁通爪哇海台
形成期：大约1亿2000万年前
特征：由于板块运动曾与所罗门群岛发生碰撞，故一部分海台露出海面。

研究认为，白垩纪时期发生的有史以来最大级别的火山爆发，是由地幔下部产生的巨型高温上升流（热地幔柱[注1]）引起的。火山爆发喷射出大量岩浆，在世界各地的海域形成巨大海台[注2]和海底火山群。在形成翁通爪哇海台的太平洋底，除了马尼希基海台、沙茨基隆起和赫斯海台等有命名的巨大海台之外，还有由超过 100 座的海山组成的太平洋中部海山群，它们被统称为"大规模火成岩岩石区"[注3]。

翁通爪哇海台是受陨石撞击形成的吗？

通过活跃的火山活动形成的巨大海台，通常先形成山脉的形状，顶部隆起露于海面之上，经过漫长

的岁月后又没入海中。例如，在日本以东约 1600 千米的太平洋上，有一个沙茨基隆起，那里就保留着海台陆地化的痕迹。

然而，翁通爪哇海台却丝毫没有留下这种陆地化的痕迹，它的

◉ 翁通爪哇海台的海底地形图

翁通爪哇海台位于太平洋上的所罗门群岛北部、水深 1500 ～ 2000 米的海底。面积约 200 万平方千米，厚度达 35 ～ 40 千米。

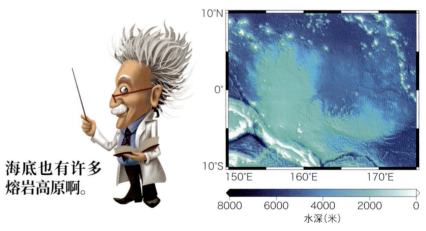

海底也有许多熔岩高原啊。

台地表面十分平坦。很多巨大海台当初都有过陆地化的经历，可为什么规模最大的翁通爪哇海台却完全不存在这个现象呢？

由于翁通爪哇海台具有其他巨大海台所没有的特征，便有学说认

露出地表的翁通爪哇海台

翁通爪哇海台形成时，并没有经过陆地化，而500万年前的板块运动，却使得它有部分被陆地化。所罗门群岛东北部马莱塔岛的桂莱河边有几处裸露的岩石，科学家们认为其应为翁通爪哇海台的一部分。

科学笔记

【热地幔柱】 第270页 注1

地幔内部大规模的对流活动称作地幔柱，下降时称为冷地幔柱，上升时则称为热地幔柱。

【巨大海台】 第270页 注2

面积大于100平方千米，厚度在200米以上的才可称作海台。翁通爪哇海台的面积为200万平方千米，厚度达35～40千米，远远超过了海台的一般标准。

【大规模火成岩岩石区】
第270页 注3

指的是在数十万到数百万年的短期内由大规模的火山活动造成的广大火成岩分布地域。它们在陆地上成为高原，在海底则成为海台。岩体主要为玄武岩。

【沉积】 第271页 注4

分析沉积物中所含极微量的锇的同位素比例后发现有大量来自岩浆的锇放射到了地表和大海里。另一方面，检查铱等铂系元素的组成，还未得到能显示有来自地球外物质的证据。

为它的形成与热地幔柱引发火山爆发无关，可能是陨石撞击的结果。这就是陨石撞击学说。

这一学说提出，巨大陨石撞击所产生的能量熔化了地壳和上地幔，形成岩浆，岩浆凝固后隆起形成高原。这样就不会出现山脉，也不会有露出海面的部分。

关于翁通爪哇海台的形成是由于地幔柱还是陨石撞击的争论，在2012年出现了一个新转机。科学家们发现在翁通爪哇海台形成的同一时期也出现了黑色页岩的沉积[注4]，对这个地层的化学组成进行研究分析后，没有找到支持陨石撞击学说的有力证据。

为什么翁通爪哇海台没有陆地化的痕迹，这仍然是一个未解之谜。要想解开它，就必须提取海台的沉积物。然而，科学家们尚未从由翁通爪哇海台发掘、切割出的沉积物中发现其陆地化的痕迹。

火山活动使得地球变暖

火山活动不仅在太平洋底形成了许多巨大的海台和海山，也极大地影响了整个地球的环境。由于海平面附近火山活动频繁，二氧化碳等具有温室效应的气体大量释放到大气中，全球变暖的脚步越来越快。

虽说变暖的只是气候，但这样快速又激烈的环境变化必然会对当时的生物产生影响。

于是，那些从二叠纪大灭绝中死里逃生、不断进化的生物，又一次陷入了生死危机。

在翁通爪哇海台进行样本的发掘和切割

将1.2吨的测锤砸入海台，进行发掘和切割（上图）。下图中的白色棒状物是海台上的沉积物，来源于浮游生物的甲壳。

观点 **碰撞**

顽强的『陨石撞击学说』

2004年，美国的科学家们因为用热地幔柱无法彻底解决翁通爪哇海台的成因问题，便撰文提出了陨石撞击的学说。除了没有陆地化的痕迹之外，也没有沉降的痕迹——翁通爪哇海台的厚度达35～40千米，一般来说，这个厚度达到的重量足以让它下沉。这些问题用"地球内部活动学说"都无法解释，因此便有人支持"陨石撞击学说"。

如果"陨石撞击学说"能得到证明，那么有关之后发生的环境变动的研究都要重新审度了

阶段 2 部分熔融度高的岩浆形成了海台

上升的热地幔柱随着所受压力的减小，逐渐液化成岩浆。岩浆在岩石圈附近停滞，慢慢开始横向扩散。形成翁通爪哇海台的共有两种岩浆。首先是部分熔融度高的岩浆将20%～30%的地幔岩石熔解了，它们通过小裂缝状的岩浆通道到达海底，冷却后成为玄武岩，形成海台。

岩浆的通道
地壳上有许多裂缝，岩浆经由这些裂缝到达海底。

部分熔融度低的岩浆

玄武岩
到达海底的岩浆冷却后成为玄武岩，形成海台。

部分熔融度高的岩浆
部分熔融度高的岩浆溶解了地幔20%～30%的岩石。

阶段 3 另一种岩浆完成了整个海台

部分熔融度高的岩浆活动告一段落后，另一种部分熔融度低的岩浆开始启动。它与之前的岩浆一样，将15%的地幔岩石熔解后，通过岩浆通道到达海底，最终形成了完整的海台。

熔解后残余的岩石
一部分未被部分熔融度高的岩浆或部分熔融度低的岩浆熔解的岩石起到了支撑海台的作用。

已经完整形成的翁通爪哇海台

岩浆的通道

部分熔融度低的岩浆
部分熔融度低的岩浆熔解了地幔15%的岩石。

翁通爪哇海台上的海面
翁通爪哇海台位于水下1500～2000米处。

阶段 1 地幔成为热地幔柱逐渐上升

距今约1亿2000万年前，地球内部的地幔对流十分活跃。科学家认为翁通爪哇海台形成的位置就处于火山活动的热点上。地幔经过了数百万乃至数千万年的时间，变成热地幔柱逐渐上升。

原理揭秘

翁通爪哇海台是这样形成的

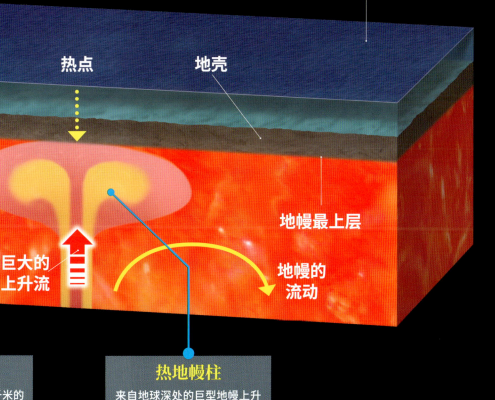

海洋

热点　　地壳

地幔最上层

巨大的上升流

地幔的流动

上地幔
地球深度小于6600千米的区域称作上地幔。主要由橄榄石构成。

热地幔柱
来自地球深处的巨型地幔上升流称作热地幔柱，又称"超级地幔柱"。

许多在白垩纪形成的海台，其成因都在于热地幔柱引发的岩浆。然而，它们的形成过程却各不相同。翁通爪哇海台最大的特点就是它在形成时有两种岩浆相互作用，这是其他海台在形成时所没有的现象。下面让我们来看看这个巨大海台形成的原理。

🔍 近距直击　● ● ●

是否存在过比翁通爪哇海台更大的超巨大海台?!

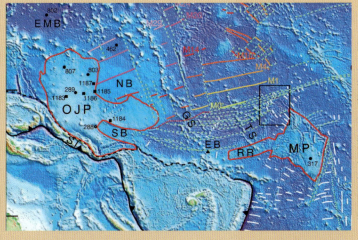

通过分析从马尼希基海台采集来的岩石数据，科学家们发现翁通爪哇海台、马尼希基海台和希库朗伊海台都是在同一时期形成的。这说明今天相互分离的这三个海台以前很有可能是一个连在一起的超巨大海台。事实上，如果把这三个海台拼接在一起，它们竟像是一张拼图中的三个板块，可以"完美"拼接。

翁通爪哇海台与马尼希基海台的位置关系。希库朗伊海台的位置则更靠南面

白垩纪的大洋缺氧事件

在恐龙最繁荣的时期 深海却是一片『死海』

当白垩纪的恐龙在陆地上昂首阔步时，深海之中却已经是毫无生机的另一番景象。

地球曾数次经历这样的『劫难』——海水中的氧气消失了。

只有在白垩纪才发生过十多次缺氧事件！

陆地上一派热闹景象，而海里正一片死寂

白垩纪时期的地球总体来说气候温暖。特别是大约 1 亿 2000 万年前的白垩纪中期，促使翁通爪哇海台形成的大规模火山爆发，把地球变成了一个"温室"。那时地球的平均气温比现在高出大约 6～14 摄氏度，两极地区甚至超过了 20 摄氏度。这种环境使得陆地上的被子植物开花，恐龙、翼龙等爬行类动物遍布陆地、浅海和天空，一派繁荣景象。

大海却不似这般繁荣，海洋的深处成了地球上唯一一片"死寂的空间"。由于海水进入少氧、无氧状态，生活在大海中的有孔虫[注1]、放射虫[注2]、菊石类等生物，要么灭绝，要么逃亡到氧气充足的区域。

被称作大洋缺氧事件的这种海洋环境变化，在二叠纪末和侏罗纪时期也曾发生，为什么到了白垩纪再次发生了呢？如果我们只把目光放在海洋环境变化上，恐怕找不出答案。因为，大洋缺氧事件的起因来自地球内部的大变动，是全球规模的大变化。

意大利古比奥附近的康特莎石灰岩采石场

这是位于意大利翁布里亚地区的古都古比奥附近的采石场。由于在此地发现了白垩纪中期沉积的黑色页岩地层而闻名，另外，古比奥还因发现了可证明白垩纪晚期确有陨石撞击地球的黏土层而出名。

白垩纪的大洋缺氧事件

引发缺氧事件

频繁的火山活动

北美洲　欧洲　亚洲

北大西洋　特提斯海　太平洋

太平洋

南美洲　非洲

印度

澳大利亚

南极大陆

🔵黑色页岩分布图

大约9400万年前发生的大洋缺氧事件，沉积出大量黑色页岩，其分布用橘色圆点在图上标出。不难发现，分布的中心主要集中在大西洋流域，太平洋流域则少有分布。

从气候变化到缺氧事件，火山活动的影响相当大！

黑色页岩（Bonarelli层，距今约9400万年）

黑色页岩（Selli层，距今约1亿2000万年）

康特莎采石场的地层

从它的地层中能看出白垩纪曾发生过好几次大洋缺氧事件，是极具代表性的一个地区。这里既有1亿2000万年前的黑色页岩，也有9400万年前的黑色页岩。

大洋缺氧事件发生后，海水陷入缺乏氧气状态，给白垩纪的海洋生态系统带来巨大的打击。那么，其机制究竟是怎样的呢？

"黑""白"两种地层向我们讲述大洋缺氧事件的真相

现在，在以大西洋流域为中心的世界各地沉积着白垩纪留下的白色地层，即"白垩[注3]层"。所谓"白垩层"指的是由颗石藻一类的植物性浮游生物的遗骸沉积而成的地层，这些生物遗骸大多是直径几十微米的圆形石灰质壳。在这白色地层中还夹杂着黑色的泥质沉积物，这些黑色物质就是黑色页岩，来源于蓝藻尸体中未被分解的有机物，呈淤泥状。

有机物的分解通常需要氧气的帮助。

现在的大海中，两极地区寒冷较重的海水[注4]会从海洋表层渗入底部，在世界各地的海域中循环一圈后又浮出表层，形成海洋循环。冰冷的海水富含氧气，它在循环中将氧气带到海底，帮助分解沉积在海底的有机物。而白垩纪的地层里出现的黑色页岩，无疑是因为缺氧导致有机物不分解而形成的。

生成海台的火山爆发喷射出大量二氧化碳

由于主要存在于大西洋流域地层里的黑色页岩各有不同，科学家们推断，在白垩纪中期前后曾发生过十多次海洋缺氧事件。

例如在意大利中部的翁布里亚州古比奥附近的康特莎采石场，人们用肉眼就能看到大约1亿2000万年前和大约9400万年前形成的两种黑色页岩。美国得克萨斯

白垩纪的有孔虫化石

这是在南大西洋发现的有孔虫化石。由于突发大洋缺氧事件，有孔虫和放射虫大量死去，导致有机物大量沉积，形成了黑色页岩。

黑色页岩

无氧环境下，海水中的硫酸根离子被还原，与铁离子结合形成黄铁矿沉积下来。这些黄铁矿的小颗粒是黑色的。

州也分布有黑色页岩。有的地方，人们从几千米外凭肉眼就可以看见崖面上那条黑色的长带。相反，太平洋流域则很少看得到黑色页岩。原因是太平洋实在太大了，它的海洋循环没有完全停滞，海水里还有少量的氧气。

不过，我们还是要思考一下，大洋缺氧事件为什么会发生呢？

白垩纪中期是中生代最温暖的时期，其温暖程度几乎让地球南北两极的冰河消融。海洋地壳的生成速度是今天的两倍，随着以翁通爪哇海台为首的巨大火成岩岩石区形成，大规模的火山活动也频频爆发。火山活动的起因是地球深处的地幔上升（热地幔柱）。

火山气体中富含可以引发温室效应的二氧化碳。大量的二氧化碳被释放到大气中。翁通爪哇海台规模很大，它的面积占到了整个地球的0.4%。要形成这么大规模的海台，其火山活动所释放的二氧化碳量一定远远超出了我们的想象。

于是，大气中的二氧化碳含量骤增，大大加剧了地球的温室效应。

地球变暖引发深海缺氧

随着海洋地壳大量生成，海洋容积变小，海平面也随之上升。加之翁通爪哇海台形成后，面积是它一半大的凯尔

白垩纪的气候

尽管白垩纪的海平面高度、海洋地壳产量及平均气温的变动稍稍出现过延时，但整体还是平行上升的。它们在白垩纪中期达到顶峰，正是在这一时期前后，发生了大洋缺氧事件。

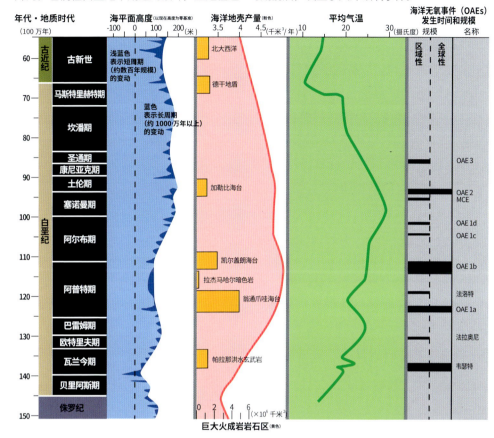

盖朗海台也形成了，它们一起矗立在海底。据推测，当时的海平面几乎比现在高出200米，陆地面积降到了地球表面积的20%以下。因此，太阳能的反射率[注5]也随之下降，气温进一步上升。

由于两极的气温超过了20摄氏度，极地与赤道区域海洋之间的温度差缩小。

新闻聚焦

100年后日本海会成为"死海"吗？

根据海洋研究开发机构2010年的研究分析，20世纪30年代以后，底层海水中的氧浓度一直在降低。自20世纪60年代以来的50年间，海水含氧量减少了15%。而日本海的水温在过去100年间上升了1.3～1.7摄氏度，表层海水渗入海底的量不足，供氧也不足。如果温室效应照这个速度发展下去，日本海的海洋循环将会停滞，约100年后日本海海底将陷入缺氧状态。

日本海里蕴藏着大量的鱼类资源。如果情况继续恶化，大部分的鱼类都将灭绝

科学笔记

【有孔虫】 第274页 注1
肉足虫纲有孔虫目所有原生动物的总称。体长大多在1毫米以下，覆有石灰质的壳。包括生活在海水表层至水深数百米处的浮游有孔虫和生活在海底的底栖性有孔虫。

【放射虫】 第274页 注2
一种海洋性原生动物。多长有含氧化硅和硫酸锶的骨针和带孔的壳，具放射状排列的线状伪足。所有种类都是海生浮游性，从海水表层到深海都有分布。

【白垩】 第276页 注3
多见于欧洲西北部和墨西哥湾海岸边的白垩纪地层。主要是植物性浮游生物的细小石灰质壳颗粒沉积后形成的白色岩石，以面朝英吉利海峡最窄处的多佛海峡的白垩悬崖最为有名。

【较重的海水】 第276页 注4
两极地区有许多冰山，但冰山形成时并未吸收附近海水中的盐分。所以能形成冰山的海域总体来说海水盐分浓度较高，海水较重。

白垩纪的大洋缺氧事件

原先冰冷的海水没有了，海洋循环停滞。与此同时，上升的海平面扩大了浅海的范围，海洋生物的繁殖率大大提高。海洋表层的氧气都被用来分解大量产出的生物，氧气的绝对量减少了，无法到达海洋的中下层，引发了大洋缺氧。

正如康特莎采石场的地层所表现的那样，大规模的大洋缺氧事件曾在大约1亿2000万年前和大约9400万年前两度发生。虽然目前还不清楚当时共有多少生物从此销声匿迹，但已推测出超过40%的放射虫是在那个时期绝迹的。此外，还有不少菊石类和浮游性有孔虫遭到毁灭。那些在二叠纪、三叠纪的大规模灭绝中幸存下来的海洋生物，大多在这一瞬间灰飞烟灭。

大洋缺氧事件
并不完全是"灾难"？！

大洋缺氧事件在白垩纪中期前后一共发生了十次，最长的一次持续了约有十几万年。为什么大洋缺氧事件是分段发生的，而不是前后连续的呢？这是由于地球上的碳通过"碳循环机制"注6，一直在不断地循环。正因为如此，大气中时增时减的二氧化碳才起到"调节温度"的作用，帮助地球恢复原状。

这一系列的循环往复，在海底沉积

🔲 大洋缺氧事件的全貌

由热地幔柱引发的大型火山活动，造成大量的二氧化碳被释放出来，海洋中下层陷入缺氧状态，黑色页岩形成了。

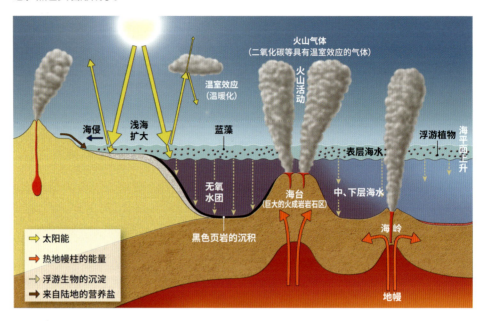

火山气体
（二氧化碳等具有温室效应的气体）
火山活动
温室效应（温暖化）
海侵
浅海扩大
蓝藻
浮游植物
表层海水
海平面上升
无氧水团
海台（巨大的火成岩岩石区）
中、下层海水
海岭
黑色页岩的沉积
地幔

➡ 太阳能
➡ 热地幔柱的能量
➡ 浮游生物的沉淀
➡ 来自陆地的营养盐

大海也是因为有氧气
才成为生命之母的啊。

了大量沉淀下来的有机物，它们变成了能出产石油的油页岩注7。石油是造成地球温室效应的罪魁祸首，同时不可否认地也为人类创造文明做出了巨大贡献。从这个意义上来说，今天的地球也可算是大洋缺氧事件的受益者。

科学笔记

【太阳能的反射率】第277页注5
亦称反照率。是指地球对太阳光的反射比例。一般海面的反射率是0.05～0.4，草地为0.15～0.3。理论上说，反射率越大，对地表温度上升的影响就越小。

【碳循环机制】第278页注6
火山活动释放出来的二氧化碳会溶在水中，分解地表的岩石。它们大多流入大海，成为有机物沉积在海底，之后又在地球内的热量作用下重新转化为二氧化碳，回到大气中。这个循环过程就是碳循环机制。碳的循环能防止地球温度过低或过高，使地球环境维持稳定。

【油页岩】第278页注7
指的是暗灰色泥岩和页岩等细粒碎屑岩及碳酸岩这一类岩石中富含有机物的沉积岩，其含有的有机物能产生烃类物质。其中，一种叫油母质的有机物是形成石油的重要基础，油页岩中的油母质含量越高品质越好。

地球进行时！

石油——缺氧事件带来的福利

石油是现代生活必不可少的燃料资源。科学家们已经确定当今世界上六成的石油都产生于中生代。油页岩就是黑色页岩。沉积在岩石中的有机物经过分解、还原等化学反应，成为一种被称为油母质的固体有机物，它就是石油的基本组成部分。这些油母质埋在地下，经过地热和压力的共同作用就生成了石油。

石油的成油机理有"非生物起源"和"生物起源"两种学说，现在普遍认同后者

探求白垩纪活跃的环境变动

缺氧与氧化环境间不断的变化

自 1976 年人们首次认识到白垩纪发生过大洋缺氧事件起,至今已近 40 年(指 2014 年)。之前关于缺氧事件的研究主要放在特提斯海和大西洋流域,对包括日本在内的太平洋流域(即当时所称泛大洋)的研究则开始于 20 世纪 90 年代初。科学家们发现太平洋流域存在与大西洋缺氧事件时期产生的沉积物相类似的碳的同位素变化。尽管太平洋受到了缺氧事件的影响,但黑色页岩的分布却极其有限,只是局部现象。因此,有些科学家认为发生在太平洋的不是"缺氧事件",而是应该称其为"海水氧气不足"。

最近,科学家们注意到,在缺氧事件以外的时期曾数次发生过红色页岩和其他岩石的沉积,它们都是因为海底含氧量较平时多而氧化形成的,科学家称之为白垩纪大洋红层。这些红层大部分分布在特提斯海和大西洋流域,在白垩纪晚期的地层中尤为多见。

然而,在新西兰 9400 万年前的大陆

■南太平洋的白垩纪大洋红层

新西兰北岛东北部莫托河曼加泰坦支流的白垩纪地层中,在 9400 万年前的缺氧事件时期形成的地层已扩大为厚度超过 35 米的大洋红层。它表明了在南太平洋发生的缺氧事件与大洋红层之间的关系。

■白垩纪早期的内陆湖成层的黑色页岩

位于蒙古东南部,戈壁沙漠中的新胡都地区,能看到黑色、暗灰色页岩和灰色苦灰岩有规则叠加的地层(**1**)。目前已确定其叠加周期既有厚度数十微米的年度条纹,也有跨度达数万年的多种年代层序。图**2**为调查时的情景。图**4**为钻井。研究人员根据钻井取出的岩心(**3**)做地质分析。

架—大陆斜坡的地层里,不但没有黑色页岩,反而出现了大片的大洋红层。这说明缺氧事件期间南太平洋底曾高度氧化。

由此可见,白垩纪的海洋不断重复着含氧、缺氧、高度氧化之间相互转化的环境变动。今后有必要在这方面做进一步探索。

从大陆地层探究白垩纪的环境变化

温室效应全球化带来了一连串的影响:①陆地变得潮湿;②陆地进一步风化;③许多沉积物(营养盐)从河流流入大海;④海洋生物大量繁殖引发大洋缺氧事件。科学家们一直在探讨上述假说。例如,在蒙古和中国的一些大规模内陆盆地中的白垩纪湖成层中,有许多与大洋缺氧事件

同时期的连续地层。关于它们与海成层的比较研究十分深入。

与此同时,科学家们在世界各地的白垩纪地层中发现了许多碳化的植物化石,可见白垩纪温暖的气候下,空气中的含氧量远远高于今天。森林火灾频发、植被变化、被子植物进化,这些因素都有可能影响大气中的二氧化碳含量。甚至有学者提出,随着陆地生物腐烂,含磷物质流入大海,也可能造成海洋浮游生物大量繁殖,成为引发大洋缺氧事件的主要原因。

科学家们在日本福岛县岩木市的双叶层群中发现了碳化的被子植物花的化石,从而得知在日本也存在因森林火灾而碳化的植物化石。

因此,要想解释在剧烈动荡的白垩纪,地球环境究竟发生了怎样的变化,就必须综合考虑陆地和海洋这两种地层的记录。

安藤寿男,1956 年出生。东京大学研究生院理学系研究科地质学专业博士。主要研究日本东北部地区白垩纪至第四纪地层中化石层的形成过程,以及蒙古戈壁沙漠中白垩纪湖成层对古代环境的影响。国际地质对比计划(IGCP)608 项"白垩纪亚洲—西太平洋生态系统"项目带头人。著有《古生物学事典》《沉积学辞典》等(两书均由朝仓书店出版)。

钻石喷出事件

钻石像下雨一样纷纷落在地表

在白垩纪，今天的非洲和南美大陆不断地有岩浆喷出。喷出的岩浆将埋藏在地球深处的某种物质带到了地表附近，那就是让人心驰神往的钻石。

"永恒的光辉"是来自地球深处的馈赠

在白垩纪，恐龙繁盛，巨大的海台形成，大洋缺氧事件上演，一切都千变万化。这时，地球上还发生了一桩非常事件。在今天的非洲和南美大陆，岩浆以超声速的速度从地下200～300千米处不断地向地表喷涌而出。

到处都是灼热的火柱、震耳的轰鸣声和仓皇逃命的动物。以超声速的速度迅速喷出地表的岩浆给它们造成了多大的惊吓？当时的情景恐怕与我们看到的地狱图景不无二致。

然而，这些岩浆却将古今人类心驰神往的某种物质带到了地表附近，那就是钻石。

岩浆从上升到喷出地表的过程中，把埋藏在地球深处的钻石卷进来，带到了地表附近。岩浆凝固后形成了被命名为"金伯利岩"的火山岩。而号称"宝石之王"的钻石就是来自地球深处的"送给人类的礼物"。

岩浆是搬运钻石的电梯哦。

岩浆喷出地表的模拟图

岩浆通道是一个底部狭窄、越接近地表开口越宽的圆锥形，因此，通道上部四周压力较弱，岩浆迸裂而出。

由于来自地球深处钻石拥有坚硬璀璨的特质

在南非中部的金伯利地区，大地上有一个火山喷发留下的洞口。自 1871 年被发现后，人们不断地在此挖掘，现在已经是一个直径 500 米，深度达 1200 米的"大洞"。为什么人们一直在挖这个洞？因为钻石深藏其中。

正如我们之前所看到的有关巨大海台形成和大洋缺氧事件的事例，白垩纪时期地球内部的岩浆对流十分活跃。其中，在地下 200～300 千米深处，岩浆曾以超声速的速度上升。而普通的岩浆喷发深度不过到地下 100 千米左右。

钻石的"故乡"在地下 150 千米的深处

钻石是一种完全由碳[注1]原子构成的单元素矿物。碳要变成钻石，需要压力和温度的共同作用。而压力约 5 万大气压、温度高达 1300 摄氏度左右的地下 150 千米深处正是适合生成钻石的环境。

同时，在地下 100 千米的较浅处，碳原子无法变成钻石，只能转化成石墨[注2]。所以，要将钻石带出地表，就必须依靠地下 200～300 千米处的岩浆活动。

另外，岩浆上升的速度也很重要。由于岩浆上升时必定会经过形成石墨的区域，如果岩浆上升速度太慢，钻石就会转变为石墨。

正是因为来自这样深的地心，钻石才拥有了无可比拟的硬度和灿烂的光芒。

就硬度来说，钻石可以划伤世界上任何其他矿石，而它之所以如此坚硬，原因就在于每个碳原子都有 4 个共价键，它们紧密结合成一个正四面体。倘若生成的环境不够深，压力相对较弱，碳原子没法紧密结合，就只能成为石墨。

形成钻石的原材料来自太空？

钻石的光芒也来自原子间的这种紧密结合。光线透过矿石内部时会因折射而改变方向，原子之间结合越紧密，光的折射率就越高，反射出的光也就越多。根据光的折射率切割钻石，就可以让它把入射光全部反射出来，钻石也就因此变得更加熠熠生辉。

那么，问题的关键就在于有

钻石产自地球上最古老的大陆。

南非和周边地区

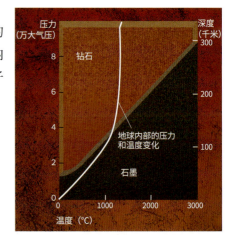

钻石与石墨的区别

科学家通过人工钻石合成实验，将所得钻石与石墨的关系绘制成上面的图表。图中曲线代表地球内部实际的压力和温度变化，在地球内部超过 150 千米的深处就是可以生成钻石的区域。

新闻聚焦

日本首次发现天然钻石！

根据 2007 年 9 月日本地质学会上的报告，通过分析爱媛县外露的岩浆，科学家发现其中含有钻石。尽管发现的钻石只有 1 毫米的千分之一大，但它颠覆了"钻石不会存在于日本所处的这种较新的地层里"的现有学说，是一个划时代的发现。

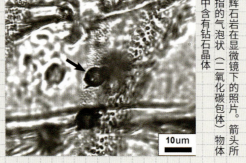

辉石岩在显微镜下的照片。箭头所指的气泡状（二氧化碳包体）物体中含有钻石晶体

10um

岩浆喷出的年代

岩浆喷出的年代
- 约10亿年前
- 5亿年前—4亿5000万年前
- 4亿1000万年前—3亿7000万年前
- 约2亿年前
- 1亿2000万年前—8000万年前
- 约5000万年前
- 约2200万年前
- 约25亿年以前就已经存在的陆地

加拿大

巴西

金伯利岩和钻石原石

钻石大多不是以单体形式而是与岩浆凝固后形成的火成岩即金伯利岩一起被发现的。

钻石出产国分布图

图中标出了钻石矿在世界各地的分布。在大约 10 亿年前—2200 万年前的 7 个地质时期里，地球曾断断续续地喷出含有钻石的岩浆。其中以距今 1 亿 2000 万年—8000 万年的白垩纪为最。

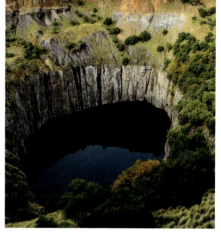

金伯利矿坑

1871 年在南非共和国发现的世界首个钻石矿坑。它直径 500 米，深 1200 米。此后 43 年间共挖掘出 1450 万克拉（2.9 吨）钻石。1915 年矿山关闭，现在矿坑里积满雨水。

没有碳了。尽管碳元素在地表十分丰富，但在地下却十分罕见。形成钻石的碳怎么会埋在地下呢？要想解开这个谜，我们必须回到 46 亿年前。当时原始地球刚刚诞生，在它周围不时发生原始行星和微行星相互撞击或两者与原始地球相撞的情况。科学家们认为碳元素就是在碳质小行星撞击地球时，被留在地球内部的。当然这个量并不多，因此钻石才如此珍贵。

据推测，地下 150 千米以下的坚硬地幔中，仍有一部分是可流动的。在流动的地幔中，一些相距较近的碳原子偶然地结合在了一起，一点一点地形成了钻石。

在以往的 7 个地质时期中，含有钻石的岩浆断断续续地喷发出来，其中白垩纪的喷发最频繁。这些岩浆多数来自太古宙时期（40 亿年前—25 亿年前）形成的古老大陆，而原因至今仍有待查明。

科学笔记

【碳】第282页 注1
第 6 号化学元素，符号为 C。它是构成生物有机体的基本元素，所有的有机化合物中 90% 以上都是碳化合物。

【石墨】第282页 注2
也叫黑铅。与钻石一样都是只含有碳原子的矿石，呈黑色。石墨很软，用途很广，比如可以做成铅笔芯。

近距直击

硬度的秘密在于原子结合的方式

完全由碳原子构成的物质，除了钻石以外还有石墨和富勒烯等。钻石的结构不像其他物质仅是碳原子的平面结合，它是碳原子共价结合的立方体晶格，这些立方体晶格再聚集在一起就形成了钻石。1 克拉的钻石大约有 12×10^{20} 个晶格，96×10^{20} 个碳原子。这些原子的紧密结合程度决定了钻石的硬度。

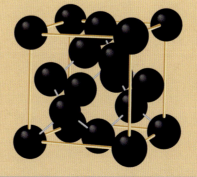

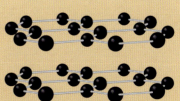

钻石（左）与石墨（上）的原子排列示意图。钻石原子有晶格（即黄线部分）构成立方体。石墨则没有

地幔

随手词典

【远古时期生物的遗骸】
指的是十几亿年到几十亿年前的浮游生物的遗骸。这些有机物由于板块运动被运送至地球内部，它们也可能成为形成钻石的原料。

【钻石的大小】
目前尚不明确钻石晶体需要经过多长时间才能形成一定的大小，科学家推测至少需要几百万年。

2. 碳元素聚集在地下150千米处

地幔中的大部分是坚硬的岩石，也有一部分熔化成高温的液体。碳元素在那里单独存在，一旦碳元素足够，就具备了形成钻石的条件。

钻石晶体

3. 钻石的形成

许多碳原子在大约5万大气压、1300摄氏度高温的液体地幔中相互结合，逐渐形成钻石。这个过程经历的时间越长，形成的钻石就越大。

液体地幔部分
地幔内有一部分呈液态，就是这里孕育了钻石。

液体地幔部分

碳原子
碳质微行星留在地球内部的碳原子

近距直击 • • •

钻石是探索地球内部奥秘的钥匙

钻石晶体中多含有石墨、橄榄石、石榴石等矿石，从宝石的标准来说，钻石中含这类杂质越多，价值就越低。但它可以为我们提供人类无法到达的地球深处的矿物信息，对科学家来说极其珍贵。所以，钻石又被叫作"来自地心的信笺"。

4. 钻石喷出地表

在地下200～300千米处生成的岩浆，以超声速的速度上升时，如果中途碰到钻石，就会裹挟着把它带到地表周围。而不在岩浆上升轨迹中的钻石就依然留在地球内部。

在地下150千米附近形成的钻石中多含有石墨

钻石
岩浆上升过程中遇到的钻石会被裹挟着带到地表。

1. 碳质微行星等的碰撞

原始地球诞生时，曾不断地有微行星与之碰撞，其中就有碳质的微行星。它们残留在地球内部，成为形成钻石的原料。此外也可能有一些远古时期的生物遗骸在板块运动中被送至地球内部面成为形成钻石的原料。

碳原子

诞生之初的地球

碳质微行星

撞击地球的微行星中，也有碳质的微行星。

原理揭秘

钻石从诞生到喷出地表的全过程

5. 开采钻石

当时的火山在长期的风化、侵蚀下已经没有了本来的面貌，而是变成了平地和湖泊，这些地方的地下往往藏有钻石。另外，在火山遗迹附近的河流里偶尔也能发现钻石。

侵蚀后变得平坦的火山表面

钻石

在由火山遗迹和火山形成的河口附近能找到钻石。

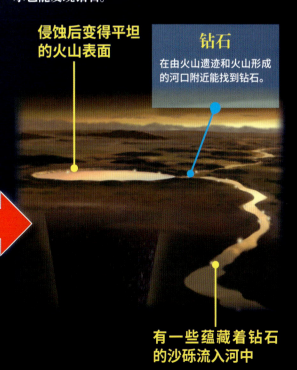

喷出的钻石

地球深处产生的岩浆

有一些蕴藏着钻石的沙砾流入河中

钻石不仅是漂亮的宝石，也是一种利用价值极高的优秀工业材料。同时又是矿物学、地质学中最重要的研究材料。在有限的矿石中，最硬最闪亮的钻石究竟是在哪里形成、成长，最后又是怎样到达人类手中的呢？下面我们来看看这个全过程。

地球博物志

钻石矿区

| Diamond mines |

至今仍有钻石矿被陆续发现

探测钻石矿藏多采用先找到显示钻石存在的矿石，再在其周边展开调查的方式。钻石的开采基本先在露天进行，之后逐渐进入矿坑内。由于钻石开采的历史比较古老，一般认为全球范围内的矿藏基本已经被开采完毕。但事实上，近几年仍陆续有新的钻石矿被发现。

钻石出产国

早在公元前3世纪—公元前2世纪的印度，就发现了钻石的存在。18世纪时在巴西也有发现。到了19世纪中期，人们在南非发现了巨大的钻石矿脉，于是，南非成为全球主要的钻石出产国。产量最多的前3个国家的排序近几年一直没有变化。不过，加拿大的崛起比较引人注目。

钻石产量排行（2011年）
单位：1000克拉

1	俄罗斯	33500
2	博茨瓦纳	32000
3	刚果	19500
4	加拿大	10795
5	安哥拉	9000

【阿盖尔矿区】

| Argyle Diamond Mine |

世界上最大的钻石矿藏，位于西澳大利亚州金伯利地区东部，面积3平方千米，大约相当于64个东京巨蛋的大小。因出产稀有的粉钻而闻名，产量约占全世界同种钻石产量的90%。其产量在1994年达到顶峰后，呈逐年下降的趋势。

世界上最大的粉钻原石，重12.76克拉。于2012年被发现，并被命名为"阿盖尔粉红禧"

数据

国家	澳大利亚
开始开采	1985年
开采方法	露天开采、坑内开采
产量	约1060万克拉（2009年）

【奥拉帕矿区】

| Orapa Diamond Mine |

位于非洲大陆南部的内陆国博茨瓦纳。该矿区是正在开采的4个钻石矿中最老的一个。金伯利岩矿床多为圆筒形岩体，这里的两支金伯利岩矿脉，在地表附近交会，产量规模世界第一。矿区内甚至还设有为工作人员家属服务的小学。

矿区附近的地表分布着118平方千米的金伯利岩

数据

国家	博茨瓦纳
开始开采	1971年
开采方法	露天开采
产量	约1871万克拉（2007年）

地球进行时！

钻石作为工业材料的广泛应用

钻石是地球上最坚硬、延展性最差的物质。它不易变形，无色的钻石可透过从红外线到紫外线的所有光线。而且，它不易磨损不易熔解，是应用广泛的工业材料。最常见的用途有：玻璃切割器材、手术刀、半导体等。

使用钻石颗粒的研磨盘和切割用的钻头。可以用于加工玻璃和坚硬的瓷砖

【朱瓦能矿区】

| Jwaneng Diamond Mine |

位于博茨瓦纳南部，在首都哈博罗内西南方向160千米处，2007年的钻石年产量为1348万克拉，较奥拉帕矿区低，却是储量第一的矿区。发现钻石之前，博茨瓦纳是世界上最贫穷的国家之一，现在由于开采钻石带来收益，已跃居中等发达国家之列。

博茨瓦纳还拥有莱特拉卡内矿区和戴姆沙矿区

数据

国家	博茨瓦纳
开始开采	1982年
开采方法	露天开采
产量	约1348万克拉（2007年）

【库里南矿区】

| Cullinan Diamond Mine |

位于南非共和国首都比勒陀尼亚东面约 40 千米的地方，对地下 720 米深处的金伯利岩矿脉进行开采。它的规模在世界上首屈一指，曾被称为最大矿区。1905 年，重达 3106 克拉的史上最大的钻石原石就出产在这里。

1905 年发现的世界上最大的钻石原石。长约 11 厘米，重 3106 克拉（621.2 克）

实际大小

数据			
国家	南非	开采方法	坑内开采
开始开采	1903年	产量	不明

【戴维克矿区】

| Diavik Diamond Mine |

2001 年进入开发，并于 2003 年投产的新矿区。位于加拿大西北部伊卡提矿区的东南方向约 30 千米处，在格拉湖中面积约 20 平方千米的岛上。去矿区需走湖上结了冰的"冰道"，或乘坐矿区机场的专用飞机。

估计可开采至 2023 年

数据	
国家	加拿大
开始开采	2003年
开采方法	露天开采、坑内开采
产量	约700万克拉

【伊卡提矿区】

| Ekati Diamond Mine |

位于加拿大西北部的格拉湖区，于 1998 年开业，是加拿大的第一个矿区。1999 年 1 月开始供给钻石原石，是较新的矿区。由于它比俄罗斯和非洲的矿区钻石储量小，故采用露天开采加坑内开采的方式。

矿区权益归企业与另两位地质学家所有

数据	
国家	加拿大
开始开采	1998年
开采方法	露天开采、坑内开采
产量	约322万克拉（2008—2009年）

新闻聚焦

发现了稀有的蓝钻！

2014 年 6 月，在南非的库里南矿区发现了极其稀有的重达 122.52 克拉的蓝钻原石。同年 1 月，该矿区曾发现 1 颗 29.6 克拉的蓝钻，并以 2555 万美元的价格售出。此次发现的蓝钻原石的价格估计将大大超过这个数目。

29.6 克拉的原石。钻石呈蓝色是因为含有硼元素

【乌达奇纳亚矿区】

| Udachny Diamond Mine |

位于俄罗斯联邦的萨哈共和国西北部乌达奇内市的矿区，靠近北极圈。自 1955 年该地区探测到金伯利岩以来，一直在进行露天开采，是世界上最大的竖井坑矿，深度超过 600 米。矿区名是俄语中"成功的管道"之意。萨哈共和国的钻石产量约占俄罗斯联邦钻石总产量的 97%。

目前露天开采结束，准备进入坑内开采

数据	
国家	俄罗斯
开始开采	1971年
开采方法	坑内开采
产量	不明

五彩斑斓的神秘之境

黄龙

位于中国四川省，1992 年被列入《世界遗产名录》。

黄龙位于四川省北部的玉翠山麓。3000 多个湖沼呈梯田排列，有如龙形，故而得名"黄龙"。这一带是海拔超过 3000 米的溪谷，直至 1982 年被认定为国家风景区之前，地图上都没有标记。因此，这里生活着大熊猫、金丝猴等多种濒危动物，是保留了未经人工修饰的自然风貌的神秘之境。

多彩的黄龙景观

争艳彩池

位于溪谷中部的彩池群。由 658 个湖沼连接而成，与五彩池并称为黄龙的"精华"。

金沙铺地

长达 1500 米的钙华滩流，高低处落差 166 米，薄薄的湖水从斜坡上流过，在阳光下发出闪闪金光。

明镜倒映池

由 180 个湖沼相连而成的彩湖池。因其清澈的湖面像镜子一样倒映着周围的景色而得名。

飞瀑流辉

瀑布高 14 米，宽 68 米，瀑布的上方是湖，湖水经过几段阶梯状的斜坡飞流而下。

五彩池因观测时间和地点的不同而呈现各异的色彩

黄龙最具特色的湖沼被称为"彩池"。它们由湖水积蓄在梯田状分布的地形中而形成，这些梯田状地形都是由被侵蚀的石灰岩形成的。五彩池是黄龙彩池中规模最大的一个，共有 693 个大小湖沼彼此相连。阳光下湖水变化出多种颜色，景色妙不可言。

令科学家 困惑的

从电能中诞生的生命

19世纪是一个现代科技飞速发展的时代，迷上了电气的科学爱好者在实验中碰到了人类历史上第一次遭遇的『怪事』，事情的来龙去脉是这样的——

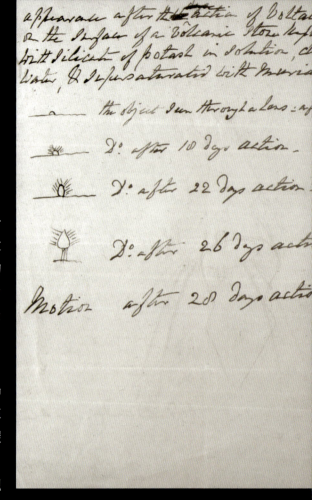

"咦？"

手拿显微镜的安德鲁·克罗斯几乎不敢相信自己的眼睛。这是1837年发生在他用自家大宅的音乐室改造出来的私人实验室里的事。氧化铁多孔石的白色物质上竟然生出了几根极其细小的白毛，而且还在蠕动。

"怎么回事？"

这些氧化铁本来是打算用来做结晶的。克罗斯将浸泡过盐酸的火山石放在水中，通电，然后缓缓倒入打火石和碳酸钾粉末的混合溶液。

结晶没有制成，一种奇妙的生命现象却发生了。

那是一个相信自然起源的时代

那一年，提出进化论的查尔斯·达尔文刚刚乘坐贝格尔号轮船环游世界后回到祖国，当时《物种起源》这本书还未写成。大多数人都相信生命的自然起源说。古希腊的亚里士多德提出："生物是由无生命的物质发展而来的。"连19世纪最具代表性的博物学家也信奉生命的自然起源说。

位于英国西南部萨默塞特郡的布鲁姆菲尔德是一片植被丰茂的土地。出生在这里的富家子弟安德鲁·克罗斯从小就热衷于自然科学和电气。他16岁丧父，5年后又失去了母亲，于是21岁的他便继承了家中的庄园和土地。

衣食无忧的他作为科学爱好者将精力都投入到了电气与矿石的研究，不时发表论文，并发表演讲。为了寻找天气与电荷的关系，他曾在院中铺设铜线，并把它们连接到研究室的电源上，然后加大电压。暴风雨到来时，园中火花四射闪电不断。惊恐的乡人们都叫他"雷电男"，怀疑他是不是一个"魔法师"。

发现多孔石上的白色物质长出白毛的那一年，克罗斯52岁。他观察了几

安德鲁·克罗斯（1784—1855），毕业于牛津大学，感情细腻丰富，创作过不少诗歌。据说，电影《科学狂人》中的弗兰肯斯坦博士就是以他为原型创造的

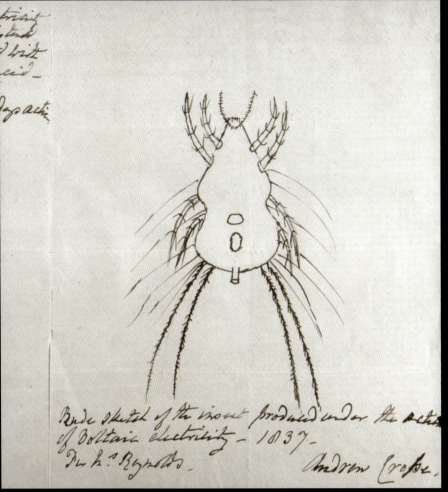

Rude sketch of the insect produced under the action of Voltaic electricity – 1837 –
In L.C. Reynolds.
Andrew Crosse.

1837 年，因电流作用而从无生命的物质中生成的螨虫。这是克罗斯的亲笔素描。据说，实验开始 14 天后发现了微小突起，18 天后长毛，26 天后长出 6 条腿或 8 条腿

（上图）克罗斯所住的布鲁姆菲尔德大宅。很遗憾房屋在 1894 年被大火烧毁

（左图）螨虫是蜱螨目节肢动物的总称。分布在从热带到两极的各个地区，种类繁多，形态、生态也多种多样

个星期，发现这些白毛四处伸展，等他再用显微镜观察时，确切地看到了螨虫似的生物。克罗斯的心激动得怦怦直跳。

"我用电创造出了生命？这就是自然起源说的直接证据吧？"

他是被魔鬼迷惑的人吗？

然而，克罗斯毕竟有着科学家的冷静。"也许是研究室里的虫子在石头上产了卵吧？或者石头上一开始就沾有虫卵？"

他将研究室和石头仔细检查了一番，并没有找到虫卵的痕迹。于是，他又重做了一次试验，分别在几个玻璃培养皿中加入硝酸铜、硫酸铜和硫酸铁溶液，通上电。几个月后，一些培养皿中又生出了同样的生物，而且还会游动。

"不行，我还得加倍小心。"

克罗斯用蒸馏水和酒精对试验用具做了彻底的消毒，又重复试验了一次。然而，这次又出现了会游动的同一种生物。他将这生物拿给昆虫学家看，昆虫学家立刻告诉他这些小东西就是螨虫。

1837 年，克罗斯就此试验撰写了论文，寄至伦敦电气协会。有电气工程师读了他的论文后做了同样的试验，果然也发现了螨虫。

克罗斯将这一连串事件告诉了当地的新闻记者，记者们做了善意的报道。但没想到报道引起了轩然大波，克罗斯成了全欧洲名声最臭的人。

"只有天上的神才能创造生命，克罗斯一定是个骗子"，"要么就是受了恶魔的指使"。克罗斯成了欧洲人憎恶、

胁迫的对象。竟然还有人在他家门前举行驱魔礼。每当他走出家门，沿街的人家就纷纷关上门窗。就连伦敦皇家研究所发明"法拉第定律"的迈克尔·法拉第本人也不相信他的试验结果，亲自动手做了同样的试验。结果，法拉第也在试验中发现了螨虫。然而，这个结果并不能浇灭人们愤怒的火焰。

安德鲁·克罗斯在郁闷中离开了人世。所幸他在 64 岁时与一位 43 岁的女士结婚，死前得到了该女士细心的照顾。后来又有一些科学家做了同样的试验，但都没有创造出新的生命。

尽管如此，克罗斯当时也仔细清洁过他的研究设备，为什么会出现螨虫呢？是不是总有一些超自然的现象是目前的科学还无法解释的？

Q 世界上最大的火山在海里吗？

A 太平洋西北部海底的沙茨基隆起中有一座形成于侏罗纪晚期到白垩纪早期的火山，叫"大塔穆火山"。该火山之前被认为是由同时喷发的几个火山组合而成的，直到 2013 年，休斯顿大学的研究小组发现它其实是一个单体火山。该火山总面积约 31 万平方千米，从海底到火山顶的高度约为 3500 米。它不仅是地球上最大的火山，也很有可能是太阳系中规模最大的火山，超过了以前人们所认识的火星上的奥林帕斯山。

Q 硬度仅次于钻石的矿石是哪一种？

A 矿石的硬度通常以两种不同矿石相互刻划时哪种更容易被划伤来决定，一般分为 10 个等级。摩氏硬度 10 为最硬，这也是钻石的硬度。排名第二的是刚玉。大家看到下面的图或许会很疑惑："这种石头也能算宝石吗？"事实上，红色的刚玉就是我们通常所说的"红宝石"。蓝色等其他颜色的刚玉则是"蓝宝石"。排在第三的是黄玉，第四的是石英，之后分别是正长石、磷灰石、萤石、方解石、石膏和滑石。有些地方也将摩氏硬度划分为 15 个等级，不过，在矿物学界使用的是 10 个等级的摩氏硬度划分。

根据颜色的不同，刚玉分为红宝石和蓝宝石（除红宝石以外各种颜色的刚玉的统称）两大类

Q 为什么石油大量埋藏于中东地区？

A 沙特阿拉伯、阿拉伯联合酋长国和卡塔尔等中东国家储藏着世界上半数的可开采石油。大约 2 亿年前，泛大陆开始分裂，形成了特提斯海。海里储藏着大量的有机物，再加上适合石油形成的地热和压力条件共同作用，这一地区形成了丰富的石油资源。到了侏罗纪时期，原本在南边的印度大陆北移，将特提斯海推到了非洲大陆一侧，几乎整个区域都变成了陆地，这就是今天的中东地区。因此，中东地区埋藏的石油资源相当丰富。

石油集聚的地区地层十分坚硬，不易遭到破坏，石油也就不会泄漏出来

Q 钻石原石最常见的形状是什么样的？

A 晶体的原子是按立方体规则排列的，排列方式大致有六七种。钻石完全由碳原子构成，属于立方晶系的排列方式。钻石原石即由无数的立方体晶格（晶体的最小单位）排列组合而成。它是一种结晶。立方体晶格上下左右等数相叠就成了一个大骰子。在地下，立方体各面多以金字塔形叠加，所以钻石原石大多是正八面体。其次还有立方体和斜方十二面体。

左上为八面体，右上为斜方十二面体，下图为立方体。1 克拉钻石由约 12×10^{20} 个晶格组成

一代霸主霸王龙

1 亿 6400 万年前—6600 万年前

—顾问寄语—

北海道大学综合博物馆副教授　小林快次

霸王龙是恐龙时代最大型的肉食性恐龙。

它的体格十分适合猎捕动物，几乎就是一部最强悍的杀戮机器，

在恐龙爱好者以及科学家心中都极有魅力。

在恐龙研究中，对霸王龙的研究成果最为丰硕，相对清晰地揭开了它的进化和生态之谜。

本书将对最新的相关研究进行介绍，展示关于霸王龙的最前沿印象。

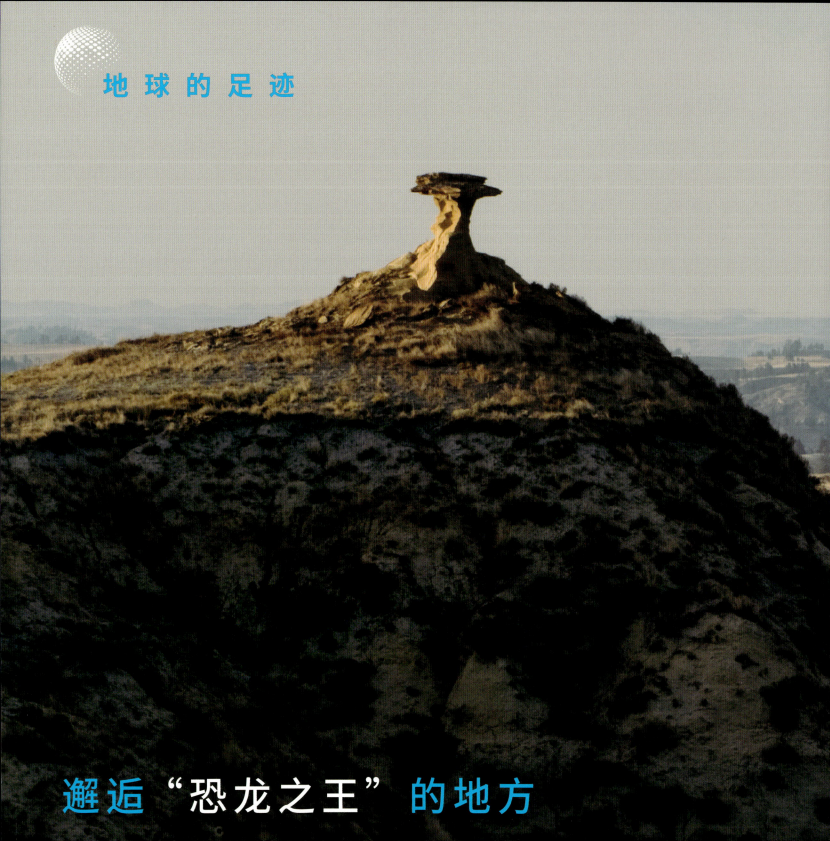

邂逅"恐龙之王"的地方

人类与霸王龙的初次邂逅发生在大约 100 年前。当时美国化石采集家巴纳姆·布朗在美国的地狱溪岩层，发掘出了新型恐龙的腰带和大腿骨，把它们命名为"雷克斯暴龙"，意思是"残暴的蜥蜴王"。这个名字充分表达了这些骨骼给人们带来的震撼。全长 12 米的巨大身体，锋利的牙齿和无可比拟的强壮颚骨——它就是霸王龙，白垩纪晚期的王者，有史以来最强悍的恐龙。当我们站在几千万年历史堆积出来的这片土地上时，仿佛听见曾经称霸陆地的恐龙之王随风而来的咆哮。

史上最强悍的捕食者

这是一瞬间发生的事情：一只路过水边的三角龙被躲在树后的巨大身躯扑倒了。这身躯全长 12 米，体重约 6 吨，强壮的颌部上并排长着 60 颗木桩似的牙齿，其中最长的有 30 厘米。它就是霸王龙。三角龙被这突然的袭击吓坏了，眼睁睁地看着霸王龙将牙齿扎进自己的颈部，在能迸发出 35000 牛咬合力的颌部之下瞬间毙命。霸王龙是史上最大型的陆地肉食性动物，拥有史上最强的咬合力。这就是在 6700 万年前的北美大陆反复上演的恐龙之王捕猎的一幕。

美国的地狱溪岩层

美国的地狱溪岩层是位于美国北部北达科他州、怀俄明州、南达科他州和蒙大拿州的化石遗址，由白垩纪晚期，即距今约6700万年的地层堆积而成。此地因发掘出世界最大最完整的霸王龙"苏"的全身骨骼（现藏于美国芝加哥菲尔德自然历史博物馆）而闻名。

霸王龙　　　三角龙

最强恐龙的谱系

最强恐龙的祖先竟然又小又弱。

暴龙类的谱系 亚洲小型恐龙 起源于

霸王龙是在白垩纪晚期称霸北美大陆的一种『最强恐龙』。其祖先是一种在侏罗纪时期遍地奔走的小型恐龙，谁也想不到它们后来会进化成恐龙界的霸主。

体形不大颚部不强的霸王龙种群

享有"最强悍的肉食性恐龙"美称的雷克斯暴龙（下称霸王龙）身长12米，体重6吨，是有史以来最大型的肉食性陆生动物。恐龙时代始于三叠纪中晚期，终结于白垩纪末，纵横1亿6000万年以上。霸王龙则在这段时期中的最后400万年称霸北美大陆，占据着生态系统的顶端。

然而，这最大最凶猛的霸王龙，也并非从一开始就是强者。霸王龙的出场可以追溯到距今约1亿6000万年的侏罗纪中晚期。研究发现，霸王龙的祖先并非生活在北美，而是生活在亚洲。

那是一种名为五彩冠龙的小型恐龙。身长3米左右，身高比普通成年男性还要矮一些。很明显，它与霸王龙之间仅有的共性就是两足行走和肉食性。其他都是不同的特点，比如，五彩冠龙头上长有冠状物，而霸王龙没有；五彩冠龙前肢的脚趾也比霸王龙多一个，有三枚。就是这种相似又不全似的小型恐龙，在经过漫长岁月的进化后最终一跃成为恐龙时代的霸主。

在陆地驰骋的冠龙

五彩冠龙是最古老的暴龙种
类之一，生活在侏罗纪晚期
的中国。属名盔龙，顾名思
义，它的头部长有类似鸡冠
的冠状物。

暴龙类的谱系

暴龙类拥有9000万年以上的历史,其种类目前认为大约有30种。白垩纪时期大型恐龙已较为普遍,不过初期仍有一部分是小型恐龙。

阿尔伯塔龙

戈尔冈龙

分支龙

达斯布雷龙

霸王龙

血王龙

特暴龙

盗暴龙

帝龙 | *Dilong* |
成年后全长约1.6米,体形比冠龙还要小。确定体表长有羽毛。

戈尔冈龙 | *Gorgosaurus* |
白垩纪晚期生活在美国的大型恐龙。全长约9米,较之霸王龙身材略显瘦长。

羽暴龙 | *Yutyrannus* |
全长约9米,大型恐龙,全身有羽毛。同时具备进化特征与原始特征,生活在白垩纪早期的中国。

特暴龙 | *Tarbosaurus* |
全长约10米。有"亚洲的霸王龙"之称,与"正宗"的霸王龙极为相似,生活在白垩纪晚期的蒙古和中国。

| 6600万年前 | 8360万年前 | 1亿50万年前 | 1亿1300万年前 |

新生代 | 白垩纪

始于亚洲的大扩散——『王』的足迹遍布全世界

自冠龙登场后,又过了3900万年,即大约1亿2500万年前,在白垩纪早期的中国东北地区辽宁省,生活着一些正在从类似于冠龙的原始暴龙类[注1]向霸王龙进化的恐龙种类。

"旧种"和"新种"

这种进化中的恐龙种类名叫"羽暴龙"。它的全长约9米,是冠龙的3倍。虽然无法和霸王龙相比,但也可以称作大型恐龙了。我们从羽暴龙身上看到的最大变化就是,它拥有了一个与其庞大身躯相匹配的巨大头部。嘴里长着利齿,长相与之后出现的霸王龙相仿。此外,它前肢的趾头数仍与冠龙一致,

为三趾。也就是说,它身上同时具备了进化特征与原始特征。

羽暴龙身上还有一个重要特征就是全身长满了羽毛[注2]。在之前的发现中,我们可以清楚地看到一部分兽脚类恐龙身上长有羽毛,我们称其为"带羽毛恐龙"。但是在羽暴龙之前,它们都还是一些小型的带羽毛恐龙。而身长9米的羽暴龙身上也有羽毛,就说明大型恐龙身上也可能长着羽毛。说不定霸王龙身上就有,但尚无直接证据。

霸王龙类
响彻寰宇的咆哮

自羽暴龙后又经过了4500万

年,也就是冠龙登场后的8400万年,这段时间的长度已经超过了从恐龙灭绝到现在的时间长度。

在大约8000万年前,白垩纪即将结束的时期,北半球许多地方都出现了大型的霸王龙种群。

在亚洲,蒙古出现了"特暴

羽暴龙的头骨化石

白垩纪早期的暴龙类所具有的巨大头骨,与之后霸王龙的头骨相仿。这是探寻这一种群进化的重大发现。

冠龙

帝龙

羽暴龙

冠龙
| *Guanlong* |
生活于侏罗纪晚期的
中国,是最古老的一种
霸王龙.成年冠龙也不
过是全长3米左右的
小型恐龙。

暴龙类的扩张
根据目前已发现的最古老化石推
断,暴龙类起源于亚洲,亦有学说
认为起源于欧洲。而当时白令海
峡仍是一片陆地,暴龙就是经过
这里扩张到北美大陆的。

1亿2500万年前	1亿4500万年前	2亿130万年前

侏罗纪　　　　　　　　　　　　　　　　　　　　　　　　　　　　**三叠纪**

龙”。其身体全长 10 米,较霸王龙小,却拥有巨大的头部、短小的前肢,以及前肢为 2 指等与霸王龙极其相似的特征,故被称作“亚洲的霸王龙”。

此后,在霸王龙登场的北美大陆西北部又出现了“戈尔冈龙”和“阿尔伯塔龙”。这两种恐龙外形相似,全长均为 9 米,头部巨大,短小的前肢长有 2 枚趾,从身材上看却较霸王龙来得瘦长。

之后,在北美大陆的西南部,现在的犹他州一带,出现了“血王龙”。它全长 8 米,也是长有巨大头部的霸王龙类型。等到了大约 7000 万年前,万事俱备,“正宗”的霸王龙终于登场了。

科学笔记

【暴龙类】第304页 注1
本书中的暴龙类指的是以霸王龙为代表的暴龙亚科的所有恐龙。同时,书中还将介绍许多不同种属的暴龙。在新闻报道中,经常可以看到暴龙、雷克斯暴龙、暴龙类等称呼。本书中将雷克斯暴龙统一称为霸王龙。此外,关于“最古老的暴龙类”,近年来普遍认为应该是在侏罗纪中期英国地层中发现的小型恐龙。

【羽毛】第304页 注2
由爬行动物的鳞片转化而来。恐龙的羽毛大多不是鸟类翅膀上的正羽,而是有数根分枝的绒羽。基本作用是保暖。

【美国自然历史博物馆】
第305页 注3
世界上为数不多的藏有恐龙化石的博物馆,位于美国纽约,是电影《博物馆奇妙夜》的故事发生地。

杰出人物

发现了巨大化石的伟大化石采集家

化石采集家
巴纳姆·布朗
(1873—1963)

世界上第一个发现霸王龙化石的是现在被人们称作“传奇”的化石采集家巴纳姆·布朗。他受当时还没有收藏过恐龙化石的美国自然历史博物馆注3所托,为这家当今世界上为数不多的拥有恐龙化石藏品的博物馆采集化石,并于 1900 年、1902 年先后发现霸王龙的化石。可以说,这家博物馆大多数的大型化石藏品都离不开布朗的贡献。

王者的生活

体格、食性、生长率……

关于霸王龙的生活史

在1000多种恐龙之中，霸王龙是人类研究得最为深入的一种。那么，它们究竟生活在怎样的环境里？吃的是什么？又是如何生长的呢？

称霸拉腊米迪亚大陆的终极恐龙

距离最古老的一种暴龙——冠龙在亚洲大地上疾驰的时代又过去了9400万年，暴龙种群在世界各地一边扩张一边进化，到了白垩纪晚期，一种堪称终极形态的暴龙在北美大陆诞生了。

当时，北美大陆的内陆地区由于内海的扩大，被分成东西两半，西边的一半就是现在称为"拉腊米迪亚"的一块单独陆地。那里生长着茂密的楠树和悬铃木等阔叶树种。它们发芽、开花，形成了与今天相似的森林。而占据这个生态系统顶端位置的恐龙就是霸王龙。

霸王龙凭借强大的体格和能力，被称为"终极的肉食性恐龙"。它的全长达到了12米，强壮的后肢使它们能够快速奔跑，而它们发达的下颚则拥有史无前例的最强咬合力……霸王龙已经进化成了它的祖先冠龙所无法想象的庞然大物。那么，这个在恐龙时代的最后阶段登场的"恐龙之王"究竟过着怎样的生活呢？

在森林里漫步的霸王龙

霸王龙生活在拉腊米迪亚大陆，就是现在的北美大陆西部，一片南北走向的狭长地带。和现在一样，那里生长着茂密的阔叶林，许多恐龙生活在其间。那是一片生机勃勃的世界。这就是霸王龙活跃的舞台。

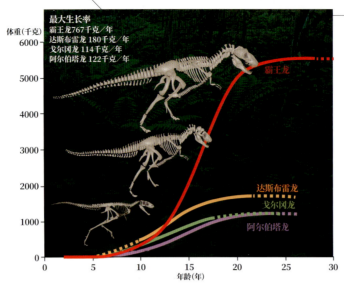

最大生长率
霸王龙767千克／年
达斯布雷龙180千克／年
戈尔冈龙114千克／年
阿尔伯塔龙122千克／年

体重(千克)

霸王龙

达斯布雷龙
戈尔冈龙
阿尔伯塔龙

年龄(年)

霸王龙迅猛的生长速度

这是从霸王龙骨骼年轮推断出来的生长曲线。与其他大型兽脚类动物相比，霸王龙的生长速度极其迅猛。

1892年[注1]，古生物学家爱德华·柯普发现了世界上第一块霸王龙化石，之后在1900年、1902年，化石采集家巴纳姆·布朗也先后发现了霸王龙化石。1905年，布朗的雇主美国古生物学家亨利·奥斯本将这种恐龙命名为"雷克斯暴龙"，意为"残暴的蜥蜴王"。因为在当时已发现的恐龙种类中，霸王龙是体形最大的肉食性恐龙，所以名字中被冠以"王"字。

之后，又过了100多年，现在人们认为像南方巨兽龙、棘龙、魁纣龙都可能是比霸王龙体形更大的肉食性恐龙。但是，经过先进的科学技术的研究比对，从身体各细节来看，"残暴的蜥蜴王"霸王龙仍牢牢占据着"恐龙之王"的霸主地位。

霸王龙曾是"超级肉食性恐龙"吗？

霸王龙最大的特点就是拥有巨大的头骨。它的头骨纵深超过1.5米，宽度在60厘米以上，高度大于1米，这样的尺寸在恐龙界中首屈一指。它的头骨很宽，双眼正对着前方，这使得它能够立体地观察事物，正确地测量自己与猎物之间的距离，这一特征是捕猎时必不可少的有利条件。

霸王龙的牙齿是捕猎时最大的武器，被誉为"牛排刀"。其中，最大的牙齿长度可达30厘米，且三分之二埋在颚骨里，成为齿根。也就是说，这种构造能让牙齿牢牢地插进猎物坚硬的内部，是十分符合肉食需要的构造。正是由于霸王龙身上具有各种"肉食性恐龙必备"的特征，近年来，人们也将它称作"超级肉食性恐龙"。

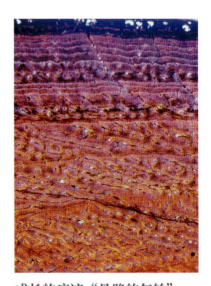

成长的痕迹"骨骼的年轮"

霸王龙肋骨断面上长长的细横纹就是"年轮"，我们可以从年轮的数量推断出霸王龙的年龄。它的宽度则帮助我们了解霸王龙在一年中的生长状况。

近距直击

发现了霸王龙的血管痕迹?！

骨骼等硬组织较容易成为化石留存下来，而脑、血管等软组织基本上在成为化石之前就已经被微生物分解了。不过，也有软组织被保存下来的例外情况。在2005年发表的一则研究报告中，科学家发现了霸王龙后肢骨骼上的软组织，甚至还有"血管"的痕迹。大家一度期望能从保存状态良好的"血管"中提取DNA[注2]，但遗憾的是目前还没有这方面的进展。

被发现的血管痕迹柔韧、富有弹性，仿佛活体时的状态

霸王龙骨盆化石的发掘

2007年，美国南达科他州，工作人员正在发掘霸王龙骨盆化石的场景。

如果是人，"一口"就被吞掉了，绝对是一场惨败。

🔲 霸王龙的骨骼标本

霸王龙的特点是拥有巨大的头骨、粗而长的牙齿以及短小的前肢等。它行走时尾巴水平伸直，和头部保持平衡。这是位于纽约的美国自然历史博物馆收藏的标本。

一天长 2 千克？惊人的生长速度

霸王龙是怎样度过一生的呢？不单是恐龙，其他灭绝生物的一生我们都无法观察到。不过，我们发现恐龙的骨骼和树木一样也存在着记录时间的年轮。通过计数"骨骼年轮"，可以得知这头恐龙死亡时的年龄。并且，骨骼年轮的宽度还可以帮助我们推测出它的生长速度。

对霸王龙的骨骼年轮进行研究后发现，霸王龙在十几岁时有一个飞速生长的阶段，类似于我们人类的"生长期"，不过，霸王龙的生长速度之快远非我们人类能够与之相提并论的。

据推测，处于"生长期"的霸王龙一年内最多能增加 767 千克的体重，也就是平均一天增加约 2 千克。这个数字较其他大型肉食性恐龙来说也十分惊人。一般认为，恐龙在 15 岁左右性发育成熟，平均寿

命不到 30 年。如今，野生非洲象的寿命可达 70 年，相较之下，霸王龙算是十分短命。造成霸王龙死亡的主要原因尚不明确，不过，已经发现的化石中不乏受伤或生病的痕迹，看来能正常老死的霸王龙只有少数。

霸王龙吃什么？

从灭绝动物的牙齿形状可以推测出它的食性是"肉食""鱼食"还是"植食"。但

王者的生活

相互嬉戏的想象图

科学家们从化石上遗留的伤痕模拟出这样一幅霸王龙之间互咬的场景。或许这是它们的生活中经常出现的一幕。

是自相残杀
还是相互嬉戏?

最强悍的恐龙，它的天敌莫非是它自己?目前已经发现了可以证明霸王龙之间发生过争斗的化石。同种动物之间的争斗乃至自相残杀，在自然界并不少见。同时，同种之间相互嬉戏的场景也时常发生，这就是自然界。

霸王龙的粪便

这是霸王龙的粪便化石。长度超过40厘米，宽度超过10厘米，体积达2400立方厘米，十分巨大。

遗留在化石上的咬痕

一块霸王龙上颚化石上留有被其他霸王龙咬过的痕迹。由于该霸王龙年纪尚幼，伤痕也并不致命，所以科学家们推断它们之间并非"自相残杀"，而是在"相互嬉戏"。

是，要推断出具体的捕食对象非常困难。不过，霸王龙就是为数不多的能确定具体捕食对象的恐龙种类之一。线索就在它们的粪便化石注3中。动物的粪便中常常残留有未消化的骨头和植物种子等，能准确反映粪便主人进食的食物。当然，要确定一个粪便化石究竟属于何种动物并不容易，不过，霸王龙粪便化石的发现已经得到了确认。

在这块容积约2.4升的巨大粪便化石中，含有三角龙之类的角龙类骨骼碎片。能在发现这个粪便化石的地层中出没、具有能产出如此等级粪便的体格同时又可以捕食到角龙类恐龙的非霸王龙莫属。事实上，我们已经发现了存在被霸王龙捕捉痕迹的三角龙化石，可以确定霸王龙曾捕食过大型植食性恐龙。

在已被认定种类超过1000种的恐龙种群中，霸王龙是最受人类关注的一种。"恐龙之王"也是人类研究最深入的一种恐龙。

科学笔记

【1892年】 第308页 注1

当时，爱德华·柯普一直认为自己发现的化石是有别于霸王龙的其他恐龙化石，并将其命名为"巨型多孔椎龙"。2000年，研究表明科普发现的恐龙化石与霸王龙是同一种类。这种情况下，一般应以先发现的化石名称来统一定名。而当年修订的国际动物命名法已定下了"霸王龙"这一名称，于是，之前的"多孔椎龙"学名便不再使用。

【提取DNA】 第308页 注2

假设我们发现了霸王龙的DNA，但是时间已经过了6600万年，很难保证它们不会变质。因此，我们还不能一下子做到像电影《侏罗纪公园》里那样让霸王龙复活。

【粪便化石】 第310页 注3

动物的排泄物一般来说比较软，很难成为化石留存下来。但考虑到一头动物一生能产出的粪便量，从概率上来说，其排泄物还是有成为化石的可能的。恐龙时代的粪便化石大多含有花粉和球果。

近距直击

霸王龙的吼声是怎样的?

电影《侏罗纪公园》（1993年）中曾出现过霸王龙的吼声。那是经过科学手段复原的吗?很遗憾，目前尚没有任何关于霸王龙吼声的科学报告出现。据名为"今日电影"的电影资讯网站透露，《侏罗纪公园》中的霸王龙吼声来自杰克罗素梗，那是一种身长60厘米左右的小型犬。

这是电影《侏罗纪公园》中的一个画面。霸王龙真的能发出像电影里那样震撼大地的吼声吗?

深入阐明霸王龙的捕猎能力

比普通肉食性恐龙更强的肉食性恐龙

最新的研究表明，霸王龙并非普通的恐龙，而是"超级肉食性恐龙"。在我小时候，曾听人讨论过"霸王龙和异特龙哪个强"的问题，现在我们已经得出了答案。异特龙只是普通的肉食性恐龙，而霸王龙则是超级肉食性恐龙，所以霸王龙远比异特龙强悍。当然，我们目前还不十分清楚它强悍的原因，但它在发现猎物、捕杀猎物等方面确实比异特龙更厉害。

我和加拿大学者一起对兽脚类恐龙的脑部构造进行过研究，发现恐龙脑部感知气味的嗅球的大小会随着捕食猎物的不同而发生变化。肉食性恐龙的嗅球很发达，植食性恐龙则不然。不过，霸王龙和驰龙类的恐龙，比其他兽脚类的恐龙嗅球都更发达。这使得它们嗅觉灵敏，能很快发现猎物。不仅如此，发达的嗅球还能帮助它们在黑暗中搜寻到猎物。请

■ 超级肉食性恐龙霸王龙

大家想象一下，那样凶猛的霸王龙若是在夜间也能四处捕猎，那将是多么可怕的场景啊。另外，敏锐的嗅觉也证明霸王龙即使在北极圈也能照常生活。

适应残酷的环境

2014年，几年前在美国阿拉斯加州发现的新型霸王龙拥有了属于自己的名字"白熊龙"。尽管白垩纪的气候比现在温暖，但当时的阿拉斯加州与现在所处的地理位置基本一致，冬天十分寒冷。不仅如此，冬天的阿拉斯加通常没有太阳，四周一片漆黑，再加上降雪，植物几乎无法生长。面对如此残酷的环境，白熊龙却顽强

地生存了下来，并在此地长期生活。当时，在阿拉斯加还生活着埃德蒙顿龙和厚鼻龙等大型植食性恐龙，为白熊龙提供了可供捕食的猎物。而即使在黑暗中也能搜寻猎物的敏锐嗅觉更使得白熊龙如虎添翼。不过，或许是因为当时的阿拉斯加环境十分严酷，能捕获到的猎物数量有限，白熊龙的身材只有霸王龙的一半大。即便如此，它们的牙齿和颚部十分强健，为其捕杀猎物提供了条件。

霸王龙的同伴们克服了阿拉斯加残酷的生存环境，开始从美洲大陆（拉腊米迪亚地区）向亚洲迁移、追捕猎物，占据了北半球生态系统的顶端。

近年来，对霸王龙的研究越来越深入，特别要指出的是它高超的捕猎能力——灵敏的嗅觉和强劲的脚力，让它在发现猎物、追赶猎物方面的能力远远超过其他恐龙。

■ 白熊龙的牙齿和上颚

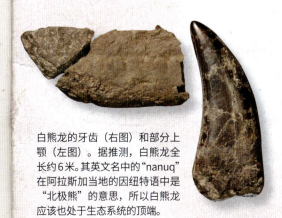

白熊龙的牙齿（右图）和部分上颚（左图）。据推测，白熊龙全长约6米。其英文名中的"nanuq"在阿拉斯加当地的因纽特语中是"北极熊"的意思，所以白熊龙应该也处于生态系统的顶端。

小林快次，1971年生。1995年毕业于美国怀俄明大学地质学专业，并获地球物理学科优秀奖。2004年在美国南卫理公会大学地球科学科取得博士学位。主要从事恐龙等主龙类的研究。

头部

霸王龙最大的特点就是有一个大而强的头部。研究认为,霸王龙等近代肉食性动物的双眼长在头部前侧,可以正确测量出自己与猎物之间的距离,有助于捕获猎物。

霸王龙生活的拉腊米迪亚地区

霸王龙生活的北美大陆,当时中央有一片狭长的内海,将陆地分成东、西两个部分。位于西部的拉腊米迪亚地区正是霸王龙生活的区域。

牙齿

霸王龙的牙齿最大的长约30厘米,边缘长有可以撕裂猎物的锯齿。目前认为霸王龙每隔几年就会换牙一次。

前肢

霸王龙的前肢短小得与庞大的身躯极不相称,并且只有两指。前肢的作用尚不明确,有学者认为霸王龙从下蹲状态站立起来时会用到前肢。

近距直击

著名的霸王龙身上仍存在许多谜团

时至 2006 年,已有 45 组霸王龙化石被发掘出来。人们对它的研究日益深入,不过,令人意外的是,目前仍未发现任何关于霸王龙幼体、蛋和巢穴方面的线索。刚孵化出来的幼体身上可能长有保温用的羽毛。幼年恐龙有可能由恐龙妈妈亲自抚育成长,也可能一出生便可独立捕食昆虫等小动物。

刚孵化出来的霸王龙幼体的想象图

霸王龙

学名：*Tyrannosaurus rex*

全长：约12米　**身高**：约5米　**体重**：约6吨

生活年代：白垩纪晚期（约7000万年前—6600万年前）

生活区域：拉腊米迪亚（今北美大陆西部）

原理揭秘

霸王龙究竟是一种怎样的动物？

腰骨

据推测，霸王龙的体重最大可达6吨，双足行走时，依靠强健的腰骨和后肢支撑自己庞大的身躯。

尾巴

尾骨各部分结合紧密，平时应很少弯曲。从它巨大的头部来看，霸王龙骨骼比例似乎有些失衡，长而直的尾巴正好起到保持身体前后平衡的作用。

注意！ 找到了判断霸王龙性别的方法

今后或许能确定霸王龙化石的性别。2005年发表的研究论文提出，通过检测分析霸王龙的大腿骨（后肢大腿的骨骼）可以确定霸王龙的性别。科学家们发现霸王龙大腿骨内有一个叫"髓骨"的构造，为产卵期的恐龙提供额外的钙质保障。也就是说，如果检测到"髓骨"，那么就能确定该化石是雌性的。

后肢

与短小的前肢相比，霸王龙的后肢又长又宽，十分有力。而且，它还有一个特点就是后肢为3趾，保证它在捕猎时有足够的力量支撑。

霸王龙是人类研究最为深入的一种恐龙，同时，它也常被当成电影和小说的创作题材，是最为人所熟知的恐龙之一。大家都很熟悉霸王龙，那么它究竟拥有哪些本领呢？下面，我们将概括介绍它的基本能力和关于霸王龙的最新发现。

霸王龙的武器

霸主之所以成为霸主——霸王龙强悍的秘密

由于霸王龙拥有其他种类恐龙所没有的捕食特征，科学家们称其为『超级肉食性恐龙』。霸王龙的身体里究竟藏着怎样的秘密？让我们来看看最新的研究成果。

拥有远超其他肉食性动物的惊人破坏力

美国芝加哥菲尔德自然历史博物馆里收藏着世界上最大的霸王龙"苏"的全身骨骼。当我们面对这头全长12.8米，头骨纵深超过1.5米的庞然大物时，即使知道它只不过是一具不会动弹的标本也忍不住不寒而栗。那么，霸王龙究竟有多凶猛呢？

发表于2012年的有关霸王龙咬合力的研究为我们揭开了这个谜底。科学家们从电脑模拟再现的霸王龙下颚肌肉发现，霸王龙在咬紧牙关时，一颗臼齿可以产生超过35000牛的咬合力。这个数字是现在的短吻鳄的咬合力的10倍，足以说明霸王龙是有史以来最凶猛的陆生动物。凭借这样的咬合力，霸王龙可以将猎物连骨带肉咬碎，轻松地将其置于死地。

有一段时间，科学家们倾向于认为成年霸王龙由于身体过于庞大无法奔跑狩猎，是一种腐食性动物。不过，根据最近几年的研究来看，霸王龙作为捕食者显然具备极强的能力，这一点已经得到证实。

■ 比较新旧"恐龙之王"的本领

如果说霸王龙是白垩纪的"恐龙之王"，那么侏罗纪的"恐龙之王"就是异特龙。不过，对两者的各项能力进行比较后发现，霸王龙的各方面能力都强过异特龙。作为一种肉食性动物，霸王龙的表现极为优秀。

霸王龙的巨大头骨

在众多的霸王龙骨骼标本中，最著名的就是"苏"的骨骼标本。它巨大的头骨十分宽阔，长长的牙齿又粗又尖。据推测，霸王龙一口最多可以吃进约230千克的肉。

为什么说它"最强悍"呢？让我们来试着破解这个谜团吧。

异特龙 | *Allosaurus* |

异特龙是生活在侏罗纪晚期的肉食性恐龙，全长约8.5米，体重约1.5吨，是当时体形最大的肉食性恐龙。研究表明，异特龙主要猎捕剑龙等动物为食。

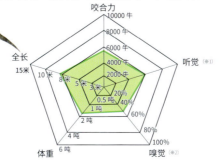

※1异特龙的数据是根据霸王龙的优异听觉为基准进行比较后得出的。
※2 脑半球直径与嗅球直径的比例（霸王龙71%、异特龙51%）

霸王龙 | *Tyrannosaurus rex* |

霸王龙的体格当然不用说，咬合力极其强大是它的最大特点。霸王龙之所以能成为霸主，原因就在于能把猎物"连骨带肉咬碎"。

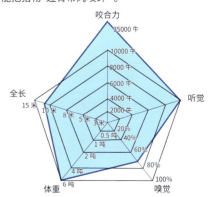

现在
我们知道！

霸王龙拥有大而宽的牙齿和颚部，通过出色的嗅觉和脚力捕食猎物

恐龙时代前后超过1亿6000万年。这漫长的岁月或许正是给恐龙提供进化时间的"跑道"，而霸王龙就是它的终点。与地球史上所有存在过的肉食性动物相比，霸王龙具备了一个杰出"猎手"的品质。下面，我们结合最新知识对它进行具体描述。

追捕猎物的灵敏嗅觉

霸王龙之所以被称为"超级肉食性恐龙"，理由之一就是它的嗅觉。霸王龙的嗅觉十分灵敏，能够定位躲在暗处或尚在远方的猎物，无疑是捕猎的重要武器。

但是，要了解动物的嗅觉，必须通过解剖和实地观察狩猎过程进行考证，所以，要研究已灭绝的恐龙的嗅觉十分困难。不过，

科学家们从对动物脑部构造的研究中获得了启发。脑部长有主司嗅觉的嗅球[注1]和主司视觉的视叶。从它们的大小上可以判断动物的嗅觉和视觉能力。虽然像大脑这样的软组织无法变成化石留存下来，但化石中保留了曾经装有大脑的"脑颅"，科学家们通过用CT扫描脑颅的形状，可以推测出大脑的容积和构造。

将霸王龙的头骨做CT扫描后发现，其嗅球远远大于其他肉食性恐龙。这说明霸王龙拥有非常灵敏的嗅觉，即使在黑暗中，也很少有猎物可以完全逃脱它的捕杀。

关于霸王龙的脚力众说纷纭

那么，霸王龙追赶动物的速

霸王龙的牙齿

牙齿很粗，最长可达30厘米。牙齿边缘排列着被称作"锯齿"的细小凹凸，便于切断猎物的肉。牙根很长，牢牢地扎进颚部。

度有多快呢？科学家们通过对恐龙的体重、骨骼的运动方式和肌肉量等进行推测，在计算机上还原它们奔跑的方式，进而推算出恐龙奔跑的速度。由于以体重为基础的测算方法在学者间各不相同，测算出来的结果也各种各样。

咬合力的比较

霸王龙的咬合力可达35000牛，远远胜过其他动物。顺便对比一下，人类的咬合力最只有1000牛。

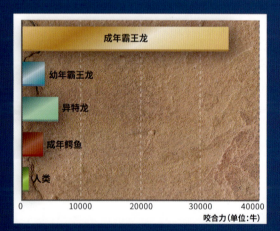

成年霸王龙

幼年霸王龙
异特龙
成年鳄鱼
人类

0　10000　20000　30000　40000
咬合力(单位:牛)

嗅觉也特别发达

让我们比较一下霸王龙和始祖鸟的脑部结构。始祖鸟的视叶大，视力好，而霸王龙的嗅球大，嗅觉特别发达。

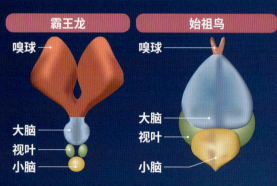

霸王龙	始祖鸟
嗅球	嗅球
大脑	大脑
视叶	视叶
小脑	小脑

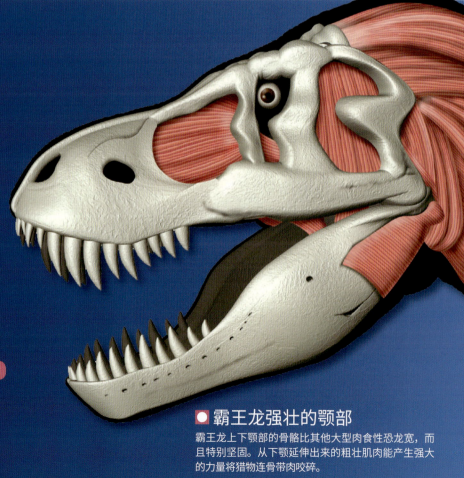

● 霸王龙强壮的颚部

霸王龙上下颚部的骨骼比其他大型肉食性恐龙宽，而且特别坚固。从下颚延伸出来的粗壮肌肉能产生强大的力量将猎物连骨带肉咬碎。

霸王龙的"猎物"们

从发现霸王龙化石的地层中，科学家还发现了以三角龙为首的角龙类以及鸟脚类和甲壳类等多种植食性恐龙化石。这些恐龙应该都是霸王龙的猎物。

三角龙
| *Triceratops*

埃德蒙顿龙
| *Edmontosaurus*

甲龙
| *Ankylosaurus*

其中，2002年英国皇家兽医学院教授提出的时速18千米[注2]的说法较为著名。雌狮奔跑的最快时速为60千米，纯种马的奔跑时速是70千米。而体重在6吨左右的巨型霸王龙奔跑时，需要调动大量的肌肉，因此从骨骼上推测出来的肌肉量限制了它的奔跑速度。

但是，2011年加拿大阿尔伯塔大学的研究小组发表了新的观点。他们认为，霸王龙尾部与大腿骨[注3]之间有肌肉相连，奔跑时摆动尾部可以帮助后肢运动。电影《侏罗纪公园》里曾出现霸王龙对全速逃跑的汽车紧追不放的画面，看来也未必纯属夸张。

霸王龙捕食的猎物也是大家伙

对霸王龙来说，它们生活的拉腊米迪亚地区里所有的恐龙都是捕食对象。其中主要的猎物是埃德蒙顿龙等鸭嘴类恐龙和三角龙。鸭嘴类恐龙是拉腊米迪亚地区数量最多的植食性恐龙。最大的埃德蒙顿龙全长可达13米，三角龙的全长也可达8米，都是大型植食性恐龙。这些比象还要大的捕猎者和猎物之间的殊死较量显然是地球生命史上最壮烈的场面。然而，就是这占据着生态系统顶端的霸王龙在6600万年前，在突如其来的小行星撞击下拉上了恐龙时代的大幕。从此，它们的身影从地球上消失了。

三角龙骨骼上残留的伤痕

霸王龙袭击植食性恐龙的直接证据是成为猎物的恐龙的化石上残留着霸王龙的牙印。上图为三角龙头骨的一部分，上面残留着霸王龙的牙印（下端沟槽部分）。

科学笔记

【嗅球】 第316页 注1

指大脑前部主司嗅觉的区域。动物在感知气味时，首先通过鼻腔里的嗅觉细胞接收气味分子，气味信息经嗅球处理后到达嗅觉中枢，这样动物就可以闻到味道了。

【时速18千米】 第317页 注2

这是英国皇家兽医学院约翰·哈钦森教授用计算机复原霸王龙的肌肉生长状况、计算其全身肌肉重量得出的霸王龙奔跑速度。此外，在2007年，曼彻斯特大学的威廉·塞拉斯和菲利浦·马宁通过其他奔跑模型测算出霸王龙的奔跑时速在30千米左右。

【大腿骨】 第317页 注3

指后肢大腿上的骨骼。连接霸王龙尾部和大腿骨的肌肉称长尾大腿肌。据推测，霸王龙在摆动尾巴时会牵扯到大腿骨。一般认为，霸王龙的尾部可以帮助它在行动时保持身体平衡，这表明它在霸王龙奔跑时也可能发挥着重要的作用。

观点⚡碰撞

霸王龙的奔跑速度和大象差不多？

2010年发表的研究结果显示，无论动物的体形有多大，神经信号传导的速度是一定的。也就是说，动物的体形越大，它的脚部受到刺激后，信号传到大脑的时间就越长。这个研究说明，大象行动缓慢是因为它的脚部感觉要经过很长的时间才能被感知到。如果这个研究结果也适用于霸王龙，那么霸王龙就不太可能是行动灵活的动物。不过，大象有时也会奔跑，而恐龙总体来说体形都很大，所以关于这方面的讨论仍非常值得期待。

奔跑时的非洲象。最高时速可达40千米

第 **4** 步

咬食颈部肌肉

三角龙的头部翻过来后,颈部肌肉暴露无遗。这时,霸王龙就该满口是血地大肆享用三角龙柔软的肌肉和藏在褶皱下的软组织了。

第 **3** 步

撕扯鼻部

一旦三角龙的颈部肌肉暴露,为了方便进食,霸王龙就会把它的头部从身上扯下来。霸王龙绕到三角龙脸部的一侧,咬住它的鼻部开始撕扯。于是,连接三角龙头部和身体的肌肉被完全撕裂,头部被整个扯下来。

原理揭秘

再现捕食场面

"恐龙之王"的

第1步

咬住褶皱

三角龙的褶皱处大多为粗壮的骨骼，几乎没有可供食用的部分。然而，这个部位却是霸王龙开始享用猎物的重要突破点。一般认为，霸王龙在放倒三角龙后，先用脚踩在猎物身上，然后紧紧咬住它的褶皱不放。

第2步

撕扯褶皱

霸王龙将三角龙牢牢地踩在脚下，用力撕扯它的褶皱。于是，三角龙的颈部被撕裂，肌肉暴露出来。三角龙颈部的肌肉营养丰富，正是霸王龙的一顿美餐。

霸王龙究竟怎样享用捕获的猎物呢？2012年的研究报告回答了这个问题。研究的出发点来自三角龙化石上残留的"未愈合的牙印"。"未愈合"意味着这只三角龙受伤后在很短时间内就死亡了。也就是说，我们可以通过牙印的形状来推断捕获三角龙的霸王龙接下来是怎样进食的。

霸王龙

| *Tyrannosaurus rex* |

已经消失的恐龙时代的暴君

截至目前，已经发现了 45 组霸王龙化石，其中大多数是霸王龙骨骼的一部分，留存超过全身一半骨骼的化石只有 2 组。然而，通过这些残缺不全的骨骼化石还是还原出了霸王龙的全身骨骼。它们都成为世界各地博物馆的珍品，为人们所熟悉。下面，让我们来看看目前能参观到的那些霸王龙化石。

发现霸王龙的地方

目前只在北美大陆西部发现了霸王龙的化石。这片区域北起加拿大阿尔伯塔省，南到美国新墨西哥州，南北长约 2000 千米，这个距离若是放在中国，大约就是从北京的长城到厦门的鼓浪屿。霸王龙就是在这片区域里繁衍生息的。

【苏】

| *Sue* |

全长 12.8 米，骨骼保存较为完整，是目前发现的最大的恐龙骨骼。由于保存状态良好，科学家们得以通过化石表面的肌肉痕迹复原它的肌肉构造，并根据骨骼断面推算出它的年龄。"苏"的生存环境较为艰苦，肋骨上有两处骨折后愈合的痕迹。当初因为没有找到尾部的血管弓，暂且将其视为雌性，后来，又发现了血管弓的存在，尚无法判断它的性别。

发掘化石的现场。照片左侧的女士为发现者苏·亨德里克森，标本便是用她的名字命名的

数据			
发现年份	1990年	发现地	美国南达科他州
标本编号	FMNH PR2081	化石完整度	73%
收藏机构	菲尔德自然历史博物馆（美国）		

【斯坦】

| *Stan* |

"斯坦"的牙齿长达 29 厘米，形状为平缓的长弧形，与人类的手臂一样粗

"斯坦"是化石保存率仅次于"苏"的恐龙标本。根据血管弓的数量推测出它的性别为雄性。将"苏"和"斯坦"进行比较后发现，雌性霸王龙的体形较大，但目前还不能下结论。2012 年，有科学家研究指出，霸王龙的咬合力可以达到 35000 牛，而得出这个计算结果的模型就是"斯坦"的头骨。位于东京上野的日本国立科学博物馆里展示着霸王龙"斯坦"复原骨骼的复制品。

数据			
发现年份	1987年	发现地	美国南达科他州
标本编号	BHI 3033	化石完整度	63%
收藏机构	黑山地质研究学院（美国）		

【黑美人】

| Black Beauty |

"黑美人"发现于阿尔伯塔省南部的克罗斯内斯特隘口附近的河岸边。下图为发掘现场的照片

这头霸王龙向我们展示了一个仰面朝天、似乎在发出临危怒吼的"死亡姿势"。关于部分恐龙化石呈现"死亡姿势"的原因众说纷纭。有一种解释是恐龙在濒死之际肌肉痉挛，死后颈部韧带收缩。而化石之所以为黑色，是由于骨骼在变成化石的过程中被含有锰的地下水浸泡过。因其神秘的色彩和形状，人们亲昵地叫它"黑美人"。

数据			
发现年份	1980年	发现地	加拿大阿尔伯塔省
标本编号	RTMP 81.6.1	化石保存率	28%
收藏机构	皇家泰瑞尔古生物学博物馆（加拿大）		

【巴奇】

| Bucky |

在2011年日本国立科学博物馆的专题展览中，我们第一次看到了被复原的蹲姿霸王龙标本。与它庞大的身躯相比，霸王龙的前肢还不到1米，十分短小，其作用至今仍是个谜。此次复原是基于前肢主要在霸王龙从蹲姿到站立的转变过程中起作用这一理论，对其重心位置进行了详细的测算后完成的。"巴奇"的头骨目前尚未被发现，展出时的头部是参考其他标本制作出来的。

在收藏该标本的印第安纳波利斯儿童博物馆，则是以站姿进行展示的。（图中左侧是"巴奇"）

数据			
发现年份	1998年	发现地	美国南达科他州
标本编号	TCM 2001.90.1	化石完整度	34%
收藏机构	印第安纳波利斯儿童博物馆（美国）		

近距直击

围绕"苏"展开的所有权之争

在"苏"公开展出前，一场围绕着它展开的所有权之争一直在进行。1990年黑山地质研究学院的苏·亨德里克森女士发现了"苏"的化石。当时，这片土地的所有者并不清楚"苏"的价值，便打算转让，后来突然改变态度，想要回"苏"的所有权，便诉之法律。于是，FBI派相关人员没收了化石。经过几年的争执，最后法庭宣布将"苏"的所有权投入竞拍，并于1997年实施。得到迪士尼援助的菲尔德博物馆以史上最高的恐龙化石购买价810万美元购得"苏"的化石。2000年，霸王龙"苏"开始公开展出，人们才得以看到它的真面目。

芝加哥菲尔德自然历史博物馆

【简】

| Jane |

"简"可能是目前世界上唯一留存的未成年霸王龙，全长约7米，体形较小。通过测量骨骼中的生长停滞线，推断出它是一头11岁左右的霸王龙。然而，"简"的上颚一侧牙齿有17颗，较一般霸王龙的13颗多。有学者认为，这是因为霸王龙发育时牙齿可能会脱落，但也有学者认为，它并非霸王龙而是矮暴龙。

数据			
发现年份	2001年	发现地	美国蒙大拿州
标本编号	BMRP 2002.4.1	化石完整度	52%
收藏机构	伯比自然历史博物馆（美国）		

浮在海面上的巨大沙岛
弗雷泽岛

位于澳大利亚昆士兰州，1992年被列入《世界遗产名录》。

弗雷泽岛位于澳大利亚东海岸，是世界上最大的沙岛。由澳洲大陆上的泥沙在14万年前被雨水冲刷后沉积而成。充沛的雨量使岛内形成了茂盛的亚热带雨林，并分布着40多个淡水湖。此外，岛上还蕴藏着罕见的生态宝藏，与美丽的自然景观同样珍贵。

弗雷泽岛上多样的自然环境

马凯斯湖

水深约5米，纯白色沙滩和蓝色湖水层次分明。由雨水汇聚在不易排水的砂土层上形成。

亚热带雨林

弗雷泽岛是世界上唯一一个在沙土上生长热带雨林的地方。森林中生活着数百种鸟类和其他多种野生动物。

沙丘

弗雷泽岛的东部散落着大大小小高达240米的沙丘。这些沙丘分布在亚热带雨林之间，再次提醒我们，这是一座由沙泥形成的岛屿。

印第安角

位于弗雷泽岛东北部一处高度为60米的断崖。是岛内仅有的3个裸露火成岩地区之一。

笔直绵延的"75 英里海滩"

南北狭长的弗雷泽岛全长约 120 千米，平均宽度 15 千米。被亚热带雨林包围的沙丘在风力作用下，以每年约 1 米的速度向内陆移动。岛的东岸有一片被称作"75 英里海滩"的白色沙滩，南北长约 90 千米。失事船玛希诺号的残骸搁浅在沙滩上。

地球之谜

落日时分的奇异光芒

绿光

人们一直在传说一天将尽时发生的那个罕见景象。『看见那道光的人都能找到真爱。』由太阳和地球上的大气层共同创造的那道绿光究竟是什么？

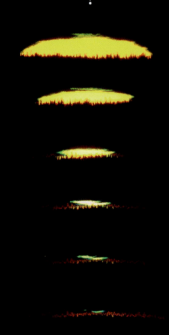

2012年6月21日夏至日，在瑞典中部的岛屿上分时拍摄的落日。拍到了绿色和蓝色的光线

不知道最早是由谁提出的叫法，也极少有人看见过。

不过，在夏威夷等南方海岛上一直流传着这样的说法："一起看见那道光的恋人一定会得到幸福""看见那道光就能找到真爱"。在科幻小说家儒勒·凡尔纳于1882年发表的小说《绿光》中，他把那道绿光称作"奇异之绿""天堂之绿"，还说看到过绿光的人"不但能了解自己的内心，还能读懂他人的心"。1987年，在日本上映的电影《绿光》中描绘了一位等待那道奇异光线出现的女子，其中也引用了凡尔纳的这部作品。

绿光，又被称为绿色闪光，是一种极为罕见的自然现象。它通常出现在火红的太阳落入海平面的一瞬间（或者是升起的瞬间）。正如"闪光"二字所言，它就是一闪而过的光芒。那么，到底是什么创造了这种"天堂之绿"呢？

夕阳为什么这么红？

我们先来解决一下为什么夕阳看上去特别红的原因。不，在此之前，我们还得先解释一下，为什么晴朗的天空会是蓝色的呢？

就像我们看到的彩虹一样，太阳的可见光由七道波长各异的光线组成，按波长从短到长分别是紫、靛、蓝、绿、黄、橙、红。然而，在光线进入大气层时，会遇到空气中的氧、氮分子，向四方散射出去，也就是1904年诺贝尔物理奖得主英国物理学家瑞利勋爵发现的"瑞利散射"现象。

散射发生时，波长最短的紫、靛色光还没有到达地球就已经被散射出去了。所以，地球上的人们用肉眼无法看见它们。而波长第三短的蓝光比波长最长的红光容易散射，最容易被人类的眼睛看到，所以天空看起来是蓝色的。

那么，当太阳偏西，逐渐接近海平面时又是怎样的呢？太阳西斜时，其光线穿过大气层到达地面时的距离要比白天长数千米，所以这时蓝光会遇到更多的大气分子、水蒸气和微尘，从而被散射到空气中，无法被人类的肉眼看见。

于是，不太容易被散射的黄色、橙色和红色光线进入眼中，傍晚的太阳看起来就红彤彤的。日出时我们能看到红色的太阳也是因为同样的原因。

顺便说一句，当人们眺望渐渐落到海平面之下的夕阳时，其实太阳已经移动到我们看不见的位置。也就是说，我们其实只是看到了太阳的幻影。

而我们之所以会觉得太阳还未完全落下，是因为大气层贴着圆形的地球表面形成了一面弧形的"镜子"，把太阳光折射

1992 年，在芬兰观察到的奇迹瞬间。太阳下山后，地球的大气层变成了一面镜子，海平面上出现了橙色和绿色的光线

2012 年 5 月 6 日，在法国布列塔尼地区的一个海港，月亮从海平面上升起时，天空出现绿光。那天正是月球最接近地球的一个满月之夜，空中出现了"超级月亮"

到了地表。于是，在太阳的幻影消失的瞬间，出现在我们眼前的很有可能就是绿光。

折射与斜角创造的神奇瞬间

"绿光"是怎样产生的呢？

正如前文所述，绿光的波长短于黄、橙和红光，也就是说绿光的折射角要大于上面三种光。当太阳西沉时，太阳逐渐被地球遮住，直至完全消失。于是，折射过来的黄光和红光最后也看不见了。蓝光此时已被散射，从人们的视野里消失。此时，只剩下绿光因为折射角度较大而投入眼中。

这真的是发生在一瞬间的事情，最

毕竟是传说中（让你）"能找到真爱"的神奇光芒，这道绿色闪光的出现需要满足极其严苛的自然条件。

首先，大气要足够澄净，让人可以看见金色的太阳；其次，与形成海市蜃楼的条件一样，海面或地表与高空之间要有一定的温度差，并且与大气的波动等有着密切的关联。此外，纬度越高的地方，太阳西斜的速度看起来慢一些，火红的太阳

可以一直保持到它和海平面相交的那一瞬间，这时观察到绿色闪光的概率就大大提高了。

据说，在中纬度地区的美国加州西海岸、日本富士山顶和北海道知床等地也能看到绿光。而南极和北极的观察条件更好，当然也有人在南方岛屿上见到过绿光。

至于到底能不能与绿光相遇，就完全看运气喽。

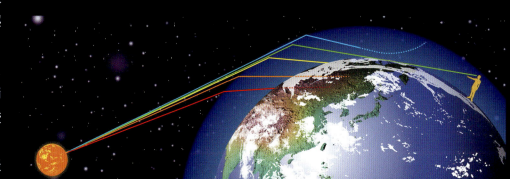

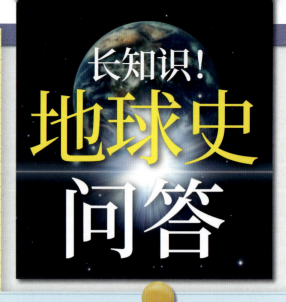
Q 霸王龙是怎样休息的？

A 我们很难知道已经灭绝的动物是如何休息的。因为，作为化石留存下来的一般都是动物的"死亡姿势"。"已经不会动的姿势"和"休息后还能恢复正常活动的姿势"是完全不同的。但是，我们从恐龙脚印的化石上可以推断，不仅是霸王龙，很多兽脚类恐龙休息时的姿势应该都是坐下并垂下尾巴。还有人认为霸王龙从这个姿势变换到站立姿势时，可能会用短小的前肢撑一下地面，帮助它将整个身体站起来。由于头部实在太重，给前肢造成很大的负担，导致负重的叉骨上经常有骨折的痕迹。

坐姿霸王龙的全身骨骼

Q 日本没有霸王龙吗？

A 目前，霸王龙化石仅出现在白垩纪的拉腊米迪亚地区，即现在的北美大陆西部。目前，除了北美大陆以外还没有任何关于霸王龙的发现报告，更不用说日本了。不过，特暴龙、羽暴龙、冠龙和帝龙等霸王龙类的化石也有一些是在亚洲发现的。日本还发现过霸王龙类的牙齿化石，只是现在还不确定属于哪一种。

从分布在石川县白山市和岐阜县高山市庄川町的"手取层群"地层中发掘到的霸王龙牙齿。长度为 3.5 毫米

Q 霸王龙是腐食性动物吗？

A 有人认为霸王龙不善于捕猎，只吃动物的尸体。但是，持这种观点的学者并不多，属于少数派。因为，即使是现存的捕猎动物，也并非"纯捕猎"的。大部分动物既捕猎，也吃身边的新鲜尸体。至于霸王龙，我们已经发现了"遭霸王龙袭击后痊愈的植食性恐龙"的化石，这个"痊愈"就意味着霸王龙是会袭击活物的。

鬣狗堪称现生腐食性动物的代名词，但它同时也会捕食斑马、牛羚等

Q 迄今为止一共发现了多少组霸王龙的化石？

A 霸王龙的化石自 20 世纪 90 年代以来不断地被发现，根据截至 2006 年的报告资料显示，目前已发现的霸王龙化石共有 45 组。这个数目在兽脚类动物化石标本中已不算少。正是这些化石为我们提供了许多有关霸王龙的信息。只是，这些化石大多只是化石中的一部分，很少有接近完整的霸王龙化石。化石完整度超过 50% 的霸王龙标本目前只有两头，而超过 70% 的就只有"苏"这一头了。尽管霸王龙"筒"的化石完整度也超过了 50%，但有科学家认为它是未成年的霸王龙，也有科学家认为它有可能是矮暴龙，故不被列入霸王龙化石的统计数据。

化石完整度较高的霸王龙

	名称	保存率	发现地	所藏机构
第1	苏/Sue	73%	南达科他州	菲尔德自然历史博物馆
第2	斯坦/Stan	63%	南达科他州	黑山地质研究学院
第3	旺克尔/Wankel T.rex	49%	蒙大拿州	洛基博物馆
第4	AMNH 5027	48%	蒙大拿州	美国自然历史博物馆
第5	奥利/Ollie	41%	蒙大拿州	北美大平原化石公司

数据来源：《恐龙之王霸王龙》(2008)

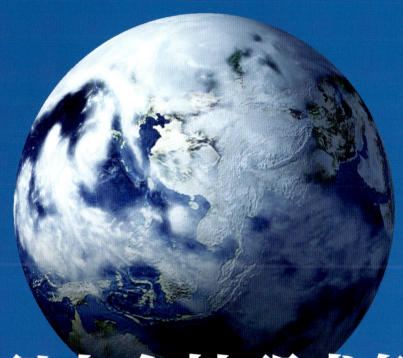

巨型肉食性恐龙繁荣

1 亿 2000 万年前—8000 万年前

—顾问寄语—

北海道大学综合博物馆副教授　小林快次

白垩纪晚期，恐龙称霸地球，

在我们这些哺乳动物无法企及的体形巨大、性情残暴等多样性上，它们不断追求并进化到极致。

它们是如何进化到这种程度的，又为什么要进化到这种程度，至今还有很多未解之谜。

恐龙研究者们带着诸多疑问投入研究，每解开一个谜团，都能感受到生命的伟大。

让我们一起走进恐龙王国的最终章吧！

世界最大的
恐龙化石产地之一

辽阔而荒芜的"恶地"横跨加拿大西南部和美国西北部，在这里可以挖掘到白垩纪晚期的恐龙化石。约2亿3000万年前拉开帷幕的恐龙时代，在6600万年前的白垩纪末戛然而止。其中，白垩纪晚期的恐龙种类最多，霸王龙、三角龙这些"明星级"恐龙也在这一时期威风八面。从这片荒凉的土地上，我们得以窥见昔日陆地霸主留下的痕迹。

加拿大阿尔伯塔省的省立恐龙公园

"恶地"是从加拿大西部的阿尔伯塔省绵
延至美国西北部的蒙大拿州的广阔化石产
区。位于阿尔伯塔省红鹿河谷的省立恐龙
公园，是这一带最主要的化石产地之一，
至今已发现 500 多块恐龙化石，于 1979
年被列入《世界遗产名录》。

恐龙时代的全盛时期

数以百计的厚鼻龙成群穿梭在一望无际的针叶树林里。长达9米的肉食性恐龙阿尔伯塔龙从远处围过来，等候着捕猎的良机。这里是白垩纪晚期的北极圈，相当于现在的阿拉斯加周边地区。虽然白垩纪时期的气候比现在温暖，但在极昼和极夜轮番上阵的极地，每次季节更替都伴随着剧烈的气温变化。恐龙，作为一种耐寒能力较弱的爬行动物，竟然能在极地形成大规模的群体，可见它们对地球上各种环境的适应程度之高、扩散范围之广。在距离其初次登场1亿多年后的白垩纪晚期，恐龙家族迎来了空前的繁荣。

厚鼻龙

阿尔伯塔龙

恐龙鼎盛期

多样化发展的恐龙

『恐龙最繁荣的时期』到来

因为发现的恐龙种类最多，白垩纪晚期又被称为恐龙的鼎盛时期。这个时代，不仅有许多知名度高的恐龙，『最长』『最快』等纪录的保持者也不在少数。

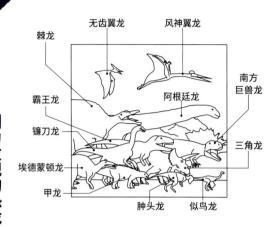

无齿翼龙　风神翼龙
棘龙
霸王龙　阿根廷龙
镰刀龙
南方巨兽龙
埃德蒙顿龙　三角龙
甲龙
肿头龙　似鸟龙

白垩纪晚期，恐龙家族的繁荣达到了顶峰

在大约 2 亿 2700 万年前的阿根廷，最早的恐龙出现了。到了 1 亿多年后的白垩纪晚期（1 亿 50 万年前—6600 万年前的时期），恐龙的多样性达到了巅峰。

从白垩纪晚期地层中发现的恐龙化石的种类证实了这一点。目前发现的全部恐龙中的 40% 来自这个时代的地层，且越接近白垩纪末，数量越多。

这一时期，陆地上的景象大概是自地球上有生命诞生以来，最有活力也最丰富多彩的。北美大陆上，巨大的兽脚亚目恐龙霸王龙与拥有三个角的植食性恐龙三角龙展开殊死搏斗；南美大陆上，史上最大的恐龙之一、全长可达 30 米的阿根廷龙阔步行走；而在亚洲，可以看到爪子长度接近成人胳膊的奇特恐龙镰刀龙的身影。

这些知名度高又充满个性的恐龙，在世界范围内迎来了空前的繁荣。

繁盛的恐龙家族

从三叠纪到白垩纪，恐龙时代持续了 1 亿 6000 多万年。其中，白垩纪晚期是恐龙种类最多样也最繁盛的时期。图为白垩纪晚期各种著名的恐龙和翼龙齐聚一堂的想象图（图中的恐龙和翼龙并非生活在同一时代和地区）。

总之，这是个"明星"辈出的时代！

● 恐龙时代屈指可数的"个性派"们

白垩纪晚期,恐龙的多样化达到了最高峰,形态各异的恐龙在世界各地涌现。其中不乏那些从1000多种同类中脱颖而出并获得"第一"称号的极具特色的恐龙。

最快

似鸟龙 | *Ornithomimus*

四肢的爪子由 3 节骨头组成并发生了特殊化,从而具备了像弹簧一样的柔韧性,可以吸收高速奔跑时产生的冲击。据推测,似鸟龙的最高时速可达 60 千米。它们独特的羽翼在成年后才会长出来。

数据	
全长	约3.5米
分类	蜥臀目兽脚亚目
生存年代	白垩纪晚期
分布区域	美国西部

最强

霸王龙 | *Tyrannosaurus*

傲人的颌骨是霸王龙的一大特征。得益于此,霸王龙在捕猎上所向披靡,让其他大型肉食性恐龙望尘莫及。因此,霸王龙近年也常被称为"超级肉食性恐龙"。

数据	
全长	约12米
分类	蜥臀目兽脚亚目
生存年代	白垩纪晚期
分布区域	加拿大西部、美国西部

现在我们知道!

恐龙中的『第一』都集中在白垩纪晚期?

地球上出现的早期恐龙,如三叠纪晚期的始盗龙、曙奔龙等,体形与大型犬差不多,而且外形大同小异。自早期恐龙出现到白垩纪晚期,1 亿多年过去了。经历了这段漫长时间的恐龙们发生了巨大的变化。

极度多样化的恐龙

白垩纪晚期的恐龙,无论是形态、大小,还是能力等各个方面的多样化都达到了前所未有的程度。因此,那些称得上恐龙界"第一"的物种大多都是白垩纪晚期的"居民"。化石在阿根廷被发现的蜥脚亚目恐龙"阿根廷龙",无论长度还是重量,都是迄今为止地球上存在过的陆生动物之最。目前虽然只发现了它们的脊椎等部分骨骼,但一节脊椎骨的长度就有 1.3 米。据推测,体形最大的阿根廷龙全长可达 36 米,体重可达 70 吨。

说到恐龙进化的多样性程度之高,还有很多不得不提的例子。比如,生活在白垩纪晚期的北美大陆的似鸟龙。这种全长约 3.5 米的兽脚亚目恐龙,由于长得有点像现代的鸵鸟,所以又被称为"鸵鸟恐龙"。似鸟龙最大的特点是速度[注2]快,得益于其灵巧的身体和长长的

观点碰撞

为什么白垩纪晚期有那么多恐龙?

目前已发现的恐龙"属"中,有四成来自白垩纪晚期。如果只看这个数据,白垩纪晚期确实是恐龙数量较多的时期。事实上,已发现的白垩纪晚期的地层数量也比其他时期多。地层年代越新,被发现的概率越大,而化石是从地层中挖掘出来的,所以地层数量越多,化石产量也就越大。白垩纪晚期的恐龙数量之所以那么多,也可以说是因为地层数量多。

●	三叠纪
●	侏罗纪
●	白垩纪

上图标示了出产中生代恐龙化石的主要国家和相应的地质时期

最大

阿根廷龙 | Argentinosaurus |

即使在蜥脚亚目植食性恐龙家族中也显得格外巨大的物种。毫无疑问是目前发现的体形最大的恐龙之一，但由于线索较少，研究者们对其全长的推测数值各不相同。

数据	
全长	30米以上
分类	蜥臀目蜥脚亚目
生存年代	白垩纪中期左右
分布区域	阿根廷

镰刀龙的名字意为"切割的蜥蜴"。可是，它的爪子看起来似乎并不锋利。

最长的爪子

镰刀龙 | Therizinosaurus |

约70厘米的长爪是其特征。明明是以肉食性恐龙为主的兽脚亚目的一员，却以植物为食。有可能是特暴龙等大型肉食性恐龙的主要猎物。

数据	
全长	约10米
分类	蜥臀目兽脚亚目
生存年代	白垩纪晚期
分布区域	蒙古

最发达的牙齿

埃德蒙顿龙 | Edmontosaurus |

拥有齿阵[注1]和由6种组织构成的牙齿，专食植物的植食性恐龙鸭嘴龙类的代表品种。因为是霸王龙的主要猎物之一而为人所知。

数据	
全长	约13米
分类	鸟臀目鸟脚亚目
生存年代	白垩纪晚期
分布区域	加拿大西部、美国西部

后肢，它们奔跑的时速可达60千米，虽然比不上现代的猎豹，但在恐龙中已是跑得最快的选手了。

作为植食性恐龙的代表，鸟臀目的进化也很显著。说到鸟臀目，我们总是先想到有发达的角和颈盾的三角龙等角龙科，但是鸟脚亚目中的一群被称为"长着鸭嘴的恐龙"的鸭嘴龙也完成了引人注目的进化，那就是用来咀嚼植物的特殊牙齿。鸭嘴龙的颌骨里储备着1000多颗备用牙齿，一旦有牙齿因咀嚼植物而磨损，马上就会长出新牙替换。更厉害的是，鸭嘴龙的牙齿由硬度不同的6种组织构成，不同部位的磨损速度不同。于是，牙齿自然地形成了凹凸起伏，能够更高效地磨碎植物。

虽然后世的哺乳类也有类似的牙齿特征，但构成哺乳类的牙齿[注3]的组织最多只有4种。相比之下，鸭嘴龙拥有更复杂的牙齿。它们有时也被叫作"白垩纪的牛"，被认为是最适应植食的恐龙。

镰刀龙——拥有长爪的"谜之恐龙"

白垩纪晚期恐龙的神秘面纱正从各个角度被逐步揭开，但有一种恐龙，长期以

鸭嘴龙类的牙齿

从图中可以发现，形似向日葵种子的牙齿成排堆叠。即使有牙齿磨损，也能够不断长出"新牙"进行替补，这样的构造被称为"齿阵"。

来几乎成了"谜之恐龙"的代名词。它们就是名为镰刀龙的兽脚亚目恐龙。它们的形态实在奇妙: 没有牙齿的小脑袋、相对较长的脖子、胖乎乎[注4]的身体……这样的恐龙的前肢上却长着和身形不相称的长爪。它们的爪子在化石状态下长度都超过70厘米, 是已知恐龙中最长的。然而, 这对爪子并不锋利, 不适合作为武器使用。有人猜测它们是用来刨土寻找昆虫的, 但这也只是猜测, 真正的用途仍然是一个谜。

不过, 通过近几年的研究, "谜之恐龙"的真相已逐渐明朗。有人认为, 镰刀龙胖乎乎的身体是在进化过程中为了适应从肉食向植食转变而形成的。为了高效地消化植物, 肠道等消化器官变得肥大。此外, 2013年, 镰刀龙的筑巢地在蒙古被发现, 使得我们对它们抚养后代的情形有了一定的了解。这片筑巢

地至少有18个巢穴, 蛋的孵化率较高。据此推测, 镰刀龙是成群产卵的, 而且成年镰刀龙会在巢穴附近守护它们的蛋。

白垩纪晚期, 恐龙极度多样化的主要原因是什么? 首先, 侏罗纪以后的大陆分裂, 导致了地理上的隔离和生存环境的多样化。其次, 从存在时间来看, 越接近后期, 越会出现进化程度高的种类, 这是自然法则。恐龙在6600万年前, 小行星撞击地球后突然灭绝。如果当时它们能够幸存下来, 或许会有更大、更快、更不可思议的恐龙在陆地上漫步吧!

镰刀龙的筑巢地
(上) 这是位于蒙古戈壁沙漠的镰刀龙筑巢地。红色圆点标记的是已确认的巢穴, 数量至少有18个。
(左下) 这是筑巢地的想象图。据推测, 这片区域的巢穴数量可能多达56个。在兽脚亚目恐龙的巢穴中, 这片巢穴的规模是世界最大的。
(右下) 这是一个镰刀龙的巢穴, 约51×43厘米的空间里有8颗蛋。

科学笔记

【齿阵】 第337页 注1
为了大量食用植物而进化出来的构造。除了鸭嘴龙等鸟脚亚目外, 三角龙等角龙科也有这种构造。因磨损的牙齿不断被新牙替换, 对于植食而言效率很高。

【速度】 第337页 注2
要了解已灭绝动物的行进速度, 可以通过几种方法实现。例如, 通过足迹的间隔判断, 因为一般来说跑得越快, 步幅越大。此外, 还有通过复原肌肉量来推测等方法。

【哺乳类的牙齿】 第337页 注3
哺乳类的牙齿(臼齿)特点各异, "只要有牙齿, 就能确定它的品种"。这种多样性是为了更好地磨碎植物而进化出来的。和哺乳动物相比, 爬行动物的牙齿形状大多比较简单。

【胖乎乎】 第338页 注4
胖乎乎一般用来形容人类肥胖的样子。然而, 有研究认为, 镰刀龙胖乎乎的身体并非来源于脂肪的堆积, 而是由消化器官肥大造成的。

🔍 近距直击

照顾幼崽的是雄性还是雌性?

在哺乳动物中, 雌性照顾幼崽的例子较多, 因为雌性需要给幼崽喂奶。而鸟类之中, 有90%的雄性也会照顾幼崽。那么, 恐龙的情况是怎样的呢? 研究者发现了一些正在孵蛋的恐龙的化石。有人指出这些可能是雄性恐龙的化石。恐龙的世界里或许也曾有过"奶爸"们活跃的时期。

正在为蛋保暖的雄性帝企鹅。雄性参与育儿的例子在自然界并不少见

谜之恐龙——恐手龙！

以"恐怖之手"为名

介绍恐龙之谜的书有很多，仿佛围绕它们的谜团都已经被解开了一样。然而，其实恐龙身上仍有很多未解之谜。每次只要开发了新的化石挖掘地，几乎都会有一种新的恐龙被发现。不过，虽说是新的恐龙，奇特到令人吃惊的却越来越少了。2014年5月，中国学者宣布发现了一种霸王龙的同类——虔州龙，轰动一时。不过，稍微冷静下来想想就会发现，这种恐龙只不过是口鼻部长一点，除此以外，基本和霸王龙没有什么差别。

话虽如此，偶尔也真的会有奇特的恐龙被发现，恐手龙就是其中之一。目前，有关这种拥有"恐怖的手"的恐龙的正式论文里也只提到肩、手臂的骨骼和数块脊椎骨。1965年，波兰和蒙古的联合考察小组在蒙古南部的戈壁沙漠里发现了恐手龙的化石。这一带曾出产了特暴龙、栉龙等许多著名的蒙古恐龙。

这种恐龙的奇特之处在哪里呢？在于

■ 恐手龙的前肢

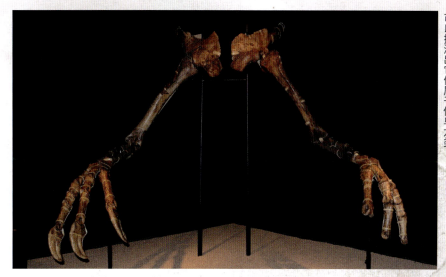

恐手龙的前肢长约120厘米，属于兽脚亚目恐龙中体形相当巨大的一种。仅肱骨就长达94厘米。肩胛骨的肩峰突起部分出现退化，且3根掌骨的长度相差无几。从这两点可以推测出它们属于似鸟龙类。

体形之大。毕竟，它的手臂就长达2.5米。根据手臂的长度可以推测，它的体形一定轻轻松松就能超过霸王龙之类。

系统解析的结果如何？

在很长一段时间里，恐手龙都让恐龙研究者们伤透脑筋。拥有这样巨大的手臂的恐龙到底长什么样？我通过系统解析的方法，尝试研究它属于哪种兽脚亚目恐龙。结果，根据肱骨的相似性，可以推断出它属于似鸟龙类。说到似鸟龙类，首先想到的是以速度著称的似鸟龙、似鸡龙等。然而，手臂如此巨大的恐手龙，能跑得快么？这个谜团或许只有等它全身的骨骼都被发现

后才能解开。

此外，经过我们的调查，在恐手龙的发掘地又有了新收获。我们找到了波兰研究者未发掘到的骨骼（腹部肋骨）。通过观察发现，这块骨骼上留有特暴龙的齿印。这就毫无疑问地证明恐手龙曾与特暴龙共享生存空间，并且是特暴龙的猎食对象。如果恐手龙和其他似鸟龙类一样是植食性恐龙，那么成为特暴龙的猎物也很正常。如果被问到"哪一种恐龙身上谜团最多"，我们这些恐龙研究者可能都会回答"恐手龙"，可见围绕这种恐龙的谜团之多。大家都在热切盼望能早日揭开它的神秘面纱。

（编者注：作者写作本文时恐手龙的头骨等其他骨骼尚未被发现。）

■ 特暴龙的头骨

白垩纪末，称霸戈壁沙漠的亚洲最大兽脚亚目恐龙特暴龙，全长约10米。虽然和霸龙有些相似，但特暴龙的头骨更窄，前肢的前臂部分相对更短。

小林快次，1971年生。1995年毕业于美国怀俄明大学地质学专业，并获地球物理学科优秀奖。2004年在美国南卫理公会大学地球科学科取得博士学位。主要从事恐龙等主龙类的研究。

巨型肉食性恐龙繁荣

地球史上的最大规模！
大型肉食性恐龙称霸四方

白垩纪晚期也是大型恐龙在全球上演激烈对战的时期。世界各地的生态系统中，全长10米左右的肉食性恐龙崛起，植食性恐龙也趋于大型化。

放眼整个地球史，也只有这个时期能看到如此庞大的动物之间的对战。

体形越来越大的白垩纪晚期的恐龙

白垩纪晚期伊始，一种巨大的肉食性恐龙横行在现位于阿根廷境内的广阔平原上。它们的名字叫南方巨兽龙，是一种体形超过霸王龙、全长可达14米的兽脚亚目恐龙。然而，它们想要袭击的对象居然是比它们还要大很多的恐龙——全长可达30米的阿根廷龙。

对于巨型猎物，南方巨兽龙采取成群围困并反复攻击的策略。因为阿根廷龙的体形过于巨大，没法一击即倒，所以只能等着它失血过多、耗尽体力后倒下。经过长时间的鏖战，阿根廷龙最终耗尽了全力，庞大的身躯伴随着轰响栽倒在大地上。

在自然界中，体形大也是一种"实力"。就像现在也几乎没有肉食动物会去攻击成年大象一样，被猎对象的体形越大，遭捕食者袭击的危险性越低。相应地，捕食者如果要猎获大型动物，自身体形越大越有利。遵循着这样的自然法则，白垩纪晚期世界各地的生态系统中出现了以蜥脚亚目为主的大型植食性恐龙和与之相对应的巨型肉食性恐龙。

南方巨兽龙袭击幼年阿根廷龙的模拟图

有学者认为阿根廷龙能将尾巴当成鞭子用,从而击退攻者。体重70吨的巨兽猛地将尾巴甩过来,这一击恐怕连南方巨兽龙这种巨型兽脚亚目恐龙也抵挡不住。或许,南方巨兽龙把精力都集中在追捕阿根廷龙的幼龙上。

地球上的每一块大陆上都曾有巨大的『统治者』称霸

1955 年，在蒙古戈壁沙漠考察的苏联科考队从大约 7000 万年前的白垩纪晚期地层中发现了一种恐龙的化石。它拥有令人震惊的特征：身体巨大、后肢强壮，但前肢却小得和整体不相称且只有两个趾头。

这与之前在北美大陆发现的体形最大的肉食性恐龙之一的霸王龙极为相似。这种恐龙被命名为特暴龙，意为"骇人的蜥蜴"，是位居白垩纪末东亚地区生态系统顶端的巨型肉食性恐龙。

肉食性恐龙和植食性恐龙的殊死搏斗在世界各地上演

时间回到 1931 年，非洲大陆出土了一种肉食性恐龙的化石。它的体形与霸王龙相当甚至更大，

被命名为鲨齿龙注1。1993 年，南美洲阿根廷境内的巴塔哥尼亚地区出土了南方巨兽龙的化石。白垩纪晚期地球上的主要大陆几乎都是如此，各有不同的肉食性恐龙称霸。

柯普定律注2认为"同一种系的动物在进化过程中体形会变大"。恐龙似乎是符合这一定律的典型案例。也就是说，在恐龙时代接近尾声的白垩纪晚期，巨型肉食性恐龙的集中出现可能是自然法则的作用。植食性恐龙的大型化也是同样的道理。北美洲曾有过全长约 20 米的蜥脚亚目阿拉摩龙和全长约 8 米的角龙科三角龙的繁荣，东亚曾存在过全长约 13 米的蜥脚亚目后凹尾龙，而南美洲则有阿根廷龙存在过。白垩纪晚期，这些恐龙时代屈指可数的巨型恐龙之间的战斗，在世界各地上演。

史上最大的兽脚亚目恐龙令人意外的生活习性是什么呢？

就这样，作为肉食性恐龙代名词的兽脚亚目恐龙在白垩纪晚期进化到了最大的体形。不过，其中体形最大的既不是暴龙也不是

南方巨兽龙，而是 9300 万年前生活在现在的埃及地区附近的棘龙。虽然，棘龙全身的化石尚未被发现，但据估计，体形最大的全长可达 18 米，毫无疑问是地球史上最大的陆生食肉性动物。不过，这种巨型恐龙的生活习性在大型兽脚亚目恐龙中显得相当独特。它的头部细长，牙齿为平滑的圆锥形，并不适合像霸王龙

注意看下图里站在恐龙标本旁边的人，现在你知道恐龙有多大了吧！

阿根廷龙和南方巨兽龙的骨骼标本

即使只有部分骨骼化石被发现，通过和已有多数部位被发现的近缘品种比较，也能复原全身骨骼的样貌。图为在美国亚特兰大州费恩班克自然历史博物馆展出的阿根廷龙的骨骼标本。相比之下，跟在它身后的巨型兽脚亚目南方巨兽龙看起来就要小很多。

棘龙的骨骼标本

棘龙在很长一段时间里都被认为是"谜之恐龙"。2009年，在日本举行的恐龙展上展出了世界首件棘龙全身骨骼的复原标本。这是基于文献和对近缘品种的研究得出的结果。

棘龙的牙齿

牙齿的形状是探索已灭绝动物饮食习性的重要线索。研究认为，棘龙会用圆锥形牙齿捕捉鱼类，然后一口吞下。

那样撕裂或咬碎猎物。这种圆锥形牙齿通常可以在以鱼类为食的现代鳄鱼身上看到。事实上，从棘龙的胃部化石里确实发现了鱼类的鳞片。因此，有学者推测它们主要以鱼类为食。

棘龙身上最大的谜团，莫过于从其背部脊椎骨延伸出来的众多棘状突起的作用。据推测，棘龙的每根神经棘之间都覆盖着膜，从而形成了像帆一样的构造。有关这种帆状物的用途，目前众说纷纭，尚无定论。

有人说"帆状物可以吸收阳光的热量来调节体温"，也有人说"帆状物发挥着肌肉支点的作用，有助于快速奔跑"，还有人说"帆状物是用来吸引异性的"。其实，包括棘龙在内的很多大型兽脚亚目恐龙，因骨骼数量多，几乎没有包含完整骨架的化石问世，因此，关于它们的生活习性也是谜团重重。

恐龙时代的最终章之所以精彩纷呈，这些巨型肉食性恐龙功不可没。它们留下的痕迹，至今仍然不断激发着人们的好奇心。

📖 近距直击

● ● ●

在战争中被摧毁的最早的棘龙化石

最早的棘龙化石1912年发现于埃及，曾由德国慕尼黑的一家博物馆保管及研究。结果，在1944年4月，也就是第二次世界大战期间，在英国空军的空袭中，该博物馆被炸毁。棘龙的化石[注3]也随之化为灰烬。此后，再也没有人找到过质量更高的棘龙化石标本。

图为德国投降后的慕尼黑街景。屡次遭受空袭的慕尼黑遭到大规模的破坏

科学笔记

【鲨齿龙】 第342页 注1
主要生活在摩洛哥，全长可达12米，是最大的肉食兽脚亚目恐龙之一，是异特龙的同类。它的名字意为"长着噬人鲨牙齿的蜥蜴"。其牙齿呈锯齿状，又薄又锋利。

【柯普定律】 第342页 注2
19世纪美国古生物学家爱德华·柯普提出的理论，长久以来被认为是研究恐龙进化时不可或缺的定律。然而，根据近年的研究，"柯普定律"逐渐被认为只适用于部分恐龙。最近，学界新增了"柯普定律"时代没有的"生物多样性"概念，认为"如果某个种群内的多样性增加，那么作为其中一环，体形较大的品种也会增加"。

【棘龙的化石】 第343页 注3
标本本身虽然已在空袭中化为乌有，但发现者的详细记录、配有草图的论文，以及标本的照片都被保留了下来。正因为有这些详实的资料，我们才得以看到棘龙复原后的样子。

三角龙 vs 霸王龙

在霸王龙曾经生活过的北美大陆，出土了留有霸王龙咬痕的三角龙、埃德蒙顿龙等恐龙的化石。其中，三角龙的伤痕主要集中在头部，说明它那由厚重骨骼构成的颈盾被霸王龙撕咬的情况并不少见。

北美
VS

南美
VS

三角龙 | *Triceratops*

数据	
全长	8米以上
分类	鸟臀目头饰龙亚目角龙科
生存年代	约7000万年前
分布范围	北美大陆西部

科考队也发现了被霸王龙撕咬后有伤口愈合痕迹的三角龙化石，这说明也有三角龙赢得胜利或涉险逃脱的情况。

霸王龙 | *Tyrannosaurus*

数据	
全长	约12米
分类	蜥臀目兽脚亚目暴龙科
生存年代	约7000万年前
分布范围	北美大陆西部

地球进行时！

现代的"最大"动物之战？

现代陆地上最大的肉食动物是北极熊，最大的草食动物是非洲象，但在自然环境下有发生"对决"的可能性的组合恐怕只有狮子和非洲象了。然而，据说全长至多3.3米的狮子并不会主动攻击全长可达7.5米的非洲象。因为遭到反击的风险太高。不过，事无绝对。事实上，有人目击过一群狮子合作攻击体形相对较小的大象直至将其击垮的场面。

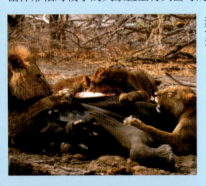

由于全员都来分享战果，每只狮子分到的肉量也并不多。即使是一整头大象

阿根廷龙 vs 南方巨兽龙

对于南方巨兽龙而言，最大的障碍莫过于长达30米以上的阿根廷龙的庞大体形。蜥脚亚目恐龙巨大化的主要原因极有可能是为了防御捕食者，很难想象巨大化到了极限的成年阿根廷龙会被捕杀。因此，有观点认为，南方巨兽龙瞄准的是幼年阿根廷龙。

一种蜥脚亚目恐龙，在巅峰期每年可增加约5吨体重，但它们的蛋却很小，直径只有15～30厘米。刚孵化出来不久的阿根廷龙幼龙是弱小无力的。因为南方巨兽龙的牙齿较薄，要咬碎骨头较为吃力，所以可能需要数次啃咬后才能放倒猎物。

南方巨兽龙 | *Giganotosaurus*

数据	
全长	约14米
分类	蜥臀目兽脚亚目鲨齿龙科
生存年代	约9500万年前
分布范围	阿根廷

阿根廷龙 | *Argentinosaurus*

数据	
全长	30米以上
分类	蜥臀目蜥脚亚目泰坦龙科
生存年代	约9500万年前
分布范围	阿根廷

亚洲

VS

北非

巨型肉食性恐龙繁荣

原理揭秘

在世界范围内上演的巨型恐龙之战

白垩纪晚期，全球生态系统中都在上演以大型肉食性恐龙和大型植食性恐龙为主的生存竞争。在恐龙灭绝后才开始繁盛的陆生哺乳动物中，体形最大的巨犀头身全长也只有8米左右。全长几乎都在10米以上的恐龙之间的战斗，的的确确是生命史上"最大"的战役。那么，当时的战况如何呢？

约9500万年前 棘龙

生活在有红树林生长的水边。据推测，棘龙以鱼为食，而能够成为其"对手"的巨大植食性恐龙可能并不存在。不过，曾有扎着棘龙类牙齿的翼龙化石被发现，也有棘龙类化石和植食性恐龙化石同时被发现的情况。看来，除了鱼以外，它们也会吃别的东西。

数据	
全长	约14米
分类	蜥臀目兽脚亚目棘龙科
生存年代	约9500万年前
分布范围	非洲大陆北部

有学者认为，蜥脚亚目恐龙会将巨大的尾巴像鞭子一样甩动以击倒对手。或许，当年还能见到后凹尾龙躲开特暴龙的攻击，并用尾巴将其击倒的场面。

后凹尾龙 | *Opisthocoelicaudia* |

数据	
全长	13米以上
分类	蜥臀目蜥脚亚目泰坦龙科
生存年代	约7200万年前
分布范围	蒙古

约7200万年前 后凹尾龙 vs 特暴龙

特暴龙是亚洲体形最大的肉食性恐龙之一。虽然没有它与同时期的蜥脚亚目植食性恐龙后凹尾龙直接对决的证据，但当时的植食性恐龙应该几乎都是捕食对象。据推测，特暴龙的咬合力很强，一口就能咬碎骨头。

特暴龙 | *Tarbosaurus* |

数据	
全长	约10米
分类	蜥臀目兽脚亚目暴龙科
生存年代	约7200万年前
分布范围	蒙古及中国北部

植食性恐龙的进化

植食性恐龙的武装升级

装备矛、盾和铠甲

经过 1 亿多年的进化，植食性恐龙发展出了各种各样的防御形式。有的长出尖角，有的长出『铠甲』，有的则将脑袋变得像石头一样硬……形形色色的恐龙登场了。

三角龙 | Titanosaurus |

在拉腊米迪亚的森林里漫步的三角龙的想象图。恐龙分为两大类：一类为霸王龙等所属的蜥臀目，另一类为三角龙等所属的鸟臀目。三角龙被认为是鸟臀目中进化程度最高的恐龙。

长有角、颈盾、铠甲、硬头，种类繁多的植食性恐龙家族

白垩纪时期的"拉腊米迪亚大陆"，位于现今的北美大陆的西部。那里有大片郁郁葱葱的森林，三角龙悠闲地漫步其间。它的学名意为"有3根角的脸"。它们是大家较为熟悉的恐龙之一，也是进化程度较高的恐龙之一。

三角龙最大的特点是从额头往外突出的长达1米的角，以及保护脖颈的厚重骨质颈盾。有学者认为，这些与植食性恐龙不相称的粗笨"武装"，在与称霸拉腊米迪亚的霸王龙对峙时，就是强有力的矛和盾。

进化出类似"装备"的恐龙不止三角龙一种。在白垩纪晚期，世界各地的巨型肉食性恐龙进入了繁盛时期。像是为了与之呼应似的，植食性恐龙身上也发生了显著的进化。全身上下都披着铠甲的甲龙，拥有厚厚的头骨、可能会以头相撞的肿头龙等武装化登峰造极的植食性恐龙陆续登场。它们到底进化出了怎样的"秘密武器"？让我们来一探究竟吧！

各种植食性恐龙的武装千奇百怪。

鸟臀目多种多样的进化形态

各种各样的角龙科恐龙

角龙科起源于侏罗纪时期的隐龙，在大约 8000 万年前的白垩纪晚期迅速多样化。

厚鼻龙 | *Pachyrhinosaurus* |

生存年代： 白垩纪晚期
分布范围： 加拿大阿尔伯塔省等地

全长 6 米左右。与其他角龙科恐龙不同，它的鼻子上方没有长角，而是有一块表面凹凸不平的隆起物。

戟龙 | *Styracosaurus* |

生存年代： 白垩纪晚期
分布范围： 美国蒙大拿州等地

全长 6 米左右。鼻子上方又粗又长的角和颈盾外围 3 对（6 根）长角是它的特征。

隐龙 | *Yinlong* |

生存年代： 侏罗纪中晚期
分布范围： 中国新疆维吾尔自治区

侏罗纪为数不多的、也是最古老的角龙科恐龙。虽长有角龙特有的喙状嘴，但是没有角和颈盾。

恐龙分为两大类：蜥臀目和鸟臀目。蜥臀目包括以霸王龙为代表的兽脚亚目和以阿根廷龙为代表的蜥脚亚目。鸟臀目包括三角龙等多种植食性恐龙。除去鸭嘴龙等所属的鸟脚亚目，鸟臀目恐龙可分为头饰龙亚目和装甲亚目两大群体。"武装恐龙"就是指这两大群体。

"颈盾"多样而发达的角龙科恐龙

头饰龙亚目恐龙的特征是头部周围长有尖角或由厚质骨骼构成的颈盾，成为进攻时的"矛"。这个群体又可以细分为以三角龙为代表的角龙科和以"石头"著称的肿头龙所属的肿头龙科。

与之相对的，装甲亚目恐龙则把功夫花在了强化"盾"上。装甲亚目恐龙又细分为背上排列着骨板的以剑龙为代表的剑龙科[注1]，以及从头至尾都覆盖着厚重"铠甲"的甲龙所属的甲龙科[注2]。

在所有"武装恐龙"中，角龙科的武装化最为明显。三角龙的 3 根角像美洲野牛一样有骨质的芯子，非常坚固。几乎占了半个头部的颈盾也是骨质的，保护着颈部这一要害部位。这些武装本应在对付肉食性恐龙时派上用场，但化石上的伤痕告诉我们，它们有时也用于种群内的斗争。

既有颈盾上长着 6 根长角的，也有角不发达但瘤块发达的，角龙科的武装形式富于变化。然而，它们的祖先却长得十分朴素。这种名为隐龙的恐龙曾生活在侏罗纪时期的亚洲，是最早的角龙科

鸟臀目的多样化

恐龙可分为鸟臀目和蜥臀目两大类。三角龙、肿头龙等所属的鸟臀目构成了植食性恐龙的一大群体，可进一步分为 5 类。

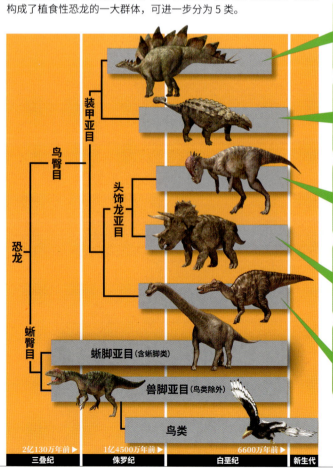

剑龙科
背部有发达骨板的植食性恐龙。四足行走型。在侏罗纪晚期特别繁盛。

甲龙科
从头到尾覆盖着骨质"铠甲"的植食性恐龙。四足行走型。重心低也是其特征之一。

肿头龙科
以圆顶状隆起的头部及周围环绕着的突起物为特征的植食性恐龙。两足行走型。

角龙科
拥有像鹦鹉一样的喙状嘴，头上长有发达的角和颈盾的植食性恐龙。四足行走型。

鸟脚亚目
以没有特别值得一提的特征为特征的植食性恐龙。既有两足行走型，也有四足行走型。

蜥脚亚目（含蜥脚类）

兽脚亚目（鸟类除外）

鸟类

2亿130万年前 ▶ 　1亿4500万年前 ▶ 　　　　6600万年前 ▶

三叠纪 | 侏罗纪 | 白垩纪 | 新生代

甲龙之锤
甲龙科的武装除了背部的"铠甲"外，还有与之齐名的长在尾巴末端的骨锤。有学者认为这锤子是用来打倒袭击者的，也有学者认为其强度并没有达到可用于攻击的程度。

🟢 三角龙的骨骼成长过程

三角龙是已发现骨骼标本较多的恐龙之一，因此，对它的研究也更为深入。目前已能够推测出三角龙一生的成长历程。它的角和颈盾的生长变化过程实在令人惊叹。

之所以能研究到这种程度，是因为发现了大量的化石。

最小幼年个体
（头部宽38厘米）
3 根角都很小，颈盾也很窄小。

小型幼年个体
（头部宽87厘米）
眼睛上方的角在长大的同时向后弯曲。颈盾的边缘开始长出三角形的锯齿。

大型幼年个体
（头部宽135厘米）
角变得更加巨大。颈盾边缘的锯齿逐渐变得平滑。

亚成年个体
（头部宽165厘米）
角的角度转向前方。颈盾生长的同时，锯齿变得更加平滑。

成年个体
（头部宽206厘米）
成年三角龙的头部宽度可达 2 米以上，是最小幼年个体的 5 倍多。

恐龙。它既没有角也没有颈盾，全长也只有 1.2 米，体形较小。研究认为，角龙科的武装是它们的祖先隐龙扩散至世界各地之后，在进化过程中发展出来的。

甲龙科和肿头龙科拥有恐龙界屈指可数的防御力？

如果角龙科恐龙被比作勇猛的战士，那么以甲龙为代表的拥有"铠甲"的甲龙科恐龙或许可以被称为重型坦克。甲龙全长约 7 米，体重约 6 吨，虽比三角龙还小一圈，但它们的身高却值得一提。只有约 1.7 米的身高非常低矮，所以它们的重心像坦克一样稳定。此外，它们的头部至尾部覆盖着的"铠甲"是由骨质纤维组织经过复杂缠绕形成的，质量轻且富有弹性，非常结实。有些防弹背心织入高科技纤维后可以达到阻挡子弹的强度就是这个原理。它的结实程度，连肿头龙都无法匹敌。

两足行走、全长约 4.5 米的肿头龙，头顶的骨头像圆顶一样隆起。约 50 厘米高的头部，几乎被骨质圆顶的厚度占去一半。有学者认为，这样坚固的脑袋是用来"撞击"的。

"武装恐龙"那似乎要与强大的肉食性恐龙抗衡的英姿，使人们为之狂热。它们的存在也向我们揭示了恐龙这种古生物身上的丰富性。

✏️ 新闻聚焦

三角龙"群居的证据"被发现了？

之前，三角龙的化石都是单独被发现的，因此，人们普遍认为"三角龙不过群居生活"。然而，2009 年，在美国蒙大拿州，大量三角龙的化石在同一地点被发现，这打破了一直以来的观点。三角龙是群居动物的可能性变大了。而且，因为被发现的都是幼年三角龙的化石，所以，人们开始认为至少"幼年三角龙是过群居生活的"。

图为在蒙大拿州发现的三角龙的骨层。可以看到，化石集中在一起且密度较高

科学笔记

【剑龙科】 第348页 注1
以侏罗纪时期的剑龙为代表的一类鸟臀目恐龙。背上排列着骨板的四足植食性恐龙，出现并繁盛于侏罗纪时期。它们的头部较小，牙齿是简单的圆柱状，作为植食性恐龙的能力比不上角龙科。

【甲龙科】 第348页 注2
尾部末端长有尾锤的甲龙科和尾部末端没有长尾锤的结节龙科同属于甲龙亚目。甲龙科主要生活在内陆地区，而结节龙科生活在沿海地区。

肿头龙的 "硬头"

肿头龙的头骨像头盔一样隆起，骨板厚度最高可达25厘米。因为这种奇特的样貌，它们的复原图描绘的常常是头与头相碰的"撞头"场景。然而，真实情况是否如此，目前仍存在争论。有观点认为，如果肿头龙真的用头部相撞的话，它们过于坚硬的头部将无法躲避冲击，从而导致脑损伤。

数据			
全长	约4.5米	生存年代	7210万年前－6600万年前
分类	鸟臀目头饰龙亚目肿头龙科	分布范围	北美大陆西部

甲龙尾部的构造

加拿大研究者于2009年发表的研究结果显示，尾锤的威力取决于瘤块的大小。最大级别的尾锤猛烈撞击所产生的压力可达364～718兆帕，足以击碎骨骼。甲龙的尾部在水平方向上移动较为自由，但在垂直方向上似乎基本动弹不得。

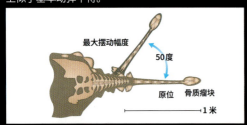

最大摆动幅度

50度

原位　骨质瘤块

1米

甲龙的 "锤子"

在甲龙亚目中，甲龙科的尾巴末端长有巨大的骨质瘤块（俗称尾锤）。电脑解析结果显示，甲龙的尾巴能够在左右50度角的范围内摆动，像锤子一样将外敌打倒。然而，也有人对此持反对意见，他们认为尾锤如果作为武器使用应该会留下伤痕，但目前并没有在化石上发现这样的伤痕。

数据			
全长	约7米	生存年代	7210万年前－6600万年前
分类	鸟臀目装甲亚目甲龙科	分布范围	以北美大陆西部为主

新的 学说　甲龙的"铠甲"取材于自己的骨骼?

甲龙的"铠甲"由复杂的纤维构造组成，具有类似防弹背心的柔软性和防御性。这种"铠甲"似乎是将自身骨骼溶化后作为材料制成的。2013年7月，以大阪市立自然历史博物馆为中心的研究小组对比了甲龙的成体和幼体的骨组织。他们发现，拥有"铠甲"的成年甲龙的骨组织中有骨骼溶解的痕迹，而尚未长出"铠甲"的幼年甲龙身上则没有。或许是因为骨骼中的钙质被用作构成"铠甲"的材料，伴随着"铠甲"的形成，甲龙身体的成长速度会变慢。

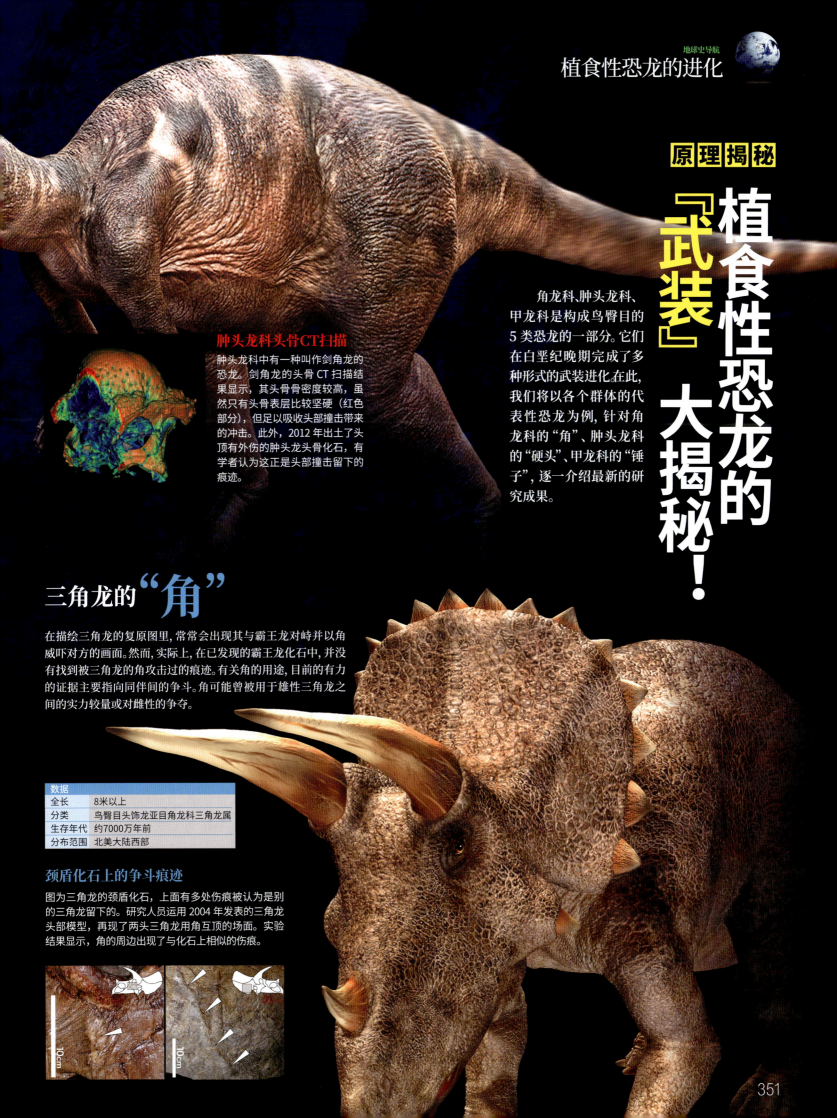

原理揭秘

植食性恐龙的『武装』大揭秘！

角龙科、肿头龙科、甲龙科是构成鸟臀目的5类恐龙的一部分。它们在白垩纪晚期完成了多种形式的武装进化。在此，我们将以各个群体的代表性恐龙为例，针对角龙科的"角"、肿头龙科的"硬头"、甲龙科的"锤子"，逐一介绍最新的研究成果。

肿头龙科头骨CT扫描

肿头龙科中有一种叫作剑角龙的恐龙。剑角龙的头骨CT扫描结果显示，其头骨骨密度较高，虽然只有头骨表层比较坚硬（红色部分），但足以吸收头部撞击带来的冲击。此外，2012年出土了头顶有外伤的肿头龙头骨化石，有学者认为这正是头部撞击留下的痕迹。

三角龙的"角"

在描绘三角龙的复原图里，常常会出现其与霸王龙对峙并以角威吓对方的画面。然而，实际上，在已发现的霸王龙化石中，并没有找到被三角龙的角攻击过的痕迹。有关角的用途，目前的有力的证据主要指向同伴间的争斗。角可能曾被用于雄性三角龙之间的实力较量或对雌性的争夺。

数据	
全长	8米以上
分类	鸟臀目头饰龙亚目角龙科三角龙属
生存年代	约7000万年前
分布范围	北美大陆西部

颈盾化石上的争斗痕迹

图为三角龙的颈盾化石，上面有多处伤痕被认为是别的三角龙留下的。研究人员运用2004年发表的三角龙头部模型，再现了两头三角龙用角互顶的场面。实验结果显示，角的周边出现了与化石上相似的伤痕。

10cm   10cm

地球博物志

恐龙化石的圣地

| Sanctuary of dinosaur fossils |

连接中生代和现代的窗口

自1824年斑龙的化石被记载以来，人类邂逅了许多恐龙化石，数量多达1000种以上。包括南极大陆在内的所有大陆都出产过恐龙化石。下面主要介绍那些著名的化石产地。

【恶地】

| Badlands |

除了化石外，"恶地"极具特色的地质奇观也很出彩。这是大约1万年前，末次冰期结束时的雪水侵蚀而成的地貌

位于落基山脉东侧的世界最大的恐龙化石产地之一。大约7500万年前，这里还是雨量较多的季风气候，沿海地带分布着绵延数百千米的湿地和郁郁葱葱的森林。除了出产霸王龙等著名恐龙的化石外，还出产过恐龙木乃伊等，珍贵的发现接连不断。

数据

所在地	加拿大西南部、美国西北部	地层年代	白垩纪晚期
代表性恐龙	霸王龙、三角龙、似鸟龙等		

【戈壁沙漠】

| Gobi Desert |

图为调查现场。因为这一带从当时到现在都是沙漠环境，所以化石保存状态相当好，能找到很多有关恐龙生存状况的直接证据

戈壁沙漠是中亚最大的沙漠。在白垩纪晚期，这里虽然也是沙漠，却有一些绿洲分布其中，曾在此生活的恐龙种类多样，一派繁荣景象。位于沙漠中部的纳摩盖吐盆地出产了正在搏斗的原角龙和伶盗龙，以及正在孵卵的带羽毛恐龙——窃蛋龙等的化石，且都保留了当时的姿势。

数据

所在地	中国北部、蒙古南部	地层年代	白垩纪早期后半段—白垩纪晚期
代表性恐龙	特暴龙、镰刀龙、伶盗龙等		

【撒哈拉沙漠】

| Sahara Desert |

白垩纪晚期，撒哈拉沙漠的海拔比现在高 300 米左右，环境湿润，生长着茂密的红树林。这里虽然出产多种化石，但是受超过 50 摄氏度的高温、沙暴、治安等问题的影响，调查工作难以持续进行。近几年才终于确定这里是棘龙的产地。

图为鲨齿龙的头骨

数据	
所在地	埃及、尼日尔、摩洛哥等
地层年代	白垩纪晚期伊始
代表性恐龙	棘龙、鲨齿龙、潮汐龙等

新闻聚焦

新发现不断？日本的恐龙化石发掘情况

直到 20 多年前，都一直存在这样的说法："日本是没有恐龙化石的。即使有，也十分有限。"然而，通过近些年的调查和研究，北陆地区、近畿地区等地陆续出产了大量的恐龙化石。2013 年，在北海道也发现了化石。这些地方正进行着有组织的化石调查，研究成果令人期待。

北海道勇拂郡鹉川町，2013 年开始进行对鸭嘴龙化石的发掘，或有望找到全身骨骼

【准噶尔盆地】

| Dzungaria |

这里出产了全长 30 多米的马门溪龙等恐龙的化石，证明：从侏罗纪开始，恐龙形态就呈现多样化了。人们在这里不仅发现了最古老的暴龙冠龙，还发现了最古老的角龙隐龙等著名恐龙的祖先。在探究恐龙进化方面，这片土地占据着重要地位。

图为亚洲最大的蜥脚亚目恐龙马门溪龙的全身骨骼

数据	
所在地	中国新疆维吾尔自治区
地层年代	侏罗纪中期末一侏罗纪晚期初
代表性恐龙	冠龙、马门溪龙、中华盗龙、隐龙等

【伊沙瓜拉斯托自然公园】

| Ischigualasto Natural Parks |

世界范围内为数不多的三叠纪晚期（约 2 亿 2700 万年前）化石产地之一，1961 年以后开始陆续出产当时刚进入人们视野不久的恐龙化石。在三叠纪晚期，这里的气候类似现在的热带草原气候，曾生活着镶嵌踝类、合弓纲类等种类繁多的陆生动物。该自然公园已被列入《世界遗产名录》。

图为埃雷拉龙的骨骼标本。它们被认为是最古老的恐龙之一

数据	
所在地	阿根廷西北部
地层年代	三叠纪晚期
代表性恐龙	始盗龙、曙奔龙、埃雷拉龙等

近距直击

引发学界关注的恐龙化石产地"新星"

美国阿拉斯加州的迪纳利国家公园正在受到学界瞩目，今后的研究也备受期待。阿拉斯加也出现在 2013 年上映的电影《与恐龙同行》中。影片中描绘了白垩纪时期阿拉斯加的景象。人们在这里发现了许多幼年鸭嘴龙、霸王龙、角龙等恐龙的足迹化石。从地理位置上看，阿拉斯加是连接亚洲和美洲的重要桥梁。而从气候上说，是研究极地恐龙生态的绝佳环境，备受瞩目。

图为迪纳利国家公园。其面积超过日本的四国地区。公园内生活着驼鹿、驯鹿等约 40 种哺乳动物，以及山鹰等约 170 种鸟类，形成了丰富的生态体系

【莫里逊组】

| Morrison Formation |

这里是 19 世纪后半叶，古生物学家爱德华·柯普和奥塞内尔·马什的恐龙化石发掘竞赛——"化石战争"的舞台。当时，竞赛白热化到了发生枪战的程度。从结果上来看，以大型恐龙为主的多个恐龙物种被发现，恐龙研究得到飞跃发展。如今，人们对侏罗纪时代的印象，主要来自对这个地层的研究。

图为兽脚亚目恐龙异特龙的全身骨骼。它们被称为侏罗纪最强的恐龙

数据	
所在地	美国中西部
地层年代	侏罗纪后期
代表性恐龙	异特龙、剑龙、梁龙

引人注目的巨型"蘑菇群"

格雷梅国家公园和
卡帕多西亚岩窟群

位于土耳其共和国内夫谢希尔市，1985 年被列入《世界遗产名录》。

在位于土耳其中部的格雷梅国家公园里，形似蘑菇或尖塔的奇石随处可见。这片土地被人们称为卡帕多西亚。这里的奇妙景观形成于大约 300 万年前。当时，火山大喷发后留下了许多凝灰岩和玄武岩高地。它们经过风雨侵蚀，逐渐形成了如今的景观。这片被称为"妖精的烟囱"的奇石群，清晰地展现了大自然令人惊叹的鬼斧神工。

"妖精的烟囱"是这样形成的

1.火山爆发
位于卡帕多西亚周边的埃尔吉耶斯山、哈桑山在大约 300 万年前是活火山，频频出现激烈的火山爆发活动。

2.地层形成
火山爆发带来的火山灰和熔岩大量堆积，从而形成了凝灰岩和玄武岩地层。

3.侵蚀作用
长期以来，地层被风雨和河流逐渐侵蚀。侵蚀程度因地层硬度的不同而有所区别。

4.奇石诞生
松软的凝灰岩日益受到侵蚀，而坚硬的玄武岩留在了上端，于是，形似蘑菇或尖塔的奇石诞生了。

铭刻着悠长岁月的卡帕多西亚奇石群

卡帕多西亚，奇石林立，部分高度可达 40 米。这里作为展现地球活动的稀有景观而入选了世界自然遗产。不过，除了奇石群以外，这一带还保存着基督教徒建造的洞窟修道院、洞窟教堂、地下城市等大量遗迹，因此作为文化和自然双重遗产被列入《世界遗产名录》。

黄金比

为什么人们会觉得这个比例很美呢？

从古埃及的金字塔到如今的信用卡，符合人们视觉审美习惯的形状都有着相似的长宽比例或角度比例。这个同时存在于自然界中的比例，是宇宙的法则吗？

胡夫法老的大金字塔在埃及吉萨的沙漠里耸立了 4500 多年。据说，那至今仍让人着迷的外观中隐藏着几何学的秘密。另外，建于公元前 5 世纪的希腊帕特农神庙中也藏着同样的秘密。

黄金比这个说法在出版物中的第一次登场，可以追溯到 19 世纪的一本数学书，但最初对其进行定义的是被称为"几何之父"的数学家、天文学家欧几里得。

公元前 300 年左右，活跃于亚历山大城的欧几里得总结了从古埃及的测量技术中获得的有关图形的知识，写出了《几何原本》这一集大成之作。在《几何原本》中，他说：

"将已知线段按中外比分割……"

这里的"中外比"就是后来的黄金比。线段较长的部分和较短部分的比例可用算式"1：（1+$\sqrt{5}$）/2"表示，也就是 1：1.61803398……这一小数点后无限继续的数字。此外，长宽为黄金比的长方形（即黄金矩形）的内部可以分割成一个小黄金矩形和一个正方形。而且，这种分割可以像套匣一样无限次进行。

斐波那契的兔子

时光流逝，到了 13 世纪前半叶，活跃于意大利比萨的数学家斐波那契也提出了有趣的问题。

"假设一对兔子在出生 2 个月后开始每个月生一对小兔子。如果所有兔子都不死，那么 1 年后会有几对兔子？"

答案是兔子的对数将按照 1、1、2、3、5、8、13、21、34、55……逐月增长（图 B），一年后会有 233 对兔子。

其实，这个数列里藏着非常有趣的规律，比如，像 2+3=5 这样，相邻两项之和等于后一项。此外，相邻的两个数字中，用后一个数字除以前一个数字会怎么样？

得到的数字竟然是黄金比的近似值。这个近似值有时略小于黄金比，有时略大于黄金比，如此反复，但数列越往后，近似值越接近黄金比。

"斐波那契的兔子"问题的答案所形成的数列被称为"斐波那契数列"。有趣

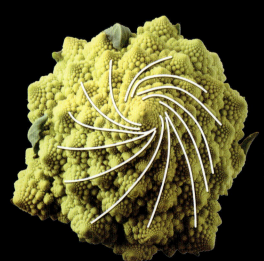

宝塔花菜是花椰菜的一种。其圆锥状的花蕾按螺线排列，数一数会发现这样的螺线共有 13 条。不只是本图，所有的宝塔花菜的螺线数量都是 8 条或 13 条，正好符合斐波那契数列，因而为人所知

图为距离地球 2100 万光年的螺旋星系——猎犬座 M51 星云，可以看到接近黄金比的螺线

令人联想到斐波那契黄金螺线的现代鹦鹉螺外壳

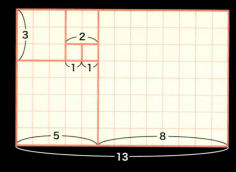

【图A】黄金分割

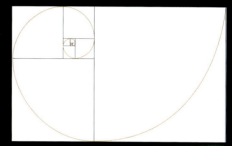

图为按黄金比分割所得的长方形和正方形。将正方形的一边作为半径的弧线串连起来会出现类似鹦鹉螺外壳的螺线

的是，这个数列中包含的数字在自然界中也很多见。

比如，花的花瓣数量常常是3瓣、5瓣、8瓣，将苹果横向切开可以看到5颗种子，而大部分柠檬是不是有8瓣？

龟壳中央有5枚甲片，鬣狗通常有34颗牙，向日葵的种子按21、34、55、89颗的规律呈螺线状排列。

这些数字都是偶然的吗？

技术效法自然

假如以黄金矩形中分割出的各个正方

遵循黄金比例的知名建筑——帕特农神庙。其正面整体高度和宽度的比例约为5∶8

形的边为半径，依次转动圆规，就可以画出斐波那契的黄金螺线（图A）。其形状优美，很像鹦鹉螺的外壳。

此外，不少植物的叶子在茎干上也是按螺旋状排列的。相邻两片叶子之间的夹角往往是对圆周的黄金切分，也就是黄金角，角度接近137.507度。得益于这样的排列方式，每片叶子都能获得阳光和雨水，形成一种有利于生存的形态。拥有黄金角的植物数不胜数，例如前面提到过的向日葵的种子，此外还有松果的鳞片、玫瑰和菊花的花等，不胜枚举。或许，这是在长期的进化过程中，更具优势的形态或体系被留存下来的结果。

那人类为什么会对黄金比格外着迷呢？

胡夫金字塔的底边长约230米，刚建成时的高度约为147米。计算一下不难发现，其比例约为1∶1.564。尽管是这样的一个庞然大物，和黄金比的误差却只有大约3%。以帕特农神庙正面的纵横比和

【图B】斐波那契的兔子

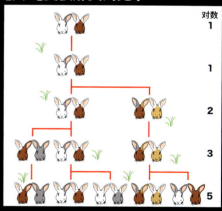

莱昂纳多·达·芬奇的《圣母领报》为代表，在各类艺术作品中都能找到黄金比的存在。此外，巴黎的凯旋门，现代的信用卡，甚至苹果公司的标志也都遵循了黄金比的法则。

"技术效法自然。"

这是古希腊哲学家亚里士多德的名言。黄金比和圆周率一样，是永远除不尽的无理数，这其中是否蕴藏着某种真理呢？

Q 已命名的恐龙被除名？

A 如果被当作新物种记载的恐龙实际上是已经被命名过的，那么后来记载的恐龙的名字就会被取消，统一使用较早记载的名字。不单是恐龙，所有生物都适用这一原则。在恐龙世界里有一个著名的案例：雷龙在 1879 年被立为新属，但后来有学者发现它们与 1877 年就已被命名的迷惑龙为同一种恐龙的不同生长阶段。于是在 1903 年，雷龙被合并到迷惑龙属中。现在，有关人气较高的角龙科恐龙三角龙和牛角龙是否为同一物种的争论尤为引人关注。这一争论被广泛报道，引发了三角龙是否会被除名的猜测。不过，牛角龙是在 1891 年被命名的，而三角龙早于它两年（即 1889 年）就已被记载，所以即使要统一，也是统一为三角龙。目前，这两种恐龙是否为同一物种的争论还在继续。假设它们真的是同一物种，那么牛角龙会被当作三角龙成长后的形态处理。

牛角龙 | *Torosaurus* |

分布于白垩纪末北美大陆西部的角龙科恐龙，体长 7～9 米，体形比三角龙更大。颈盾上常常装饰着眼珠状的花纹。有说法认为这些花纹起到威吓的作用，但并没有科学依据。

Q 名字里含"龙"的恐龙都是日本特有的恐龙吗？

A 茂师龙、福井龙、丹波龙等，在日本被发现的恐龙常被称为"〇龙"。然而，"〇龙"的称呼只是"日本名"，并不是在国际上通用的名称。这些恐龙有可能已经被别的名字记载下来，所以要确定是否是日本特有的新品种，需要发表正式的记载性论文并接受验证。前文提到的 3 种恐龙中，比较有名的是获得 *"Fukuisaurus tetoriensis"* 这一学名的福井龙。丹波龙则在 2014 年 8 月 12 日被命名为 *"Tambatitanis amicitiae"*。还没有学名的茂师龙是日本最早发现的恐龙化石，于 1978 年在岩手县岩泉町茂师海岸被发现。

图为在福井县立恐龙博物馆展出的福井龙的全身骨架。它全长 4.7 米，是生活在白垩纪早期的禽龙科植食性恐龙

Q 为什么有名的恐龙都集中在白垩纪晚期的美国？

A 霸王龙、三角龙、甲龙等人气很高的恐龙，很多都生活在白垩纪晚期的北美大陆西部。这是为什么呢？恐龙的研究原本起源于欧洲，结果却在美国兴盛起来。相比欧洲，美国不仅白垩纪晚期地层的分布更广，而且除了古生物学家爱德华·柯普和奥塞内尔·马什之间爆发的化石发掘竞赛外，还活跃着巴纳姆布朗这样的"化石猎手"。换言之，美国成了恐龙研究的激战区。从结果上看，美国的恐龙化石大多发现得比较早，并为世人所知。这也就是为什么知名恐龙种类的化石大多发现于美国的原因。

Q 为什么在不同的图鉴中，恐龙的全长有所不同？

A 比如，有的图鉴介绍霸王龙全长为 12 米，而其他图鉴说它全长为 14 米。其实，越是大型的脊椎动物，全身化石被发现的概率越低。于是，学者们只能通过已发现的部分骨骼来推测其全身的样貌并进行复原。结果，由于复原图多少有些不同，也就导致恐龙的全长存在差异。

棘龙，作为最大的兽脚亚目恐龙之一，其全长也存在 14 米、17 米等不同说法。下图为全长 14 米和全长 17 米的棘龙个体的对比图，体形大小差异明显

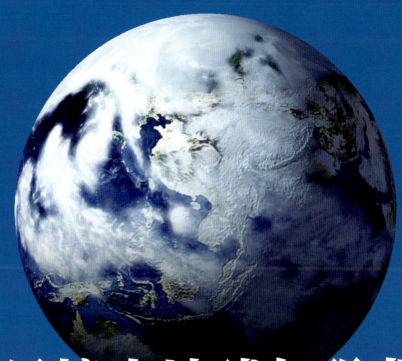

小行星撞击地球与恐龙灭绝

6600 万年前

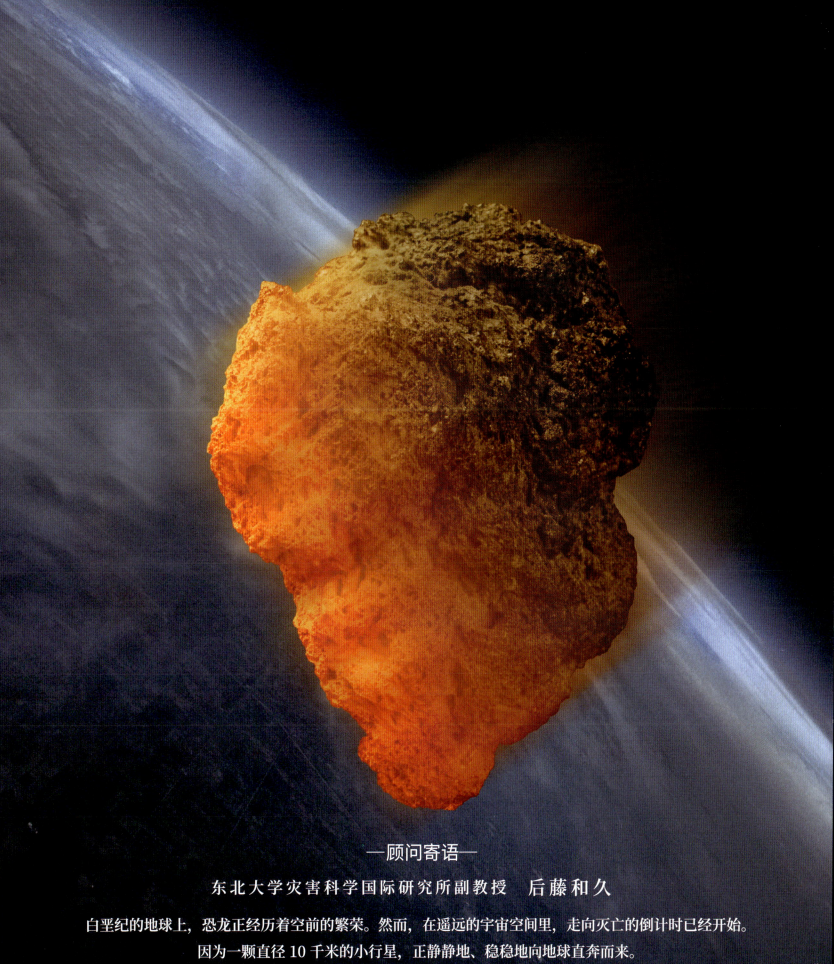

—顾问寄语—

东北大学灾害科学国际研究所副教授　后藤和久

白垩纪的地球上，恐龙正经历着空前的繁荣。然而，在遥远的宇宙空间里，走向灭亡的倒计时已经开始。

因为一颗直径 10 千米的小行星，正静静地、稳稳地向地球直奔而来。

白垩纪末的生物大灭绝，在小行星撞击地球的那一刻就拉开了帷幕。

在撞击瞬间幸存的生物，也因光合作用停止、气温骤降、酸雨等地球环境持续数年的激变而走投无路，最终灭绝。

恐龙灭绝了，而我们的祖先哺乳动物却在之后迎来了繁荣。它们的命运为何如此不同？让我们一起探索吧。

小 行 星 的 痕 迹

墨西哥尤卡坦半岛上分布着许多被称为溶井的水中洞窟。
过去，玛雅人曾将这些为他们提供淡水的溶井奉为"圣泉"，
甚至在水中进行活人献祭。据说，这些溶井同时也揭示了
解开恐龙灭绝之谜的关键——小行星撞击坑的存在。6600
万年前，一颗小行星落到了尤卡坦半岛北部的海洋里。从
此，地球上的环境发生了剧烈变化，持续了 1 亿 6000 多
万年的恐龙时代最终落下了帷幕。溶井就散布在小行星撞
击地球时所形成的撞击坑的外围。这些"圣泉"也是改变
恐龙命运、导致地球史上第五次生物大灭绝发生的"灾难"
所留下的痕迹。

恐龙灭绝的第一幕

6600 万年前的白垩纪末，恐龙正处于繁荣的巅峰。然而，一颗形似太阳的巨大火球从天而降，落在了地球上。从此，恐龙的世界天翻地覆。足以掀翻号称"恐龙之王"的霸王龙和蜥脚类恐龙庞大身躯的冲击波、数分钟即可致死的热浪、超过 11 级的超强地震、高达 300 米的海啸、硫酸雨……灾难接踵而至。这颗小行星的撞击，拉开了巨大灾难的序幕，包括昔日称霸陆地的恐龙在内，地球上 70% 的生物就此走向了灭绝。

霸王龙　　　副栉龙

三角龙

小行星撞击

白垩纪末，"小行星撞击"之灾降临地球

以霸王龙为首的、繁荣之极的恐龙时代突然宣告终结。小行星撞击地球，引发生物大灭绝惨案。

6600万年前来自宇宙的飞来横祸

那时，恐龙是否仰望过天空？

气候温暖湿润，风神翼龙在空中翱翔；大地绿意盎然，霸王龙、三角龙等正阔步行进。它们大概以为这丰富多彩的世界会一直持续下去。

然而，悲剧却突然到来。小行星已经突破了地球的大气层。

那是一颗直径约10千米的小行星。它以大约与地表呈30度的低角度，自东南偏南方向，向着现在的墨西哥尤卡坦半岛北部俯冲而下，速度达到每秒20千米。撞击瞬间释放的能量相当于广岛核爆的10亿倍。

从撞击地点升起的喷射流温度高达1万摄氏度，时速超过1000千米的冲击波横扫周边地区。那些被弹射到太空中的撞击溅射物再次落入大气层，以致大气和地表过热，地球变成了灼热的"地狱"。

在整个显生宙历史中，共发生过五次生物大灭绝事件，被称为"Big Five"。最后这一次的大灭绝，是来自宇宙的飞来横祸。

多么惊人的撞击啊！光想想就害怕！

小行星撞击地球瞬间的模拟图

小行星化身火球，砸向尤卡坦半岛北部的浅海区域。据推测，这次撞击引发了超过 11 级的地震，撞击点一带被高达 300 米的海啸淹没，地表温度骤升，最高达到 260 摄氏度。

关于白垩纪末生物大灭绝的原因，我们是如何得知的呢？

在白垩纪末，即白垩纪 - 古近纪（以下称 K-Pg 界线[注1]）时期，为什么会发生生物大灭绝事件？在很长一段时间里，这都是一个未解之谜。甚至连"包括繁荣一时的恐龙在内的大量生物会在地质学意义上的一瞬间[注2]灭绝"这样的想法都没有出现过。

在这样的背景下，物理学家路易斯·阿尔瓦雷茨和其子地质学家沃尔特·阿尔瓦雷茨在 1980 年发表的论文中，共同提出了"白垩纪 - 古近纪界线发生的生物大灭绝是由小行星撞击地球引起的"这一假说。

他们之所以这样说，是因为在调查意大利和丹麦的 K-Pg 界线时，发现该地的黏土层中富含铱[注3]元素。铱在陨石中的含量较高，而在地球的地壳中含量极低。因此，这些铱元素很可能是撞击地球的小行星带来的。莫非是小行星撞击地球引发了生物大灭绝？他们提出了这样的假说。

很多研究者就此展开了调查，结果发现世界各地 K-Pg 界线层的铱元素含量都很高。此外，研究人员还发现了只有天体撞击后才会生成的冲击石英等颗粒的存在。

墨西哥的 K-Pg 界线层

在位于撞击地点附近的墨西哥拉吉拉地区，可以看到 K-Pg 界线层的露头。2007 年，日本和墨西哥的研究人员对该地的 K-Pg 界线层进行了调查研究。右图为界线层的局部放大图。

作为证据的撞击坑在哪里？

那么，小行星撞击后留下的痕迹，也就是撞击坑，在哪里呢？

冲击石英的存在，意味着撞击发生在大陆地壳上。然而，在美国得克萨斯州的 K-Pg 界线层中却发现了巨大海啸留下的沉积物。这表明撞击发生在海里。综上，撞击坑或许存在于曾经是浅海的某个区域。

在撞击地点生成的冲击石英被抛至空中后回落，颗粒越大，落下的地点离撞击地点越近，而质量较轻的颗粒会被吹到远一点的地方。经调查，北美大陆的 K-Pg 界线层中的冲击石英颗粒比太平洋、欧洲等地的更大。

莫非，撞击坑在北美大陆附近？在之后的调查中，研究人员只在墨西哥湾周边的 K-Pg 界线层中发现了和得克萨斯州相同的海啸沉积物。就这样，撞击坑所在地的推测范围逐渐缩小。后来，人们又发现尤卡坦半岛的地下存在重力异常[注4]现象。或许就是因为撞击坑掩藏在这里，才导致了重力异常。

终于，在 1991 年，希克苏鲁

小行星撞击说的提出者

关于 K-Pg 界线大灭绝的主要原因，阿尔瓦雷茨在 1980 年基于铱元素含量较高这一证据，提出了小行星撞击说，为其专业领域以外的地质学和古生物学界带来了划时代的崭新想法。

第二次世界大战期间，他参与了旨在开发原子弹的"曼哈顿计划"。因其对实验粒子物理学的重要贡献，特别是"基于液氢气泡室技术和数据分析发现粒子的共振态"等成就，获 1968 年诺贝尔物理学奖。

物理学家
路易斯·阿尔瓦雷茨
(1911—1988)

希克苏鲁伯陨石坑

被古近纪以来的沉积物掩埋在墨西哥湾和尤卡坦半岛北部的地下，直径约 180 千米。

已知的世界第三大陨石坑。

希克苏鲁伯陨石坑的重力异常

希克苏鲁伯陨石坑的重力异常

图为根据重力探测所得数据建立的三维模型。由多重环形构造组成的希克苏鲁伯石坑的样貌清晰可见。

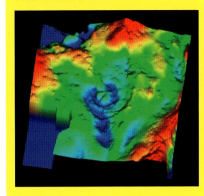

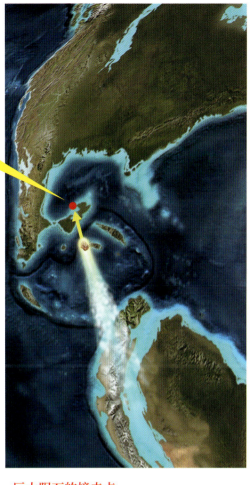

巨大陨石的撞击点

6600 万年前陨石撞击的地点位于现在的尤卡坦半岛以北的海中。在撞击点周围的墨西哥湾沿岸发现了由巨大海啸带来的冲积物。

伯陨石坑被发现。

墨西哥尤卡坦半岛北部地下约 1000 米处，埋藏着直径约 180 千米的巨大弧形构造。研究人员从采集的样本中检测出大量撞击发生时形成的物质。

小行星撞击导致生物大量灭绝

在后续的分析中，研究人员发现，在加勒比海地区的海地的 K-Pg 界线层中采集到的微球粒所含微量元素的成分和形成年代，与希克苏鲁伯陨石坑内的撞击熔融物的成分和年代极为相似。

小行星撞击地球时爆发的能量，竟然强到能将撞击喷射物从尤卡坦半岛抛到近 2000 千米外的海地。此外，全世界范围内的 K-Pg 界线层所含的冲击石英的大小和含量，也以希克苏鲁伯陨石坑为中心呈递减趋势，这说明那些物质确实都来自同一个陨石坑。

然而，对于以恐龙为首的生物来说，最致命的是陨石撞击地点的地质构成。这片被称为尤卡坦台地的地区，是厚度达 3 千米的富含碳酸盐和硫酸盐的岩石带。研究认为，这些岩石在撞击下溶化，从而产生了大量二氧化碳和硫磺，进入到大气中。

二氧化碳是温室气体。硫磺在大气中转变为硫酸盐气溶胶，不仅会遮挡阳光，还会形成有害的酸雨。对于需要进行光合作用的生物来说，这无疑是毁灭性的打击。

从下一篇开始，我们将具体了解是什么样的机制导致了全球 70% 的物种走向灭绝。

科学笔记

【K-Pg 界线】 第370页 注1
"K" 是白垩纪（Kreidezeit）的德语名称的首字母。"Pg" 是古近纪（Paleogene）的英文名称的缩写。此外，以前一般认为该界线位于 6500 万年前或 6550 万年前，但随着地质年代测定技术的进步，精确到了 6600 万年前。

【地质学意义上的一瞬间】
第370页 注2
指数千年到数万年内。在地质学上，这种程度的误差很常见。

【铱】 第370页 注3
属于铂系元素，在地球的地壳中很难找到，是典型的稀有金属之一。

【重力异常】 第370页 注4
在地球物理学中，重力异常指被测对象所处的纬度的理论重力值（标准重力值）与实际测定值存在偏差。根据重力异常，可以推测出被测地的地下构造。

🔍 近距直击

小行星从哪里来？

在火星和木星之间的小行星带中，有一群被称为"巴普提斯蒂娜族"的小行星。据说，希克苏鲁伯陨石撞击的元凶就来自这个家族。有观点认为，"巴普提斯蒂娜族"是在两个巨型小行星撞击后形成的，而当时正好是恐龙的全盛时期。不过，有人根据最新的观测结果提出了不同意见。目前还没有确切的结论。

据推测，小行星带中有数百万颗小行星

撞击引起的环境变化

这简直就是活地狱啊！恐龙肯定很害怕吧！

地球环境剧变 引发生物大灭绝

6600万年前的小行星撞击事件成为恐龙大灭绝的导火线。撞击的瞬间，地球上到底发生了什么？这又给后来的地球环境造成了怎样的深远影响？

紧随撞击而来的是天翻地覆的变化

2013年2月15日，俄罗斯乌拉尔地区南部的车里雅宾斯克州发生了陨石爆炸事件。应该还有很多人记得当时像核爆炸一样的瞬间：强光闪现的同时，附近建筑物的玻璃窗被冲击波震得粉碎。造成这次爆炸的是一颗直径约为17米的陨石。

而在白垩纪末，撞击地球的是一颗直径约为上述陨石的600倍的小行星。那么，当时的地球上又发生了什么呢？

首先，这一次撞击，在地球表面留下了一个直径达180千米的巨大撞击坑。其次，撞击释放的能量引发了冲击波、巨大海啸、超强地震、最高达260摄氏度的地表高温化等一系列后果，直接导致撞击发生后不久，以恐龙为代表的大量生物走向了灭亡。

因为陨石是从东南偏南方向飞过来的，所以位于撞击地点以北、如今的北美大陆上的动植物都遭受到了毁灭性的打击。

不久，地球迎来了被称为"撞击冬天"的严寒。从由撞击引发的一系列大灾大难中侥幸存活下来的生物，紧接着又要面临被长期的恶劣环境夺去生存机会的命运。

小行星撞击后的模拟图

小行星撞击地球后，巨大的柱状喷射流立即喷向空中，随后纷纷落回地面，在撞击地点附近引发森林火灾。地球变成了灼热的地狱。

撞击引起的环境变化

恐龙慌乱逃窜，然后倒地不起

6600 万年前的那一天，现今的墨西哥尤卡坦半岛一带或许正晴空万里。当发光的物体出现在东南偏南方向的天空中时，恐龙恐怕还没有意识到即将降临在自己身上的命运。

仅仅数分钟后，当它们察觉到异常，抬头仰望天空的时候，悲剧早已开场。因与大气层发生摩擦而燃烧起来的陨石，一边向四面八方抛撒着火球一边向地球表面逼近，眼看变得越来越大。眨眼间，这颗刺眼的发光球体猛地撞在如今的墨西哥湾的浅海区域，仿佛太阳从天上掉了下来。

直径约 10 千米的天体，以每秒 20 千米的速度直击地球时所爆发的破坏力是相当可怕的。撞击发生的瞬间，在因海水消失而裸露的海底，直径达 180 千米的撞击坑[注1]诞生了。撞击释放出来的能量转化为时速 1000 千米的爆炸冲击波向陆地袭去，撞击中心升起了温度高达 1 万摄氏度的柱状喷射流[注2]，将陆地变成了一片火海。

砸得粉碎的陨石碎片和地表扬起的沙土、岩石在高温下升华，或者变成被称作 "ejecta"（意为 "撞击溅射物"）的粉尘和碎石，扬到空中，其中的一些甚至进入了太空。不久后，它们再次落入大气层，散

落到地球的各个角落。在落回大气层的过程中，它们与空气摩擦后产生的热量使大气和地表都处于高温状态，并且持续数小时，地球成了灼热的地狱。当时的最高温度达到 260 摄氏度。虽然还没到让植物自燃的程度，但对于陆地上的动物来说，在这样的高温下，它们连两分钟都撑不到。

据推测，撞击时发生了超过

11 级的大地震，释放的能量相当于东日本大地震的 1000 倍。

撞击坑形成时，飞散的沙土和碎石在四周堆积，高达数千米，形成了像山脉一样的环状边缘。然而，这一边缘在地震的剧烈摇晃下，几分钟后就崩塌了，以致于海水从决口处流入撞击坑内部。这时，撞击坑周围产生了强有力的回卷流。于是，充满撞击坑的海水又越过边缘向外部涌去。研究认为，当时的海啸高度达到了 300 米。此次撞击事件引发的海啸以 10 小时为周期反复发生，导致许多距离较远的地区也成了受灾区。

阳光被遮蔽，地球变得又暗又冷

当时的生物面临的威胁，可

小行星撞击引起的海啸模拟图

撞击坑内海水的流入和流出，引发了巨大的海啸。即使恐龙中体形最大、重量级别最高的蜥脚类恐龙，在高达 300 米的海啸面前也显得渺小无力。

希克苏鲁伯陨石坑内部的岩石样本

图为 2002 年在对陨石坑内部进行钻探时采集的岩石样本。可以看到，撞击时熔化的地球岩石和陨石上的岩石混在一起，呈大理石状。

🔍 近距直击

地震烈度的大小

地震烈度是表示地震规模的标度，其数值增加 1 级，表示地震释放的能量增加约 32 倍，增加 2 级则相当于增加约 1000 倍。一般认为，地球上有可能发生的最大的地震烈度为 10 级。白垩纪末，小行星撞击地球所引发的 11 级地震，达到了地球上几乎不可能发生的烈度。

1960 年，智利发生了 9.5 级大地震，这是人类观测史上规模最大的地震

古近纪地层

海啸沉积物

微球粒层

白垩纪地层

海啸沉积层
在墨西哥的地层中发现了海啸沉积物。生活在海洋不同深度的浮游生物的化石混杂在一起。

不仅仅是陨石撞击。虽然因撞击而飞溅的砾岩等很快就落了下来，但大小不足1微米的微小颗粒仍然悬浮在空气中，形成微球粒层[注3]，遮蔽了天空。

此外，烟尘[注4]也大大减少了到达地表的阳光。烟尘的存在，意味着在当时的地球上可能发生过以下情形。首先，撞击溅射物回落到大气层时，可能因摩擦生热而引发全球规模的森林火灾。其次，被撞击的地层中所含的有机物可能在高温作用下产生烟尘并扩散到世界各地。欧洲、北美等大部分地区的白垩纪末地层中都发现了大量碳元素的堆积。

这种阳光被遮蔽的现象称为"撞击冬天"。地球从一个明亮温暖的世界彻底变成了一个阴暗寒冷的世界。至于暗到什么程度、冷到什么地步，目前还没有明确的答案。有人说像暗夜一样漆黑的日子持续

从地层中还可以了解到海啸的情况啊！

了数月，也有人说像白夜一样昏暗的日子持续了数年。关于寒冷化的说法也是多种多样，有人说"气温下降几摄氏度的情况持续了数年"，也有人说"气温在10年左右的时间里最多降低了10摄氏度"，还有人说"撞击后气温急剧下降，导致植物被冻死"，等等。

无论是哪一种情况，对一直以来都生

海啸发生的原理

在小行星撞击后形成的撞击坑中，生成了如下图所示的海啸。巨大的海啸反复袭击沿岸地区。

小行星撞击发生前

撞击发生前，撞击地点周围的海底地层按年代顺序堆叠。

海水流入撞击坑

海水流入撞击所形成的撞击坑中。周边海域形成强大的回卷流。

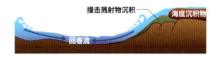

海啸发生

海水从撞击坑向外溢出，形成海啸。这样的过程不断地重复。

科学笔记

【撞击坑】 第374页 注1
一般是指因天体撞击、火山活动等形成的环状洼地（前一种情况下又称陨石坑）。尤卡坦半岛的希克苏鲁伯陨石坑，拥有直径40千米的中央峰、直径80千米的峰环和直径180千米的外环，属于"多环构造"。

【柱状喷射流】 第374页 注2
因陨石撞击释放出的巨大能量而形成的柱状上升气流。气流在高温作用下，变成喷射流，瞬间升起，形成蘑菇云。白垩纪末，撞击发生后形成的柱状上升气流的温度高到了可以将地表变成火海的程度。

【微球粒层】 第375页 注3
微球粒是陨石撞击地表时升华的岩石冷却后形成的球形颗粒。因为只有在天体撞击后才会出现，所以有微球粒大量沉积的地层一般被视为陨石撞击地球的证据。

观点 碰撞

恐龙并没有完全灭绝？

从K-Pg界线层以上的地层中发现了恐龙的骨骼。研究人员对此进行了分析，认为其化石年代晚于小行星撞击事件。因此，有观点认为，也有恐龙在撞击事件中幸存。然而，考虑到地质年代测定中的误差范围，也可以认为这是死于K-Pg界线时期的恐龙的化石。虽然此外也出现过一些类似的案例，但都被认为是原本埋在白垩纪地层中的骨骼经过二次沉积后混入上层地层的结果。

图为被测定为出现在K-Pg界线后的恐龙化石的发现地——位于美国新墨西哥州的圣胡安盆地

撞击引起的环境变化

活在明亮温暖环境中的生物来说，都是关乎生存的剧变。

各种生物面临酸雨威胁

对于生物来说，小行星撞击事件还带来了另一样严重的影响，那就是酸雨[注5]。

在撞击导致的高温、高压环境下，撞击地点附近沉积的硫酸盐岩发生升华，产生了大量硫磺气体。从陨石所含的硫化矿中也产生了硫磺气体。这些硫磺气体经过氧化，变成硫氧化物，到达平流层后形成了被称为硫酸盐气溶胶[注6]的微小悬浮物层。就像现在被称为PM2.5的微小颗粒物笼罩在亚洲大都市的上空一样，当时的硫酸盐气溶胶也遮蔽了阳光。同时，它又和大气中的水等发生反应，形成了破坏力极强的酸雨。

印度上空的气溶胶

气溶胶的成因多种多样，比如大气污染、森林火灾等。在快速发展的亚洲各国，污染物跨越国境扩散到其他国家的情况也时有发生。

中国的大气污染十分严重

现在，中国正经历着由汽车尾气、工厂排出的废气等造成的大气污染，且日趋严重。6600万年前，地球上的情况更为糟糕。

陆地上的动植物深受酸雨之害，而海洋里的形势也很严峻。因为酸雨，自海面向下最深达100米处的海水都发生了酸化。不仅如此，落到海洋河流里的撞击溅射物和尘埃里所含的铜、汞、铬、铝、铅等有毒物质还造成了水体污染，而且海洋表层的情况尤为严重。海洋生物受到了双重打击。

据说，这些因小行星撞击事件引发的剧烈环境变化，以及之后由二氧化碳造成的全球变暖、臭氧层破坏等情况，持续了几万年到几十万年。而这才是导致生物大量灭绝，特别是让正处于鼎盛期的恐龙时代终结的最大原因。

科学笔记

【烟尘】 第375页注4
构成植物等有机物的碳元素在不完全燃烧、热分解等作用下生成的黑色粉末物质。其主要成分为碳元素，但也含有少量的氧、氮、氢元素。

【酸雨】 第376页注5
因化石燃料燃烧生成的硫氧化物、火山爆发生成的氯化氢与大气中的水发生反应后形成硫酸和盐酸，从而使雨水的酸性变强的现象。酸雨会导致土壤、湖泊发生酸化，造成植物枯萎、威胁鱼类生存等危害。

【气溶胶】 第376页注6
悬浮在空气中的烟雾状微粒，大小不一。既有从东亚的沙漠等地飞来的黄沙，也有纳米级的肉眼不可见的微粒。现在，PM2.5被认为是造成亚洲大气污染问题的主要原因。但PM2.5并不是某种特定物质的名称，而是指直径小于等于2.5微米的颗粒物。

观点 碰撞

与陨石无关？！对小行星撞击说的反驳

针对小行星撞击说，目前为止有许多不同意见，甚至包括反对意见。这些意见大致可以归纳为3种：①恐龙并不是突然灭绝，而是逐渐灭绝的；②恐龙灭绝是火山喷发造成的；③小行星撞击事件和恐龙灭绝无关。

第一种说法目前已经失去了说服力，因为对世界各地的白垩纪末地层的调查结果显示，恐龙灭绝是在地质学意义上的一瞬间发生的事件。

第二种说法，即使是持续很长时间的火山爆发，也无法解释铱元素为什么会在地质学意义上的一瞬间堆积起来。

第三种说法认同希克苏鲁伯陨石坑的确是由小行星撞击形成的，但不认为其他的沉积物也来源于这次撞击事件。然而，这种说法无法像陨石撞击说那样合理地解释撞击坑周围地层的堆积过程，因此正逐渐失去拥护者。

靠近撞击地点的古巴海啸沉积层中，不同水深、不同时代的生物的微化石混杂在一起

6800万年前—6000万年前的火山活动留下的痕迹——印度德干暗色岩。这里曾被当作"火山爆发引起恐龙灭绝"这一假说的证据

天体撞击导致地球环境发生剧变

天体撞击后的环境变化的重要性

诺贝尔奖得主、物理学家路易斯·阿尔瓦雷茨博士父子共同提出的"天体撞击导致白垩纪末生物大灭绝"的假说，吸引了众多研究者。后来，撞击坑被发现，证明了这一假说的合理性。于是，又出现了"其他生物大灭绝事件是否也是天体撞击造成的"这种意见。诚然，在化石记录众多的显生宙，确实有可能多次发生这种规模的撞击事件。然而，从迄今为止的研究成果来看，并没有证据显示是天体撞击引发了其余几次生物大灭绝。

那么，为什么只有白垩纪末的大灭绝事件被认为是由天体撞击引起的呢？思考这个问题时，首先要厘清一点：并不是撞击事件本身造成了生物大灭绝，而是撞击引发的短期和长期的地球环境变化给动植物带来了巨大的打击，从而导致大灭绝发生。撞击地点不同，撞击引发的环境变化也会大不相同。比如，撞击地点如果不在海里，就不会发生海啸。此外，地球表层分布的岩石种类多样，撞击地点不同，

■希克苏鲁伯陨石坑截面图

在小行星撞击地点尤卡坦半岛，基岩上覆盖着厚厚的碳酸盐和硫酸盐沉积岩。

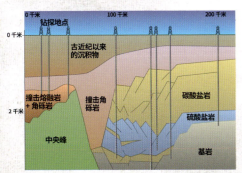

■全球陨石撞击坑分布图

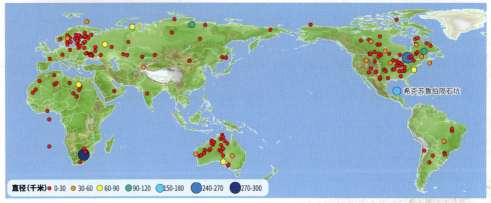

希克苏鲁伯陨石坑是已知的世界第三大陨石坑。海洋中的陨石坑很难被发现，所以几乎没有相关信息

飞溅到空中的物质也会大不相同。白垩纪末的大灭绝事件，是各种复杂的环境变化共同作用的结果。这包括阳光被遮蔽导致光合作用停止、短期寒冷化、热辐射造成地表高温化、酸雨，以及之后长时间持续的气候变暖等。虽然，各个因素的影响程度和持续时间还不是很明确，但如果考虑到这些情况都是在撞击后发生的，那么，就能很好地解释白垩纪末独有的大灭绝模式。

改写地球史的多重"偶然"

在撞击引发的诸多连锁反应中，阳光的遮蔽和热辐射的影响主要由撞击释放的能量决定，也就是由撞击天体的大小和速度决定。而酸雨、气候变暖的影响，则会因撞击地点的不同而产生明显差异。比如，要生成硫酸雨，就需要撞击地点存在

可作为原料的物质。在这一点上，白垩纪末的撞击事件，或许可以说是发生在了最糟糕的地方。因为撞击地点正好是厚厚的碳酸盐岩和硫酸盐岩的沉积带，比起其他地方，撞在这里造成的酸雨和气候变暖的影响会更大。

2014年3月，千叶工业大学行星探测研究中心的大野宗祐博士所在的研究小组指出，在诸多环境变化的因素中，酸雨可能是引发白垩纪末大灭绝的重要原因。研究认为，很有可能在撞击发生后的数日内下了非常强的酸雨，导致陆地上的植物枯萎，更是引发了持续1年以上的海洋酸化。如此想来，白垩纪末的生物大灭绝，可能是因为规模极大的天体正好撞在了会给地球环境造成巨大负担的地点而引起的。或许正是这种无法预测的偶然的叠加，才大大改写了地球的历史。

后藤和久，毕业于日本东北大学理学部，东京大学研究生院理学系博士。曾先后任职于日本东北大学研究生院工学研究科和千叶工业大学行星探索研究中心，2012年开始担任日本东北大学灾害科学国际研究所副教授。研究领域为沉积学、地质学。

随手词典

【凝结核】

在大气中的水蒸气凝结为水滴的过程中起到核心作用的微粒。草木灰、黄沙等土壤物质，海上的浪花飞沫蒸发后留下的盐粒以及大气污染物质等都能成为凝结核。

3. 浓硫酸雨云形成

大气中的硫酸气溶胶发挥了凝结核的作用，为云的形成创造了条件。硫酸溶解在云层中的水滴里，形成了浓硫酸雨云。

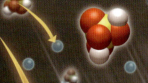

悬浮在大气中的硫酸气溶胶

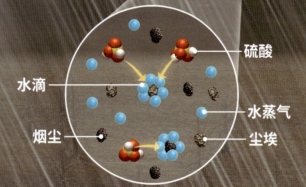

硫酸

水滴

水蒸气

烟尘

尘埃

水蒸气附着在尘埃、烟尘等微粒上形成水滴。硫酸溶解在其中

4. 酸雨倾盆而下

由浓硫酸水滴组成的大雨朝着整个地球倾盆而下。研究认为，从小行星撞击地球到酸雨降下，只需几天的时间。

酸雨流入河流

酸雨导致植物枯萎。植食性恐龙和以它们为食的肉食性恐龙遭遇灭顶之灾

H_2O　SO_3　H_2SO_4

撞击引起的环境变化

2. 硫酸的生成

进入大气中的三氧化硫(SO_3)与水(H_2O)发生反应,形成硫酸(H_2SO_4)。硫酸与撞击时飞溅起来的尘埃、烟尘结合,在极短的时间内形成了气溶胶。

SO_3

SO_2

CO_2

原理揭秘

白垩纪末的酸雨是这样形成的!

1. 小行星的撞击

直径约10千米的小行星,撞在了厚度约3千米的富含碳酸盐和硫酸盐的沉积岩层上。撞击的热量使岩石熔化,大量二氧化碳(CO_2)、二氧化硫(SO_2)、三氧化硫(SO_3)、尘埃以及烟尘等进入大气中。

原硅酸钙的形成

岩石中所含的硅酸盐、硫酸盐等在撞击时的高温下分解为钙(Ca)、硅(Si)、硫氧化物(SO_2、SO_3)和氧(O_2)等。随后,在撞击蒸气云冷却的同时,这些物质再次结合,在大气中形成了名为原硅酸钙(Ca_2SiO_4)的矿物。

中和

原硅酸钙中和了酸,从而终止了酸雨的危害。淡水生物因此免于灭绝。

原硅酸钙进入河流

二叠纪末的大规模火山爆发、白垩纪末的小行星撞击等引发的生物大灭绝现象总是伴随着硫氧化物向大气中的释放。硫氧化物转化成硫酸雨,从而给生态系统带来莫大的危害。酸雨是解开恐龙灭绝之谜的重要线索之一。它是如何形成的,又是如何结束的,我们一起来看看吧!

假如 **如果当时那颗小行星落在了别的地方……**

撞击地点正好位于富含碳酸盐和硫酸盐的岩层上,这是造成白垩纪生物大灭绝的原因之一。如果当时那颗小行星落在别的地方,或许大量生物灭绝的惨剧就不会上演。虽然目前已经发现比希克苏鲁伯陨石坑规模更大的陨石撞击坑,但没有证据表明其他陨石撞击事件也同样引发过生物大灭绝。

图为世界最大的陨石撞击坑——位于南非的弗里德堡陨石坑

恐龙大灭绝

食物链崩溃
恐龙大灭绝倒计时

那个曾有恐龙漫步的丰饶地球是如何变成「死亡星球」的呢？

小行星撞击事件引发的地球环境剧变，给当时的生物造成了不可估量的影响。

生物界遭遇地球史上最大规模的悲剧

小行星撞击事件后，地球环境发生了剧变。进入"撞击冬天"的地球黑暗而寒冷，曾经的乐园早已面目全非。

郁郁葱葱的森林变为朽木，失去植物的平原沙尘飞扬。天空被尘埃遮蔽，白天昏暗得如同黑夜。

在大地上漫步的三角龙、追逐猎物的霸王龙的身影都消失了，取而代之的是冷风中一具又一具的恐龙尸体。生物的消逝不只发生在陆地上，生活在海洋里的蛇颈龙、成群结队的鱼类的身影也不见了。

小行星撞击地球之后，到底有多少种生物灭绝了？有一种说法是，这场灾难抹去了地球上 70% 的物种。而在靠近撞击地点的北美大陆，更是 90% 的脊椎动物就此灭绝。其中，居于生态系统顶端的恐龙更是全军覆没。

为什么会发生这样大规模的物种灭绝？问题的关键在于生物界的食物链。

也许这就是所谓的"盛者必衰"。

因"撞击冬天"而饿死的恐龙的模拟图

小行星撞击事件引发了"撞击冬天"。不久前还长着茂盛植被的大地，瞬间从乐园变成了沙漠，只剩恐龙等动物的遗骸横卧在这个死亡的世界。

核战争

从"撞击冬天"衍生出的"核冬天"理论

　　"撞击冬天"是陨石撞击地球后引发的环境急剧变化，而核战争也有可能导致同样的环境变化，也就是形成"核冬天"。这是由天体物理学家卡尔·萨根等人在美苏冷战高峰期，即20世纪80年代初提出的假说。他们推测，假如美国和苏联将两国所持有的核武器全部投入使用，世界各地将发生大规模火灾，大量尘埃、烟尘将会遮天蔽日，正如白垩纪末一样，对生态系统造成不可逆转的损害。

图为令人联想到陨石撞击瞬间的核爆炸瞬间。在冷战时期，美国和苏联进行了多次这样的核试验

钙质微型浮游生物
由硫酸气溶胶形成的破坏力极强的酸雨，给拥有耐酸性较弱的钙质外壳的微型浮游生物、甲壳类生物等造成了毁灭性打击。

现在我们知道！

随着光合作用的停止，连锁性的灭绝开始了

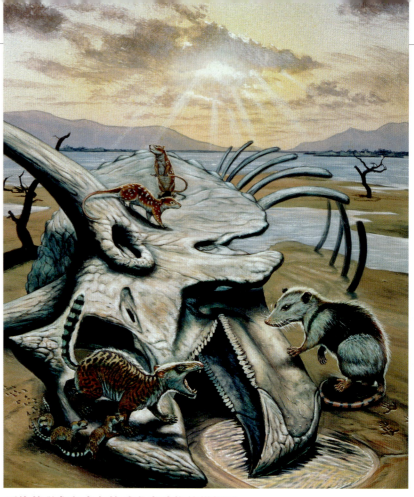

灭绝的恐龙和幸存的哺乳类动物的模拟图
恐龙灭绝了，但爬行动物、两栖动物、哺乳动物中的一部分幸存了下来。这些幸存者是以落叶等腐败的植物、生物的尸骸、昆虫等为食的生物。研究认为，因为这些生物不直接依赖以光合作用生物为基础的食物链，所以逃过了灭绝的命运。

导致恐龙和其他众多生物灭绝的"罪魁祸首"到底是谁？

小行星撞击地球时所产生的气浪、高温以及引发的森林大火等，夺去了撞击地点周围大量生物的生命。然而，来自撞击本身的直接影响只能波及局部地区，不至于达到全球的规模。因此，人们把目光投向了撞击事件后的气候变化，也就是所谓的"撞击冬天"。

正如前面所介绍的，小行星撞击地球后，飞溅而起的尘埃、烟灰、硫酸气溶胶等微小的悬浮物质遮挡了阳光。而一旦阳光被遮蔽，随之而来的就是寒冷化。受影响最大的是那些需要进行光合作用[注1]的植物。对新西兰的地层进行调查后发现，在 K-Pg 界线以后，需要进行光合作用的被子植物的花粉化石突然消失了。之后的地层中发现的都是不需要进行光合作用的菌类孢子化石，再往后是蕨类的孢子化石。蕨类是即使土壤和环境恶化后也能存活下来的繁殖能力极强的植物。以上这些"证据"向我们展现了这样的事实：小行星撞击事件发生后，植物的光合作用停止了，并且持续了数月甚至数年。

太阳的恩泽消失后生物也消失了

毫无疑问，对于植物来说，光合作用就相当于人的呼吸。它们利用光能，将水和空气中的二氧化碳吸收进细胞里，转换成维持生命所必需的碳水化合物（糖），并且释放这一过程中产生的废弃物——氧气。光合作用一旦停止，植物就无法维持生命活动。阳光的消失，对植物来说意味着死亡。

白垩纪末，植物灭绝现象在全球范围内发生。据推测，在靠近撞击地点的北美大陆内陆地区，植物的灭绝率最高达 90%。此外，部分海洋的浮游植物[注2]灭绝率也很高，北半球海洋最高达 98%，南半球约为 80%。

植物的灭绝看似和恐龙的灭

科技发现

揭示海洋酸化程度的高功率激光装置
因酸雨导致的海洋酸化被认为是生物大灭绝的原因之一。那么，酸雨给海洋造成的影响到底有多大？千叶工业大学行星探测研究中心的研究人员运用高功率激光装置对此进行了研究。他们运用激光，让飞行体撞击上与陨石撞击地点相同的硫酸盐岩样本，随后对释放出来的硫氧化物的成分进行分析，并通过计算，推测出当年酸雨的影响程度。

图为实验中用到的大阪大学激光能量学研究中心的高功率激光装置"激光 XII 号"

捕食食物链和腐食食物链的构成

植物在阳光下进行光合作用。植食动物吃植物，肉食动物吃植食动物。肉食动物死后，它们的尸体会被昆虫等腐食动物吃掉，而昆虫等腐食动物又会成为哺乳类等肉食动物的盘中餐。生物界就是依靠这样的捕食食物链和腐食食物链的循环来维持的。

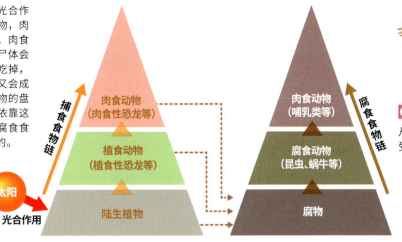

捕食食物链
- 肉食动物（肉食性恐龙等）
- 植食动物（植食性恐龙等）
- 陆生植物

太阳
光合作用

腐食食物链
- 肉食动物（哺乳类等）
- 腐食动物（昆虫、蜗牛等）
- 腐物

生物都是被食物链串起来的命运共同体啊！

脊椎动物以"科"为单位的灭绝率

从下表可以看出，恐龙的灭绝率特别高。大型恐龙最容易受到食物链崩溃的影响。

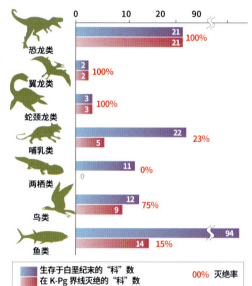

	生存于白垩纪末的"科"数	在 K-Pg 界线灭绝的"科"数	灭绝率
恐龙类	21	21	100%
翼龙类	2	2	100%
蛇颈龙类	3	3	100%
哺乳类	22	5	23%
两栖类	11	0	0%
鸟类	12	9	75%
鱼类	94	14	15%

绝没有太大关联，但其实恰恰相反。没有比这更严重的影响了！之所以这样说，是因为在食物链中，植物构成了捕食和被捕食关系的基础。如果植物灭绝了，那么以植物为食的三角龙、尖角龙等植食性恐龙也将必死无疑。紧接着，恐龙界的霸主霸王龙、蛇发女怪龙等肉食性恐龙也逃不过灭绝的命运。

恐龙的灭绝给我们敲响了警钟？！

除了光合作用停止以外，还有一个导致恐龙灭绝的重要因素——悬浮在大气中的硫酸气溶胶经过化学反应后形成的超强酸雨。虽然，关于当时酸雨的强度，不同学者的观点略有差异，但大家普遍认为，那场酸雨持续下了数日甚至数年。

酸雨不仅危害了陆生动植物，更是给海洋生物带来严重的影响。近年的研究表明，当时因酸雨造成的海洋酸化持续了 1 年以上，对耐酸性较弱的钙质微型浮游生物以及浮游有孔虫[注3]等构成食物链基础环节的生物而言，无疑是毁灭性的打击。

不仅如此，位于海洋食物链底端的浮游植物的光合作用也停止了。海洋生物遭到双重打击。结果，以浮游植物为食的浮游动物，以及以它们为食的菊石等软体动物、小型鱼类等在这场浩劫中灭绝。而处于食物链高位的大型鱼类、水生爬行动物沧龙等也从地球上消失了。

恐龙，曾享受过远远长于人类历史的繁荣期。然而，它们的历史，却因小行星撞击地球这一"瞬间"事件所引发的食物链崩溃而草草收场。可以说，恐龙的灭绝是地球环境急剧恶化的结果，而这也给正面临着严重环境问题的现代社会敲响了警钟。

🔍 近距直击

将来，会有多少恐龙被发现？

恐龙的繁荣几乎跨越了整个中生代，持续了 1 亿 6000 多万年。据推测，在整个恐龙时代中，恐龙的物种至少达到了 5000 至 6000 种。虽然不同研究者的观点略有差异，但现在已发现的恐龙约有 540 个属。据推测，到 2100 年，这个数字可能会上升到 1850 个。

2011 年，研究人员在阿根廷南部的巴塔哥尼亚地区发现了有可能是世界上体形最大的恐龙的化石。

科学笔记

【光合作用】 第382页 注1
植物等利用阳光等光能，吸收水和大气中的二氧化碳，合成碳水化合物(糖)的过程。在分解水的过程中产生的氧气会被释放出来。真核生物使用被称为叶绿体的细胞器进行光合作用。

【浮游植物】 第382页 注2
生活在海洋湖泊表层的微小浮游生物。它们利用照射到水面的阳光进行光合作用，生产能量。因海水、湖水的富营养化而产生赤潮、绿藻等的情况时有发生，这是浮游植物大量生长而引发的现象。

【有孔虫】 第383页 注3
一种体形小于1毫米，大多拥有钙质外壳，形似阿米巴虫的原生动物。生活在海洋表层的称为浮游有孔虫，生活在海底的称为底栖有孔虫。有些浮游有孔虫会和微小的藻类共生，以后者进行光合作用所产生的有机物为食。

霸王龙
| *Tyrannosaurus* |

兽脚亚目　肉食　全长约12米

三角龙
| *Triceratops* |

头饰龙亚目　植食　全长约8米

埃德蒙顿龙
| *Edmontosaurus* |

鸟脚亚目　植食　全长约9～13米

甲龙
| *Ankylosaurus* |

装甲亚目　植食　全长约7米

2. 植食性恐龙的灭绝

经过几个月到几年的时间，对流层中的尘埃和烟尘逐渐落下，但位于对流层上方的平流层中的硫酸气溶胶等物质仍然遮挡着阳光。地球进入寒冷化，植物枯萎，植食性恐龙灭绝了。研究认为，最先死去的是需要大量食用植物的大型物种。

植食性恐龙的尸体

捕食幸存的植食性恐龙的肉食性恐龙

鳄鱼和龟等爬行类、两栖类、鱼类等生活的淡水环境。

海洋表层的浮游植物遭到严重损害

3. 肉食性恐龙的灭绝

植食性恐龙灭绝后，以它们为食的肉食性恐龙也灭绝了。除了恐龙以外，陆地上的翼龙、海洋里的大型脊椎动物沧龙、蛇颈龙、无脊椎动物中的菊石也灭绝了。

哺乳类

被哺乳类捕食

食腐昆虫

肉食性恐龙的尸体

幸存的淡水生物

在淡水环境中，食物资源大多来自从陆地汇入的有机物，因此，即使陆生植物的光合作用停止了，食物链也不会立即崩塌。在北美大陆，陆生脊椎动物的90%（物种）灭绝了，而淡水脊椎动物的灭绝率却只有10%左右。

原理揭秘

从光合作用停止到恐龙大灭绝的始末

1. 阳光被遮蔽导致光合作用停止

因撞击而扬起的尘埃、烟尘和硫酸气溶胶悬浮在大气中,遮蔽了阳光,且持续了数月甚至数年。白天昏暗得如同黑夜,植物的光合作用停止了。

据推测,在尘埃和烟尘的影响下,阳光的透过率只有平时的一百万分之一

从地表到高空,对流层的平均厚度约11千米。颗粒相对较大的尘埃和烟尘就停留在这一层

全球范围内发生植物灭绝事件。在北美大陆内陆地区,植物的灭绝率高达90%

K-Pg界线时期的腐食食物链

以枯叶、朽木、生物遗骸等腐屑及菌类、昆虫等为起点的食物链称为腐食食物链。研究认为,有别于以活体光合作用生物为基础的捕食食物链,腐食食物链中的动物即使在植物光合作用停止后也能生存。

以昆虫为食的哺乳类

研究认为,哺乳类免于灭绝的原因之一是当时的肉食哺乳类中存在一些以昆虫为食的物种。

流进河里的有机物

啃食恐龙尸体的昆虫

以朽木、枯叶为食的蜗牛等腹足类

白垩纪末的食物链金字塔,因小行星撞击地球后引起的环境变化而从底层开始崩溃。位于塔尖的恐龙在 K-Pg 界线时期消失了,而哺乳类、淡水生物却没有灭绝。让我们一起来看看决定命运的一连串事件吧!

地球进行时!

不依赖光合作用的寄生植物和腐生植物

寄生植物和腐生植物通过光合作用以外的方式获得养分。大王花等全寄生植物,用被称为寄生根的部位侵入宿主,吸取养分。球果假水晶兰等腐生植物,会寄生在和其他植物共生的菌根菌上,通过菌根菌获取养分。

图为球果假水晶兰,主要分布于亚洲

地球博物志

变质岩

| Metamorphic rocks |

在热量和压力作用下"脱胎换骨"的岩石

岩石分为火成岩、沉积岩和变质岩三大类。变质岩是指火成岩、沉积岩及变质岩本身经由"进一步"变质作用而形成的岩石。变质作用是指在高温、高压作用下，矿物成分、晶体结构、岩石组织发生变化的过程。不同的原岩种类加上不同性质的变质作用，造就了种类繁多的变质岩。

变质岩的种类

变质岩可分为接触变质岩和区域变质岩两大类。接触变质岩是指因高温岩浆涌到地表附近，导致周围的岩石在热量作用下发生变质作用而形成的岩石，区域变质岩是指沉降到地下深处的岩石，在地热和压力作用下发生变质作用后形成的岩石。

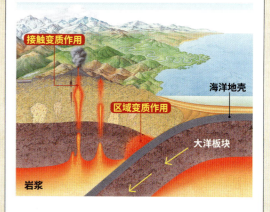

接触变质作用
区域变质作用
海洋地壳
大洋板块
岩浆

【角页岩】

| Hornfels |

砂岩、泥岩、页岩等沉积岩在热变质作用下二次结晶后形成的、比原岩更坚硬的岩石。在变质岩中，经常可以看到矿物按一定方向排列的"片状构造"。不过，角页岩是在高温作用下形成的，因此没有上述构造，往往是毫无特点的块状岩石。

3 厘米

山口县萩市的名胜——须佐角页岩

数据	
变质岩类型	接触变质岩
主要矿物成分	董青石、黑云母
主要用途	建筑材料

【结晶灰岩】

| Crystalline limestone |

石灰岩在岩浆等的热量作用下发生变质而二次结晶所形成的主要由方解石构成的变质岩，通常被称为大理石。如果原岩纯度较高，且变质过程中没有混入杂质，最终形成的变质岩将接近纯白色。因为这种石材的加工相对比较容易，所以曾被用作欧洲国家等地古代建筑的建材。

4 厘米

印度的泰姬陵是一座用大理石建成的陵墓

数据	
变质岩类型	接触变质岩
主要矿物成分	方解石
主要用途	装饰材料、建筑材料

【蛇纹岩】

| Serpentinite |

构成地幔的富含橄榄石的橄榄岩，在低温条件下发生变质所形成的以蛇纹石为主体的岩石。因其有蛇皮状的花纹，所以被命名为蛇纹岩。蛇纹石经过打磨后光泽度上升，且质地较软，便于精细加工。因此，花纹好看的蛇纹石常被用来制作珍贵的工艺品。

日本百大名山之一——群马县至佛山的山顶附近的蛇纹岩

数据	
变质岩类型	接触变质岩
主要矿物成分	蛇纹石
主要用途	耐火材料、观赏用水石

🔍 近距直击 · · ·

日本的区域变质带

形成区域变质岩的变质作用大多发生在板块的隐没边缘。因其呈带状分布，宽度可达数十千米，长度可达数十至数百千米，所以被称为区域变质带。区域变质带包括高温低压变质带和低温高压变质带，以造山带为中心平行分布。

低温高压变质带
高温低压变质带
神居古潭变质带
日高变质带
飞弹变质带
三郡变质带
领家变质带
三波川变质带

日本主要的区域变质带

近距直击

破裂锥——陨石撞击留下的伤痕

破裂锥是陨石撞击留下的独特证据之一。这是一种常见于陨石坑周边岩石的锥状构造，表明撞击时产生的冲击波是以圆锥状向地下传播的。换言之，这是冲击波给岩石带来的伤痕。在这些岩石的表面可以看到像马尾巴一样的纹路，较大的长度可达 15 米。

澳大利亚戈斯峭壁陨石坑的破裂锥

【千枚岩】

| Phyllite |

千枚岩是泥岩、粉砂岩或浊流沉积而成的浊积岩在热量和压力作用下的产物。变质程度介于板岩和片岩之间。矿物按一定方向排列，薄且易碎，片理明显。因看起来像是能剥成1000 片岩石而得名。片理的断面带有光泽。

古印度犍陀罗国的千枚岩雕刻

数据	
变质岩类型	区域变质岩
主要矿物成分	石英、绢云母
主要用途	石碑、园林景观石

【红帘石片岩】

| Piemontite schist |

红帘石片岩是含锰的燧石等沉积岩在区域变质作用下形成的结晶片岩的一种。含锰的红帘石带有红色。红帘石并不多见，只出产于日本埼玉县的长瀞町等少数地区。

埼玉县长瀞町的荒川河岸边露出地表的红帘石

数据	
变质岩类型	区域变质岩
主要矿物成分	红帘石、石英
主要用途	园林景观石、石碑

【角闪石片麻岩】

| Hornblende gneiss |

角闪石是指含有钙、镁、铝等成分的黑绿色或浓绿色的硅酸盐矿物。角闪石片麻岩是以角闪石、白色或灰色石英、长石等矿物为主要成分的变质岩。片麻岩一般在火山喷发物比例较高时容易生成，表面被称为"片麻状构造"的花纹是其特征。

数据	
变质岩类型	区域变质岩
主要矿物成分	角闪石、石英
主要用途	建筑材料

【糜棱岩】

| Mylonite |

糜棱岩是在断层运动作用下，原岩的矿物颗粒变细并定向排列而形成的岩石。岩石中的大部分矿物成分变成了细粒，但偶尔也可以看到较大的晶体。糜棱岩一般是用于构造地质学和活断层研究的用语，可能存在与岩石学上的定义不同的情况。

数据	
变质岩类型	区域变质岩
主要矿物成分	石英、斜长石
主要用途	建筑材料

【榴辉岩】

| Eclogite |

榴辉岩主要由石榴石和绿辉石2种矿物组成，是海底的玄武岩在地壳深部经变质作用形成的岩石。沉积岩是否能变成榴辉岩，取决于它的化学成分。榴辉岩可以帮助我们了解地壳之下的情况，如地壳深部的样貌等。

数据	
变质岩类型	区域变质岩
主要矿物成分	单斜辉石、石榴石
主要用途	装饰材料

全美规模最大、广阔无垠的大沼泽
大沼泽地国家公园

位于美国佛罗里达州，1979 年被列入《世界遗产名录》。

佛罗里达半岛南端有一片广阔的湿地。这片被原住民称为"青草之河"的湿地，其实是一条每日缓缓流动 5～8 厘米、最宽处可达 150 千米的大河。大沼泽地国家公园是这片湿地的一部分，其面积只占总体的 20%，却相当于 3 个东京都那么大，是生存在这里的濒危动物的宝贵家园。

生活在湿地的动物

美洲鳄

美洲鳄是全长可达 4.6 米，体重可达 900 千克的大型鳄鱼。这里也生活着它的近亲——美国短吻鳄。

东部靛蓝蛇

游蛇科的一种。全长约 3 米。原产于北美东部，且颜色为接近黑色的靛蓝，因而得名。

佛罗里达美洲狮

猫科美洲金猫属的亚种。据说，它们只生活在大沼泽周边一带，属于濒危物种，目前存活的数量不到 100 只。

紫青水鸡

秧鸡科的一种。全长 30 厘米左右。图为正在水草上灵巧地走动的紫青水鸡。它虽然没有蹼，却擅长游泳。

像是要填满整片大地的红树林

在这片湿地上,被称为"吊床"的小岛星罗棋布。在靠近海岸的部分,红树林像迷宫一样延展。然而,这一自然宝库的生态系统在周边开发带来的环境破坏等因素的影响下,遭到了严重破坏。因此,大沼泽地国家公园在 1993 年被列入了《濒危世界遗产名录》。后来,因为情况有所改善,一度在 2007 年被移出该名单,但在 2010 年被再次列入。

候鸟

为什么鸟儿们要冒着生命危险踏上长途旅行？

到底是什么驱使着它们即使冒着危险也要迁徙？

还有一些鸟每年都会往返于南北两极，距离远得令人难以置信。

为了迁徙，有些鸟会飞越零下 30 摄氏度的喜马拉雅山脉。

养育着雏鸟、不知疲倦地飞来飞去的鸟儿们，会在秋风起时，连同雏鸟一起忽地消失。之后，随着季节的更迭，它们又会突然出现。自古以来，人们都觉得这很不可思议，于是各种猜想应运而生。"它们变身成了其他动物。""不，它们一定是到月亮上去了！"古希腊哲学家亚里士多德也曾推测过燕子的去向——

"它们是进到树洞或泥土里冬眠了。"

现在，我们已经知道，世界上有一半的鸟类都有迁徙行为。而且，方向、距离等迁徙习惯和迁徙路线因种群的不同而不同，可谓千差万别。

体重仅 100 克的北极燕鸥大概是迁徙路线最长的鸟类。2010 年，格陵兰岛的一支研究团队发表的调查结果显示，这种鸟每年都会经由非洲大陆、南美大陆往返于地处北极圈的格陵兰岛和南极之间。它们的飞行距离约为 8 万千米，相当于绕地球 2 圈。

为什么候鸟宁可冒着危险也要迁徙呢？一般认为，它们这样做是为了在更有利的地方度过繁殖期和繁殖期以外的

图为正在飞越喜马拉雅山脉、向高空 8000 米进发的蓑羽鹤群。它们能够巧妙地借助山谷中的强风越过高峰。喜马拉雅上空的气温约为零下 30 摄氏度，氧气浓度只有地表的 1/3，条件十分严酷

时间，但真的只是这样吗？

即使被隔离，也会本能地产生迁徙的冲动

有关候鸟们开始迁徙的契机，德国的一支研究团队进行了一项很有意思的为期 20 年的实验，并发表了成果。他们创造了一个实验环境，屏蔽了日照时间、气温变化等反映季节变化的外部刺激，对本该在欧洲繁殖后飞到非洲去过冬的小鸟黑顶林莺进行了饲养观察。

令他们感到惊讶的是，关在实验鸟笼里的鸟儿们，一旦到了秋天和春天这些迁徙季节，就会朝着本该迁徙的方向不安地飞来飞去。而且，当它们的同伴们正在海洋、沙漠等严酷的环境中飞行的时候，它们会更加活跃地扇动翅膀。更神奇的是，当正在迁

蓑羽鹤每年春天到夏天，会在西伯利亚、蒙古等地的草原繁殖、养育幼鸟。幼鸟出生 1 个月后就能长到和父母差不多大小。出生 3 个月后的秋天，幼鸟就会和成鸟一起飞越喜马拉雅山脉，到印度过冬

蓑羽鹤是世界上最小的鹤，全长约 90 厘米。飞越喜马拉雅山脉时，成百上千只蓑羽鹤会排成 V 字编队

北极燕鸥是迁徙距离最长的候鸟，寿命可长达 30 多年。研究认为，它们在横跨热带区域前，会在大西洋的远洋地区逗留，捕食鱼类等补充能量

徙的同伴们到达目的地时，它们的不安也会平息，并和生活在自然环境中的同伴们一样更换羽毛。

此外，即使是同种鸟类，如果栖息地不同，迁徙的距离也会不同。那么，假如让不同栖息地的同种鸟类进行交配，结果会怎么样呢？事实是，迁徙 100 千米的鸟爸爸和迁徙 200 千米的鸟妈妈所生的小鸟，会在迁徙距离为 150 千米的同类们起程时，像被体内的某种力量驱动了一样，变得活跃。

迁徙这一行为被编进了候鸟的基因

应对全球规模的环境变化

鸟类，在 2 亿 130 万年前至 1 亿4500 万年前的侏罗纪逐步进化。到大约5000 万年前时，和现在的类群相同的品种已经大量存在，但当时大陆所处的位置和现在大不相同。

南北美大陆是分开的，非洲大陆离现在的欧亚大陆很远。毫无疑问，之后持续的大陆漂移，影响了鸟类的分布和迁徙。

不过，有观点认为，相比大陆漂移，更大的影响来自冰川期。10 万年前的地

向南方迁徙。或许正是因为这样反复出现的冰期，导致特定的鸟类养成了迁徙的习惯，并将这种习惯编入了基因。

然而，从数年前开始，世界各地的研究者们针对候鸟的问题为世人敲响了警钟。在全球变暖、人类对环境的破坏等因素的影响下，70% 的候鸟的迁徙距离发生了变化。曾经长途迁徙的，现在改成了短途；曾经短途迁徙的，现在不再迁徙。此外，候鸟的数量也在减少：在过去的40 年中，北美地区减少了 50% 以上，欧洲中东、非洲等地也减少了 40%。

Q 恐龙进化成了鸟类，逃过了灭绝的命运？

A 恐龙灭绝了，但从非鸟类恐龙进化而来的鸟类却存活至今。不过，它们并不是为了避免灭绝而进化成鸟类的。向鸟类的进化在小行星撞击地球的很久之前就已经开始了。白垩纪前期，现生鸟类的直系祖先真鸟类已经诞生。鸟类或许也经历了 K-Pg 界线的灭绝事件，但因为拥有某种恐龙没有的能力而幸存了下来。目前还不知道这种能力是什么，不过同样能在天空飞翔的翼龙在 K-Pg 界线时期却完全灭绝了，所以应该是除了飞行以外的能力。

Q 什么是 K-Pg 界线？什么是 K/T 界线？

A 中生代白垩纪和紧接其后的新生代古近纪的界线，即白垩纪 - 古近纪，在地质学中被简称为 K-Pg。"K" 和 "Pg" 都是地质年代的缩写。白垩纪在英文中被称为 "Cretaceous"，但因为首字母为 "C" 的地质年代较多，所以采用了德语中的说法 "Kreidezeit" 的首字母。"Pg" 来自古近纪的英文说法 "Paleogene"。曾被使用过的 K/T 是白垩纪 - 第三纪（英文为 Tertiary）的缩写。2009 年，国际地质科学联盟（IUGS）对地质年代进行了重新定义和划分，第三纪变成了非正式用语，于是该界线被改称为 K-Pg 界线。

图为意大利中部的古比奥近郊的 K-Pg 界线层。路易斯·阿尔瓦雷茨最初就是在这里发现了铱元素含量异常高的黏土层

Q 为什么现在还流传着一些关于恐龙灭绝的新说法？

A 小行星撞击地球是恐龙灭绝的导火线这一说法早已成了定论。然而，对于"撞击说"，仍有一些研究者持反对意见。他们虽然认可小行星撞击事件本身，但将生物大灭绝的原因归结为火山爆发，即所谓的"火山爆发说"。"陨石撞击说是错的"这种推翻定论、引人哗然的研究结果引发了媒体的关注。不过，其他研究者认为，无论哪种研究结果都没有给出足以推翻陨石撞击说的科学解释。

Q 现在，面临灭绝危机的野生动物有多少？

A 全球性自然保护机构世界自然保护联盟编制了《世界自然保护联盟濒危物种红色名录》。截至 2014 年 6 月，该名录中"已面临高度灭绝危机"的类别下罗列的野生生物包括 1194 种哺乳动物、1308 种鸟类、902 种爬行动物、1961 种两栖动物、2172 种鱼类、4070 种无脊椎动物和 10487 种植物，共计 22094 种。日本的环境省也单独发布了日本野生动物的红色名录。2012 至 2013 年公布的环境省红色名录显示，日本境内濒临灭绝的物种高达 3597 种。

图为西表山猫。在世界自然保护联盟和日本环境省的红色名录中都被标记为『极危（IA）类』（其野生种群在不久的将来面临灭绝的可能性极高）

Q 现在也会下酸雨，要不要紧？

A 酸雨是造成白垩纪末生物大灭绝的原因之一，但和现在的酸雨相比，酸的浓度大不相同。白垩纪末的酸雨是因陨石撞击地点沉积的硫酸盐岩蒸发后释放出三氧化硫而形成的。三氧化硫会在短时间内转化成硫酸，带来严重的酸雨。现在，正在发生的全球规模的酸雨，主要是由二氧化硫和氮氧化物形成的，其酸度低于白垩纪末的酸雨。因此，现在的酸雨并没有造成像白垩纪末那样严重的海洋酸化，但也导致了各种各样的问题，比如森林的枯萎，河川湖泊酸化引发的鱼类繁殖力减弱等。

图为日本的红鲑鱼，即使海水发生微弱的酸化，它们也会停止产卵

著作权合同登记号 图字01-2020-1214 01-2020-1053 01-2020-1054
01-2020-1055 01-2020-1055 01-2020-1056 01-2020-1057 01-2020-1058
01-2020-1059 01-2020-1060 01-2020-1061 01-2020-1062 01-2020-1063

图书在版编目（CIP）数据

称霸地球的恐龙 / 日本朝日新闻出版著；贺璐婷等译
. -- 北京：人民文学出版社, 2021
（46亿年的奇迹. 地球简史特辑）
ISBN 978-7-02-016409-7

Ⅰ．①称… Ⅱ．①朝… ②贺… Ⅲ．①恐龙—普及读
物 Ⅳ．①Q915.864-49

中国版本图书馆CIP数据核字(2021)第223778号

总 策 划　黄育海
责任编辑　朱卫净　王皎娇　胡晓明
装帧设计　汪佳诗　钱　珺　李苗苗

出版发行　人民文学出版社
社　　　址　北京市朝内大街166号
邮政编码　100705

印　　制　凸版艺彩(东莞)印刷有限公司
经　　销　全国新华书店等

字　　数　864千字
开　　本　965毫米×1270毫米　1/16
印　　张　25.25
版　　次　2021年12月北京第1版
印　　次　2021年12月第1次印刷

书　　号　978-7-02-016409-7
定　　价　300.00元

如有印装质量问题, 请与本社图书销售中心调换。电话:010-65233595